黑河黄藏寺水利枢纽工程环境影响及保护措施研究

李家东　徐　帅　田开迪　刘玉倩　乔　亮　蔡士祥　著

黄河水利出版社
·郑 州·

内 容 提 要

黑河黄藏寺水利枢纽工程是国务院批复的《黑河流域近期治理规划》确定实施的流域水资源调控工程,工程建成后,对流域水资源调控具有重大作用,有助于实现中下游水资源规律与时空条件的改善,对流域失衡生态的自然修复具有重要作用。本书在《黑河黄藏寺水利枢纽工程环境影响报告书》及其相关专题研究成果的基础上,对工程建设和运行对枢纽工程建设区、黑河中游沿河湿地和拟替代平原水库区及下游可能造成的生态环境影响进行了深入预测研究,重点分析论证了工程运行对下游水文情势、地下水、生态的环境影响,并提出减免、减缓不利环境影响的工程措施和非工程措施,旨在做到开发与保护并重,正确处理工程建设与区域、流域的生态环境之间的稳定关系。

本书可供从事黑河流域生态环境研究和枢纽工程环境影响评价等相关科研及专业技术人员阅读参考。

图书在版编目(CIP)数据

黑河黄藏寺水利枢纽工程环境影响及保护措施研究/李家东等著. —郑州:黄河水利出版社,2021.3
ISBN 978-7-5509-2947-0

Ⅰ.①黑…　Ⅱ.①李…　Ⅲ.①水利枢纽-水利工程-环境影响-研究-祁连县 ②水利枢纽-水利工程-环境保护-研究-祁连县　Ⅳ.①TV61

中国版本图书馆 CIP 数据核字(2021)第 049208 号

组稿编辑:王路平　电话:0371-66022212　E-mail:hhslwlp@ 126. com

出　版　社:黄河水利出版社　　　　　　　　　网址:www. yrcp. com
　　　　　地址:河南省郑州市顺河路黄委会综合楼 14 层　邮政编码:450003
发行单位:黄河水利出版社
　　　　　发行部电话:0371-66026940、66020550、66028024、66022620(传真)
　　　　　E-mail:hhslcbs@ 126. com
承印单位:广东虎彩云印刷有限公司
开本:787 mm×1 092 mm　1/16
印张:15.75　　　　　　　　　　　　　　　　插页:4
字数:380 字
版次:2021 年 3 月第 1 版　　　　　　　　　印次:2021 年 3 月第 1 次印刷
定价:90.00 元

前 言

　　黑河流域是我国西北干旱地区重要的内陆河流域之一,发源于祁连山北麓,流经青海、甘肃、内蒙古三省(自治区),流域南以祁连山为界,北与蒙古人民共和国接壤,东西分别与石羊河、疏勒河流域相邻。流域中游的张掖地区,地处古丝绸之路和今日欧亚大陆桥之要地,农牧业开发历史悠久,享有"金张掖"的美誉;下游的额济纳旗边境线长 507 km,区内有我国重要的国防科研基地,居延三角洲地带的额济纳绿洲,既是阻挡风沙侵袭、保护生态的天然屏障,也是当地人民生息繁衍、国防科研和边防建设的重要依托。

　　黑河流域水资源匮乏,流域中下游地区水资源供需矛盾尖锐,经济社会发展和生态保护用水问题严重。20 世纪 60~90 年代,随着中游人口增加和人类对绿洲的大规模开发,大量的引水工程开工建设,下游和进入尾闾的水量快速减少,河流断流、湖泊干涸、地下水位下降、天然林草快速萎缩和退化、土地荒漠化和沙漠化急剧蔓延,成为我国沙尘暴的主要起源地。生态系统的严重失衡已经发展成为流域性和大范围的生态危机,威胁到流域和广大北方地区的生态与社会安全,并对国防建设、生态稳定和社会发展等国家安全产生重大影响。为了有效遏制黑河流域生态环境恶化趋势,解决水事纠纷和促进水资源合理配置,1997 年国务院批复了《黑河干流水量分配方案》,即当莺落峡多年平均来水 15.8 亿 m³ 时,分配正义峡下泄水量 9.5 亿 m³。为落实国务院分水方案,2001 年 8 月,国务院以国函〔2001〕86 号文批复了《黑河流域近期治理规划》。规划拟通过一系列工程和管理措施,力争在 2003 年前实现国务院黑河干流分水方案;同时该规划也提出"从中下游灌区节水改造和黑河水量调度考虑,黄藏寺水利枢纽在 2010 年前开工建设,2012 年左右建成生效,在黑河水资源开发利用、合理配置、调度管理等方面发挥重要作用"。

　　为全面加强黑河流域生态环境保护,促进流域经济社会可持续发展,切实贯彻和落实国务院批复的黑河干流水量分配方案,系统解决黑河流域长期存在的突出问题,黄河水利委员会于 2008 年启动了《黑河流域综合规划》编制工作,提出"通过上游建设黄藏寺水库,开发任务为以合理配置生态和经济社会用水为主,兼顾发电"的工程布局,奠定了黑河流域水资源优化配置和实现国务院分水方案落实的工程保证条件。

　　为落实《黑河流域近期治理规划》和《黑河流域综合规划》,推进规划重大和核心工程黄藏寺水利枢纽的建设,2002 年黄河水利委员会根据水利部要求,启动了黄藏寺水利枢纽前期论证工作,成立了三省(自治区)人民政府参加的项目工作领导小组。2013 年 10 月,国家发展和改革委员会以发改农经〔2013〕2142 号文批复项目建议书,2015 年,水利部、发展和改革委员会中国国际工程咨询有限公司分别对项目可行性研究报告进行了审查、评估。

　　本书在《黑河黄藏寺水利枢纽工程环境影响报告书》及其相关专题研究成果的基础上,对工程建设和运行对枢纽工程建设区、黑河中游和下游可能造成的生态环境影响进行了深入预测研究,重点分析论证了工程运行对下游水文情势、地下水、生态环境的环境影响,并提出减免、减缓不利环境影响的工程措施和非工程措施,旨在做到开发与保护并重,正确处理工程建设与区域、流域的生态环境稳定的关系。

本书共分为 12 章。第 1 章介绍了黄藏寺水利枢纽工程的规划背景情况、工程设计方案及施工布置等;第 2 章对工程所处区域的生态环境现状进行了详细的调查分析;第 3 章回顾了黑河流域近期治理以来的水文水资源、地下水、生态环境影响,总结了存在的生态环境问题;第 4 章系统研究了工程方案的环境合理性;第 5 章研究了工程运行对坝址下游水文情势及生态水量、水库水温及水质的影响;第 6 章通过构建地下水水文地质模型,分析研究了工程建设对黑河中游、下游沿河地下水位及水质的影响;第 7 章预测研究了工程建设对库区、坝址区以及替代平原水库对黑河中游生态环境可能造成的影响;第 8 章预测研究了工程建设对甘肃省祁连山国家级自然保护区、青海省祁连山省级自然保护区、甘肃张掖黑河湿地国家级自然保护区等生态环境敏感区的影响;第 9 章研究了工程建设对水生生态可能造成的环境影响;第 10 章研究了工程施工期可能造成的环境影响;第 11 章在工程建设对环境影响分析预测的基础上,研究了减缓不利影响的对策和措施,并论证环境保护措施的经济性和可行性;第 12 章提出了研究结论及建议。

本书在编写的过程中,得到了潘轶敏教授等学者和专家的悉心指导与帮助,在此表示衷心的感谢!同时感谢黄河水利委员会、黑河流域管理局、中国科学院寒区旱区环境与工程研究所、中国科学院地质与地球物理研究所、甘肃省渔业水域环境保护管理站、西北师范大学、黄河勘测规划设计研究院有限公司等相关单位的技术支持。

由于时间及作者研究水平有限,书中难免存在一些不足和错误之处,敬请专家、领导及读者批评指正。

作　者
2020 年 11 月

目　录

第 1 章　工程概况

1.1　项目背景及工程建设必要性

1.1.1　项目背景

黄藏寺水利枢纽工程是国务院批复的《黑河流域近期治理规划》明确的黑河干流骨干调蓄工程,是国务院第十四次常务会议确定重点建设的 172 项重大水利工程之一。坝址位于黑河上游峡谷河段,左岸为甘肃省肃南县,右岸为青海省祁连县,上距青海省祁连县城约 19 km,控制黑河干流莺落峡以上来水的 80%,是黑河的龙头生态工程。最大坝高 123 m,水库总库容 4.03 亿 m³。水库控制灌溉面积 183 万亩(1 亩 = 1/15 hm²,全书同),电站装机容量为 49 MW,多年平均发电量 2.03 亿 kW·h。

2013 年 10 月,国家发展和改革委员会以发改农经〔2013〕2142 号文,批复黄藏寺水利枢纽工程项目建议书;2015 年 7 月生态环境部(原环保部)以环审〔2015〕159 号文批复了该项目环境影响报告书;国家发展和改革委员会以发改农经〔2015〕2357 号文批复了该项目可研报告。2016 年 3 月,该项目开工建设。

项目地处水资源问题尖锐、生态极为脆弱的黑河流域,水资源多目标利用和管理对流域和区域生态系统的维持和演替起到控制性的作用。工程建成后,将提高中游灌溉用水保证率,促进黑河关键期生态水量配置调度,改善中游农业灌溉条件,促进流域生态系统保护与修复。

1.1.2　工程建设的必要性

黄藏寺水利枢纽工程位于水资源问题尖锐、生态极为脆弱的黑河流域。其建设必要性主要体现在以下几个方面:

(1)黄藏寺水利枢纽工程是促进流域生态修复与保护,保障国防安全、生态安全和流域经济社会安全目标实现的必要条件。

黑河流域水资源问题尖锐、生态环境脆弱,是我国最重要的西北内陆河之一。下游地区的额济纳绿洲分布着世界上仅存的三处天然河道胡杨林之一,是阻止巴丹吉林沙漠向北扩散的重要屏障,也是中国西部生态的天然屏障;额济纳旗边境线长 507 km,区内有我国重要的国防科研基地;黑河中游的河西走廊地区为我国重要的粮食主产区,流域生态安全、国防安全、经济社会发展等统筹必然要求对黑河有限的水资源进行多目标利用和管理。黄藏寺水利枢纽工程针对流域经济社会用水对河流水资源和生态的高强度干扰与破坏影响,采用基于生态调度原则下的河流水资源优化调度和管理,修复河流水文基本节律和河流生态,是保障生态安全、国防安全和流域社会经济发展目标实现的必要条件。

（2）黄藏寺水利枢纽工程是科学调度黑河有限的水资源，促进黑河水量分配方案的落实，实现流域社会经济用水和生态环境用水协调发展的必要条件。

黄藏寺水利枢纽工程建成后通过生态调度，可保证黑河下游生态水量，促进国务院分水方案的落实；并在一定程度上促进中游灌区的节水改造，提高中游灌区灌溉用水保证程度；为科学调度黑河有限的水资源，实现流域经济社会用水和生态环境用水的协调发展奠定了工程基础。

（3）黄藏寺水利枢纽工程建设是落实流域相关规划目标的必要条件。

黄藏寺水利枢纽工程是《黑河流域近期治理规划》和《黑河流域综合规划》确定的流域控制性水利枢纽，工程建成后通过水库调度，可避免中游灌溉与下游生态关键需水期的矛盾，保证黑河下游生态关键期的用水，使国务院分水方案进一步细化和优化；增加水资源调度运行的方法，为下游生态恢复提供基础保障措施。因此，工程建设是实现流域相关规划目标的核心工程之一，也是实现流域人口、资源、环境与经济社会的协调发展必要工程措施之一。

（4）黄藏寺水利枢纽工程是促进黑河流域关键期生态水量配置调度的必要条件。

根据相关统计及研究资料，20 世纪 50~80 年代在黑河下游额济纳绿洲生态系统良好状态下，4~6 月正义峡断面来水量为 1.3 亿~1.4 亿 m^3。

黄藏寺水库建成后正义峡断面 4~6 月下泄水量为 1.52 亿 m^3，比 20 世纪 50~80 年代 4~6 月正义峡断面下泄水量多 0.12 亿~0.22 亿 m^3。因此，可通过黄藏寺水库调蓄提高下游生态关键期用水保障程度，为促进黑河下游生态系统恢复并维持在 20 世纪 80 年代水平创造条件。

（5）黄藏寺水利枢纽工程是促进中游灌区节水措施深化调整和农业灌溉条件改善的必要条件。

黑河干流中游涉及甘肃省张掖市的甘州区、临泽县和高台县等三县（区）的 12 个灌区共 182.69 万亩，中游灌区灌溉高峰期用水矛盾突出，每年均在 5~6 月出现"卡脖子旱"，中游灌区灌溉保证程度低。黄藏寺水利枢纽工程建成后，其运行调度方式中充分考虑了中游灌区需水，可促进中游灌区农业灌溉条件的改善。

工程建成后将废弃中游 19 座平原水库的灌溉功能，促使中游灌区进一步开展节水措施，可促进黑河中游新增高效节水灌溉面积 64.48 万亩，并使灌溉水利用系数从现在的 0.56 提高到 0.65，有利于中游灌区节水灌溉措施的深化。

1.2　工程地理位置

黑河黄藏寺水利枢纽工程位于黑河上游东（八宝河）西（黑河干流）两岔交汇处以下 11 km 的黑河干流上，上距青海省祁连县城约 19 km，下距莺落峡 80 km。拟选大坝坝址左岸为甘肃省肃南县，右岸为青海省祁连县。黑河流域及工程地理位置示意见附图 1。

1.3 工程任务及规模

1.3.1 工程任务

黄藏寺水库工程的任务为:合理调配中下游生态和经济社会用水,提高黑河水资源综合管理能力;提高黑河水资源利用效率,兼顾发电等综合利用。

(1)合理调配中下游生态和经济社会用水,提高黑河水资源综合管理能力。通过黄藏寺水库调节,合理向中下游配水,科学合理地开展黑河水量统一调度,解决现状流域机构只能采取"全线闭口、集中下泄"带来的问题,实现下游生态和中游经济社会用水双赢。一是保证实现国家批复的分水方案和下游生态关键期用水,为黑河下游生态系统恢复并维持在 20 世纪 80 年代水平提供用水保证;二是保证国务院批复的《黑河流域近期治理规划》确定的中游灌区灌溉面积的用水量和保证率。

(2)提高黑河水资源利用效率。一是替代中游现有的大部分平原水库,减少平原水库的蒸发、渗漏损失;二是在下游生态关键期较大流量集中输水,减少河道蒸发、渗漏损失。

(3)兼顾发电。在电调服从水调的原则下,促进当地经济社会的发展。

1.3.2 工程规模

1.3.2.1 枢纽规模

黄藏寺水库死水位 2 580.00 m,正常蓄水位 2 628.00 m,设计洪水位 2 628.10 m,校核洪水位 2 629.00 m,水库总库容 4.06 亿 m³;正常蓄水位 2 628.00 m,对应库容(原始)3.95 亿 m³,水库死库容(原始)0.61 亿 m³,调节库容(原始)3.34 亿 m³;淤积 50 年后,正常蓄水位 2 628.00 m,对应库容(有效)3.33 亿 m³,水库死库容(有效)0.38 亿 m³,调节库容(有效)2.95 亿 m³。电站装机容量 49 MW,多年平均发电量 2.08 亿 kW·h。水库面积为 11.01 km²,淹没土地面积 17 212.23 亩。

1.3.2.2 供水范围及规模

根据黄藏寺水库的开发目标,工程主要任务为对黑河中游和下游进行水资源配置,水库不直接供水,也不新增区域供水量和改变供水方式;主要是通过工程调度优化和中游灌区的节水综合改造,提高中游灌区灌溉用水保证程度,并保证正义峡断面下泄水量达到国务院分水方案要求,兼顾下游额济纳绿洲生态关键期用水需求。黑河上游用水较少,黄藏寺水库的供水范围为黑河中下游经济社会从干流引水的区域和下游生态用水区域。

黄藏寺水库供水范围包括四部分:一是黑河中游以黑河干流为水源的 12 个灌区,《黑河流域近期治理规划》确定的有效灌溉面积为 182.69 万亩,其中农田 142.15 万亩,林草 40.54 万亩;二是下游额济纳旗,现状绿洲面积 516.70 万亩,设计水平年(20 世纪 80 年代)绿洲灌溉面积 544.45 万亩;三是下游的鼎新灌区,《黑河流域近期治理规划》确定的有效灌溉面积为 14.0 万亩,其中农田 7.0 万亩,林草 7.0 万亩;四是东风基地全部,供水对象主要为生产用水、生活用水和生态用水。设计水平年中游灌区供水规模为 10.7 亿 m³,正义峡下泄水量为 9.82 亿 m³。

1.4　工程特性及运行方式

1.4.1　工程特性

　　黄藏寺水利枢纽工程为Ⅱ等大(2)型工程,碾压混凝土重力坝(包括挡水坝段、溢流表孔坝段、泄洪底孔坝段和发电引水坝段等)为2级建筑物,发电引水洞及地下厂房为3级建筑物;大坝边坡级别为2级,电站厂房出口边坡级别为4级,临时建筑物边坡为5级。工程主要特性指标见表1-1。

表1-1　黑河黄藏寺水利枢纽工程特性

序号及名称	单位	数量	说明
一、水文			
1.流域面积			
全流域	km²	116 000	
工程坝址以上	km²	7 648	
2.利用的水文系列年限	年	70	1943年7月至2013年6月
3.坝址多年平均年径流量	亿m³	12.74	1960年7月至2013年6月
4.代表性流量			
坝址多年平均天然流量	m³/s	40.2	黄藏寺坝址
坝址实测最大流量	m³/s	603	1959年
5.泥沙			
多年平均悬移质设计年输沙量	万t	172.30	1968~2012年和1992~1998年
多年平均含沙量	kg/m³	1.35	
实测最大含沙量	kg/m³	321.00	祁连站1979年8月11日
二、水库			
1.水库水位			
校核洪水位	m	2 629.00	
设计洪水位	m	2 628.10	
正常蓄水位	m	2 628.00	
汛期限制水位	m	2 628.00	
死水位	m	2 580.00	
2.正常蓄水位时水库面积	km²	11.01	
3.回水长度	km	13.50	

续表 1-1

序号及名称	单位	数量	说明
4.库容			
总库容(校核洪水位以下库容)	亿 m³	4.06	原始库容曲线
正常蓄水位以下对应库容	亿 m³	3.95	原始库容曲线
		3.33	有效库容曲线
死库容	亿 m³	0.61	原始库容曲线
		0.38	有效库容曲线
调节库容(正常蓄水位至死水位)	亿 m³	3.34	原始库容曲线
		2.95	有效库容曲线
调洪库容(校核洪水位至汛期限制水位)	亿 m³	0.11	
调节方式		年调节	
三、下泄流量			
1.设计洪水位时最大泄量	m³/s	2 775	
2.校核洪水位时最大泄量	m³/s	3 000	
四、工程效益指标			
1.生态效益			
正义峡下泄水量	亿 m³	9.82	多年平均
东风场国防科研及生态用水	亿 m³	0.90	多年平均
额济纳绿洲灌溉面积	万亩	544.45	
鼎新灌区林草灌溉面积	万亩	7.0	
2.供水效益			
年供水总量	亿 m³	10.7	
3.灌溉效益			
灌溉面积	万亩	182.69	林草灌溉 40.54
年供水总量	亿 m³	10.7	
4.发电效益			
装机容量	MW	49	
多年平均发电量	亿 kW·h	2.08	
年利用小时数	h	4 240	
五、水库淹没及工程永久占地			
1.水库淹没影响土地	亩	17 212.23	包括影响区

续表1-1

序号及名称	单位	数量	说明
其中:耕地	亩	4 477.17	
2.淹没影响总人口	人	947	
3.淹没影响房屋	m²	34 041.56	
4.淹没影响重要专项设施	处	电站2座、省道2.20 km	
5.工程占地	亩	1 034.10	不包括兰州后方基地
其中:永久占地	亩	801.96	
临时占地	亩	232.14	均为草地
六、主要建筑物及设备			
1.大坝			
坝型		碾压混凝土重力坝	
坝顶高程	m	2 630.00	
最大坝高	m	122.00	
坝顶长度	m	210.00	
2.溢流表孔			
堰型		WES实用堰	
堰顶高程	m	2 615.00	
孔数	孔	2	
最大泄量	m³/s	1 913.90	
3.泄洪底孔(大孔)			
形式		短有压进口明流洞	
进口底板高程	m	2 565.00	
孔数	孔	1	
事故闸门形式		平面定轮门	
死水位时最大泄量	m³/s	275.62	
4.泄洪底孔(小孔)			
形式		短有压进口明流洞	
进口底板高程	m	2 565.00	

续表 1-1

序号及名称	单位	数量	说明
孔数	孔	1	
死水位时最大泄量	m³/s	107.41	
5. 引水发电洞			
设计引用流量	m³/s	72.6	
洞型		圆形压力洞	
6. 导流洞			
条数	m/条	571.00/1	
断面尺寸	m²	51.89	
7. 厂房			
形式		地下厂房	
主厂房尺寸	m×m×m	87×16.9×34.5	长×宽×高
8. 主要机电设备			
水轮机台数	台	2+2	
总装机容量	MW	49	
单机容量	MW	2×16.5+2×8	
发电机台数	台	2+2	
七、施工			
1. 主体工程量			
土石方明挖	万 m³	206.31	含道路
洞挖石方	万 m³	20.87	
填筑土石方	万 m³	19.73	
混凝土和钢筋混凝土	万 m³	76.95	
2. 主要建筑材料			
水泥	万 t	25.41	
3. 所需劳动力			
总工日	万工日	165.0	
高峰施工人数	人	2 000	
4. 对外交通			
距离	km	25	
运量	万 t	52.86	
5. 施工导流			

续表 1-1

序号及名称	单位	数量	说明
方式		一次拦断 隧洞导流	
规模	m³/s	664/887	导流洞下泄
6. 施工总工期	月	58	准备期20个月, 主体工程施工 35个月,完建期3个月
八、经济指标			
1. 总投资	万元	265 485	
2. 静态总投资	万元	261 313	
九、环保工程			
1. 泄洪底孔(大孔)	m³/s	275.62	最大泄流
2. 泄洪底孔(小孔)	m³/s	107.41	最大泄流
3. 发电 8 MW 机组	m³/s	9.0	发电流量
4. 初期蓄水生态泄放装置	m³/s	9.0	导流洞埋管
5. 地盘子电站建设鱼道			流域水生补偿措施
6. 鱼类增殖放流站	万尾/年	40 000	本次工程配套建设

1.4.2　工程运行方式

黄藏寺水库的调度原则为:

(1)汛期7~9月,选择7月中旬、8月中旬和9月中旬进行生态调度,分别以300~500 m³/s 和110 m³/s 流量向正义峡断面集中输水,其他时段按照中游灌区需水要求下泄水量,洪水期进行防洪运用。

(2)10~11月,水库按照中游灌区用水需求下泄,视来水情况逐步蓄水至正常蓄水位。

(3)12月至翌年3月,水库泄放生态基流,兼顾发电。

(4)4~6月,选择4月上中旬进行生态调度,以110 m³/s 流量向正义峡断面集中输水,其余时段按照中游灌区用水需求下泄水量。

根据水库的开发任务,黄藏寺水库调度包括生态调度、兴利调度和防洪调度。

(1) 生态调度。

黄藏寺水库的生态调度期为4月上中旬、7月中旬、8月中旬和9月中旬。正常年份,4月上中旬,按110 m³/s 向下游集中输水,输水天数一般为15 d 左右;7月中旬和8月中旬,视入库水量、黄莺区间来水情况,按300~500 m³/s 流量向下游集中输水,输水天数一般为4~5 d;9月中旬,根据当年正义峡来水量满足分水线控制指标情况,进行相机调水。工程配套的4台机组满负荷全部发电,发电引水流量为72.6 m³/s,在4月上中旬生态调度时首先满足发电负荷的情况下,通过小底孔最小泄流量 37.4 m³/s,以保证生态调度的流量落实。7 月中旬、8 月中旬按照 300~500 m³/s 流量向下游集中输水,首先满足发电负荷的情况下,通过大小底孔组合泄流量 227.4~427.4 m³/s,以保证生态流量的落实。

(2)兴利调度。

7 月下旬至 11 月,来水在满足中游灌区用水后,其余全部蓄至库中,水库最高水位为正常蓄水位;12 月至翌年 3 月,中游灌区基本不用水,兼顾发电运用,水库泄放生态基流,控制水库水位不超过正常蓄水位;4 月下旬至 6 月,按中游灌区灌溉需求放水,6 月下旬水库放水逐步放至死水位。

(3)防洪调度。

黄藏寺水库无防洪任务,当来水量小于起调水位(正常蓄水位)相应的最大泄流能力时,水库水位保持在 2 628.00 m;当来水量大于起调水位相应的最大泄流能力时,水库水位逐步升高,当入库洪水为设计标准洪水(500 年一遇)和校核标准洪水(2 000 年一遇)时,水库水位分别达到设计水位 2 628.10 m 和校核洪水位 2 629.00 m,之后水库水位逐步下降;当入库水量小于正常蓄水位对应的泄流能力时,水库水位维持在 2 628.00 m,直至洪水过程结束,库水位保持正常蓄水位 2 628.00 m。

根据调度运用原则,一般年份,水库在 10 月底蓄水至正常蓄水位,11 月至翌年 3 月水位维持在高水位运行;4 月上旬,水库向下游集中输水,水位降低;4 月下旬至 6 月下旬,为黑河中游灌溉用水高峰期,水库放水满足灌溉需求,水位逐渐降低,至 6 月底水库水位降至死水位。

1.5　工程总布置及主要建筑物

1.5.1　枢纽工程总布置

为满足工程的开发任务,碾压混凝土重力坝布置了放水、泄洪及发电引水建筑物。坝顶长度 210.0 m,共分 8 个坝段,依次为左岸挡水坝段(1#~3#)、小底孔坝段(4#)、溢流坝段(5#)、大底孔及发电引水坝段(6#)、右岸挡水坝段(7#、8#)。

电站厂房采用地下厂房形式,布置在右岸山体内。引水发电系统采用一洞四机布置。主厂房、主变洞室、尾水闸室采用典型的三洞室布置形式,主机间内布置 4 台混流式水轮发电机组,采用大小机组布置方案,其中大机组采用 2 台 16.5 MW 机组,小机组采用 2 台 8 MW 机组,总装机容量为 49 MW。

1.5.2　主要建筑物形式

1.5.2.1　挡水建筑物

碾压混凝土重力坝坝顶高程 2 630.00 m,最大坝高 122.00 m,坝顶长度 210.00 m,坝顶宽度 10.00 m,上游采用折面,折坡点高程 2 550.00 m,折坡点以上为铅直面,折坡点以下坡度为 1:0.2;下游坝坡 1:0.75,折坡点高程为 2 618.50 m。

1. 溢流坝段

溢流表孔布置在 5# 坝段,分两孔,单孔溢流面净宽 10.0 m,校核洪水位时最大泄量 1 913.90 m³/s。

溢流堰顶高程 2 615.00 m,设弧形闸门,孔口尺寸 10.0 m×12.0 m。堰顶上游堰头采用椭圆曲线,下游堰面采用 WES 堰型,堰面下接坡度为 1:0.75。

2. 底孔坝段

底孔设计主要为满足黄藏寺水库 4 月上旬和 9 月中旬调水流量 110 m³/s,7 月中旬和 8 月中旬调水流量 300~500 m³/s 的运用要求,在 4#、6# 坝段分别设置大、小两个底孔。其中,小底孔在死水位 2 580.00 m 时,最大泄量为 107 m³/s;大底孔在死水位 2 580.00 m 时,最大泄量为 224 m³/s。通过两孔的不同运用方式组合,可满足不同下泄流量的运用要求。底孔进口高程为 2 565.00 m,位于水库 50 年淤积线以上,均采用短有压进口明流洞形式,消能方式采用挑流消能。

3. 引水发电坝段

引水发电坝段布置在 6# 坝段,为便于坝体碾压混凝土施工,进口闸室段布置在坝上游。为保证在最低水位运用时进口为压力流,最小淹没深度为 5.3 m,底板高程为 2 570.00 m。

1.5.2.2 引水发电建筑物

1. 引水建筑物

引水系统由进水口、坝内埋管、坝后背管、压力管道及岔管组成。根据本工程引水发电建筑物布置条件,装 2 台单机容量 16.5 MW、2 台单机容量 8 MW 的混流式水轮发电机组,引水系统采用一洞四机布置方式,电站引用流量 72.6 m³/s,最小发电引水量为 9.0 m³/s。

进口采用坝式进水口,布置在 6# 坝段,紧邻大底孔右侧,进口底板高程为 2 570.00 m,引水口段长度为 17.0 m。

2. 厂房和开关站

电站厂房采用地下厂房,布置在右岸山体内。地下厂房采用典型"三洞室"布置方式,即主厂房、主变洞、尾水闸室平行布置方式。引水发电系统采用一洞四机布置形式。

正常情况下,本工程生态调度的小底孔能够保证 4 台机组全部检修时生态基流正常下泄;为了进一步保障生态基流泄放措施,主体工程在最左侧的一台 8 MW 小机组前的发电岔管上设立旁通管,管径采用 1.2 m,旁通管上设置电控闸门和减压阀,旁通管尾接尾水洞,长 5.2 m;以进一步保证 4 台机组全部检修时,生态流量的正常下泄,消能采用减压阀。

1.6 工程施工总体情况

1.6.1 施工条件

1.6.1.1 施工场地条件

坝址上游右岸滩地及阶地地势平坦开阔,适宜布置施工设施和生活文化福利设施。

坝址下游左岸亦有岸坡地和支沟可利用。坝址两岸山坡较陡峭,施工道路布置比较困难。

1.6.1.2　施工供水条件

本工程施工生产、生活用水以河水为水源,由离心泵抽取河水分级供应,经不同程度处理后作为生产、生活用水。施工电源拟由祁连县 35 kV 变电站引至工区。

1.6.2　施工导流、截流

1.6.2.1　施工导流

1. 施工导流标准

根据《水利水电工程施工组织设计规范》(SL 303—2004),本工程的施工导流建筑物为 4 级,围堰采用土石围堰。

2. 导流方式

本工程采用河床一次性断流,由导流洞泄流,围堰挡水的导流方式,采用隧洞全年导流方式。

3. 导流建筑物

导流洞:导流洞进口位于黑河峡谷进口处,导流洞进口底板高程为 2 532.0 m,出口底板高程 2 527.0 m,隧洞总长 571.00 m,综合纵坡 0.876%。导流洞断面形式为城门洞形。

围堰:采用土石围堰结构形式,围堰堰体防渗采用黏土心墙防渗形式。围堰建筑材料主要来源于导流洞明挖和洞挖的石渣料。上游围堰挡水水位 2 557.00 m,堰顶高程 2 559.0 m,最大堰高 31.0 m,堰顶宽 10.0 m,堰顶长 122.0 m。围堰下游侧为截流戗堤,顶宽 20.0 m,顶高程 2 536.0 m。

1.6.2.2　截流

根据本工程所在河段的水文特性,6~9 月为汛期,10 月至翌年 5 月为枯水期,鉴于冬季停工时间较长,为争取工期,选 10 月初作为截流时段,截流标准为 10 年一遇月平均流量,设计流量为 44.2 m³/s。由于左岸岸坡陡峻,结合施工布置,选择自右岸向左岸单戗堤立堵进占截流方式。

1.6.3　初期蓄水

黄藏寺水库死库容 0.61 亿 m³,根据黄藏寺水库坝址径流资料,选取 $P=50\%$(1985~1986 年)和 $P=75\%$(1965~1966 年)进行初期蓄水分析。

按保证率 $P=50\%$ 的来水进行蓄水,第 5 年 10 月初进行导流洞下闸,下闸水位为 2 538.00 m。蓄水至 2 566.00 m 后,由两个底孔下泄洪水,相应蓄水库容约为 2 248.00 万 m³,蓄水历时约 27 d,坝址水位升高了 27 m。考虑区间来水量及 10~11 月中游灌溉用水期,扣除损失及农业用水后,到翌年 2 月可蓄至死水位 2 580.00 m,坝址水位较蓄水初期升高了 42.00 m,相应库容为 6 100 万 m³,共历时约 123 d。

按保证率 $P=75\%$ 的来水进行蓄水,第 5 年 10 月初进行导流洞下闸,蓄水至 2 566.00 m 后由两个底孔下泄洪水,相应蓄水库容约为 2 248.00 万 m³,蓄水历时约 27 d,期间坝址水位升高了 27.00 m。考虑区间来水量,扣除损失及农业用水后,到第 6 年 3 月可蓄至死水位 2 580.00 m,坝址水位较蓄水初期升高了 42.00 m,相应库容为 6 100 万 m³,共历时约 184 d。

1.6.4　料场规划

黑河黄藏寺水利枢纽工程所需天然建筑材料包括防渗土料、天然砂砾石料和石料等。

1.6.4.1　土料场

工程可研阶段初步选取的土料场基本情况见表 1-2。

表 1-2　工程初步选取土料场基本情况

料场名称	位置	占地面积（m²）	储量（万 m³）	运距（km）
1#土料场	黄藏寺坝址上游 2.5 km 的阶地上	12 000	1.0	2.5

1.6.4.2　砂砾石料场

工程选取的砂砾石料场的基本情况见表 1-3。

表 1-3　工程选取的砂砾石料场的基本情况

料场名称	位置	占地面积（亩）	储量（万 m³）	运距（km）	开采方式
1#砂砾石料场	坝址上游 6~10 km 的黑河漫滩上	3 510	1 018.5	4.6~8.4	分层分区开采法

1.6.4.3　人工骨料场

本工程不设人工骨料场，可研阶段拟选择外购白杨沟人工骨料场，主要用于加工大坝常态混凝土、防渗混凝土及电站厂房等结构混凝土所需骨料，需外购成品砂石料 42.37 万 t、石料 22.24 万 m³。

1.6.5　对外交通条件

工程坝址至省道 S204 段现为乡村道路，道路坑洼不平，路况差，且大部分位于水库正常蓄水位以下，施工期需进行工程进场公路修建，进场公路总长约 12.3 km，等级为国标四级，沥青混凝土路面，路面宽 6.0 m，荷载标准公路二级，桥梁 7 座。

1.6.6　场内交通运输

根据工程施工特点，结合施工方法及施工区场地布置，将场内交通规划布置为上中下、左右岸立体交叉闭路循环网络。根据工程布置、施工机械规格、外来物资运输方式等条件，考虑施工期兴建的道路尽量与永久公路相结合的原则。

1.6.7　施工布置

1.6.7.1　施工区布置

本工程施工总体布置以坝址上游右岸为主、下游右岸为辅的分散布置方式，按三区规划布置。

1. 大坝施工区

本区包括大坝施工区、大坝施工工厂区、砂石料加工系统和施工营地,承担主体工程大坝、引水发电洞和导流建筑物的施工。砂石料加工系统、混凝土拌和系统、综合加工厂等布置于坝址上游右岸 3 km 平坦台地处;大坝施工营地布置于坝址上游右岸沿对外公路距坝址 3 km 缓坡处。

2. 厂房施工区

本区包括厂房施工区、厂房施工工厂区和厂房施工营地,承担地下厂房、进厂交通洞和尾水洞的施工。混凝土拌和系统等工厂设施集中布置于坝址下游右岸 0.6 km 处有一缓坡地,紧邻 2 号道路布置。

3. 砂砾石料场区

本区主要包括砂砾石料场和砂石料加工厂,距坝址 4.5～5.5 km 处河床为 1# 砂砾石料场开采区和 2# 砂砾石料场备料区,在右岸阶地上布置砂石料加工厂。

1.6.7.2　生产及生活设施布置

1. 砂石料加工系统

砂石料加工系统布置在砂砾石料场附近的右岸滩地,场地平整后的高程为 2 580.00 m,满足施工期度汛要求,占地面积 36 750 m²。砂石加工系统处理能力为 490 t/h,成品生产能力为 360 t/h。

2. 混凝土生产系统

本工程需浇筑常态混凝土 17.63 万 m³,碾压混凝土 58.01 万 m³,喷混凝土 1.31 万 m³,共需拌制混凝土 76.95 万 m³,共设置两处混凝土拌和系统。

3. 综合加工系统

综合加工系统包括钢筋加工厂、木材加工厂、混凝土预制件厂,本工程布置 2 套综合加工系统,分别服务于坝体工程和厂房工程综合加工任务需要。

(1)钢筋加工厂。主要承担钢筋切断、弯曲、调直、对焊和预埋件加工等任务。工厂主要设置卸料场、原料堆场、钢筋矫直冷拉场、对焊车间和综合加工车间。钢筋加工厂规模 15 t/班。

(2)木材加工厂。主要任务是为工程混凝土浇筑提供钢模不能代替、特殊部位的标准和异型模板,临建工程木制品加工等。木材加工厂的生产能力按 5 m³/班。

(3)混凝土预制件厂。主要负责工程所需混凝土预制任务,根据需要,混凝土预制件厂的生产能力为 8 m³/班,预制件厂布置成品车间、成品堆场等。

4. 施工用水

施工水源主要考虑利用河水,采用离心泵分级提取作为生产生活用水,估算工程总用水量约 594 m³/h。

5. 施工仓库和施工营地

1)施工仓库

施工仓库包括炸药库、油库和综合仓库,其他仓库如水泥库、骨料堆放场和钢筋堆存厂等布置在相应的工厂设施内部,不再另行考虑。

工程设一座炸药库,建筑面积 500 m²;设一座油库,建筑面积 300 m²,在大坝施工区和厂房施工区分别布置综合仓库一座,建筑面积分别为 1 700 m² 和 500 m²,用于存放化工、劳保、工具和器材等建设物资。

2)施工营地

本工程施工期高峰人数达 2 000 人,根据工程布置、施工进度安排和场地条件,施工营地分两区布置;施工营地情况详见表 1-4。

表 1-4　施工营地情况

营地名称	位置	占地面积(m²)	高峰期人数(人)
1#	对外道路终点附近的坡地上	26 600	800
2#	厂房交通洞进口下游约 200 m 的右岸滩地上	3 100	200
3#	对外道路附近的坡地上	30 800	1 000

1.6.8　堆弃渣规划及土石方平衡

1.6.8.1　渣场规划

根据工区地形情况,共选择了 4 个弃渣场和 1 个临时堆料场。

1 号渣场和 2 号渣场位于库区,顶高程为 2 580.0 m,全部位于死水位以下,弃渣总量为 179 万 m³,施工期根据渣场规模选择防护标准,对渣场临河侧边坡进行防护,确保堆渣稳定,防止水土流失。

3 号渣场和 4 号渣场位于黄藏寺村东南 400 m 的冲沟内,应设置完善的排水系统。

1.6.8.2　土石方平衡

工程石方开挖共 145.52 万 m³;覆盖层开挖共计 78.58 万 m³,直接利用 26.35 万 m³,间接利用 10.06 万 m³;共弃渣 187.69 万 m³,折成松方为 250.52 万 m³,共设 4 个渣场。

1.6.9　工程施工及主要机械设备

1.6.9.1　大坝工程施工

1.施工顺序

根据枢纽区水文及地形条件,结合施工导流方案、水工建筑物布置形式和施工总进度要求,本枢纽主体工程按下列施工程序进行施工:

(1)截流前进行 2 535.0 m 高程以上左、右岸岸坡土石方开挖及灌浆廊道施工,同时进行导流隧洞工程施工。

(2)截流工程和上、下游围堰工程施工。

(3)2 535.0 m 高程以下河床部位土石方开挖,坝基常态混凝土浇筑和固结灌浆,碾压混凝土浇筑,溢流坝段抗冲耐磨混凝土浇筑,金属结构安装和坝顶防浪墙混凝土浇筑等。

2.坝基开挖及基础处理

坝基开挖分为两岸岸坡土石方开挖、河床土石方开挖、左右岸灌浆廊道土石方开挖及边坡支护等。左右岸开挖自上而下同时进行。

坝基基础处理工程包括固结灌浆和帷幕灌浆,固结灌浆在坝基常态混凝土浇筑后进行。

3. 坝体混凝土浇筑

碾压混凝土重力坝分为挡水坝段、溢流泄流坝段和电站进水口坝段等。坝体常态混凝土主要为坝基混凝土、溢流坝段的溢流面混凝土,电站进水口结构混凝土和坝顶防浪墙混凝土等,其余为碾压混凝土。

1.6.9.2 引水发电系统施工

本工程为引水式电站,引水发电系统主要包括引水口(位于大坝引水坝段)、引水发电洞、电站厂房、主变室、尾闸室等附属洞室以及尾水洞等。

1. 引水发电洞

发电洞岔管段及以前成洞洞径为 4.5 m,开挖洞径 5.9 m,平洞段采用二臂液压凿岩台车钻孔,全断面掘进,周边光面爆破,由 LZ-120 型立爪扒渣机装渣。

斜井段先自上而下开挖导洞,采用手风钻钻孔,卷扬机配箕斗出渣,再自上而下扩挖成型。

2. 电站厂房系统

为进行厂房及主变室上部开挖,需布置一条施工支洞,连接至进厂交通洞。支洞与进厂交通洞交叉处底部高程 2 538.0 m,连接主厂房顶部高程为 2 531.0 m,全长 110.0 m。进场交通洞开挖采用二臂液压凿岩台车钻孔,全断面掘进,周边光面爆破,由 2.0 m³ 轮胎式装载机装入 15 t 自卸汽车运输出渣。

主、副厂房及安装间开挖共分六层施工,分层高度 3~6.5 m,每层分中间导洞(先锋槽)和两侧保护层三部分施工。顶拱层采用二臂液压凿岩台车钻孔,人工装药连线,周边光面爆破。顶层以下采用潜孔钻钻孔,边墙预裂爆破。

主变室共分三层施工,分层高度 4~6.5 m,每层分左右两侧施工。顶拱层采用二臂液压凿岩台车钻孔,人工装药连线,周边光面爆破。顶层以下层采用潜孔钻钻孔,边墙预裂爆破。

尾水闸门室顶层采用全断面开挖,手风钻钻孔,人工装药连线,周边光面爆破。顶层以下竖井采用全断面自上而下开挖,手风钻钻孔,人工装药连线,周边光面爆破。开挖石渣由卷扬机提升 1 m³ 吊桶至井口装 10 t 自卸汽车经进厂交通洞运输。

厂房混凝土采用组合钢模板分层分块浇筑施工,混凝土由拌和站拌和,6 m³ 混凝土搅拌运输车运送混凝土至厂房内,HB30 型混凝土泵泵送入仓,插入式振捣器振捣。隧洞混凝土衬砌与引水发电洞相同。

1.6.9.3 主要导流建筑物施工

围堰填筑所需的土料和石料均采用 3 m³ 挖掘机装 20 t 自卸汽车运输;分别采用羊角碾和振动碾压实,局部采用蛙式夯夯实。土石围堰拆除由 4 m³ 挖掘机挖除,装 45 t 自卸汽车运至渣场。

1.6.9.4 主要施工机械设备

工程主要施工机械设备详见表1-5。

表 1-5　主要施工机械设备

序号	机械名称	机械型号及规格	单位	数量	说明
一	土石方机械				
1	正铲挖掘机	3.0 m³	台	7	
2	反铲挖掘机	2.0 m³	台	3	
3	装载机	2.0 m³	台	8	
4	推土机	88 kW	台	4	
二	运输机械				
1	自卸汽车	20 t	辆	40	
2	自卸汽车	15 t	辆	14	
3	自卸汽车	10 t	辆	15	
4	混凝土运输车	6.0 m³	辆	12	
5	载重汽车	8 t	辆	3	
三	混凝土施工及基础处理设备				
1	钻机	150 型	台	3	
2	喷混凝土台车		台	6	
四	砂石加工机械				
1	振动给料机	GDZ160×600	台	1	受料
五	混凝土拌和机械				
1	拌和楼	HL180-3F3000	座	2	

1.6.10　施工总进度

根据可行性研究,工程总工期为 58 个月。施工总进度见表 1-6。

表 1-6　施工总进度

序号	项目名称	单位	指标	说明
1	总工期	月	58	
2	底孔泄流		第五年 10 月	
3	首台机组试运行时间		第五年 12 月	
4	土方明挖　最高月均强度	万 m³/月	2.41	第二年 4~5 月
5	石方明挖　最高月均强度	万 m³/月	5.96	第二年 7~8 月
6	石方洞挖　最高月均强度	万 m³/月	1.60	第三年 2~4 月
7	混凝土浇筑　最高月均强度	万 m³/月	4.38	第三年 7~9 月
8	土石方填筑　最高月均强度	万 m³/月	3.53	第二年 10 月
9	施工期高峰人数	人	2 500	第三年 7~9 月
10	高峰年平均人数	人	2 000	第三年
11	总工日	万工日	165	

1.7 工程占地及移民安置

1.7.1 水库淹没范围

黄藏寺水利枢纽工程水库淹没影响面积 17 212.23 亩,其中青海省 11 453.20 亩,甘肃省 5 759.03 亩,水库淹没影响农村部分涉及青海省祁连县八宝镇、扎麻什乡的 2 个乡(镇)的 6 个行政村,不涉及甘肃省;其淹没范围见附图 2。

1.7.2 枢纽工程建设区

枢纽工程建设区影响范围包括青海省祁连县八宝镇的黄藏寺村、西村、东措台村以及甘肃省张掖市肃南县的宝瓶河牧场。根据工程施工布置成果,枢纽工程建设区扣除已计入库区和工程区管理范围的重复占地后,需要新征收的土地有 1 034.10 亩,其中永久征地 801.96 亩,临时用地 232.14 亩。

1.7.3 移民安置规划

1.7.3.1 移民安置任务

本工程移民安置人口包括农村生产安置人口和搬迁安置人口。

1. 生产安置

黑河黄藏寺水利枢纽工程建设征地基准年生产安置人口为 951 人,其中库区生产安置人口 936 人,枢纽区生产安置人口为 15 人。规划设计水平年生产安置人口为 1 054 人,其中库区生产安置人口 1 039 人,枢纽区生产安置人口为 15 人。

2. 搬迁安置

黑河黄藏寺水利枢纽工程建设征地基准年搬迁安置人口为 247 人,规划设计水平年搬迁安置总人口为 76 户 274 人。黄藏寺水利枢纽工程淹没影响搬迁安置人口详见表 1-7。

表 1-7 工程建设征地搬迁安置任务一览表

行政区域			基准年		水平年	
乡(镇)	村	组	户数(户)	人口(人)	户数(户)	人口(人)
总计			68	247	76	274
八宝镇	宝瓶河村	宝瓶河组	34	121	38	134
扎麻什乡	地盘子村	肖家筏组	34	126	38	140

3. 其他项目

水库淹没涉及的国有林(牧)场有宝瓶河牧场和张掖市寺大隆林场宝瓶河管护站。

1.7.3.2 移民安置方式

1. 生产安置

规划进城安置的宝瓶河村和地盘子村肖家筏组生产安置人口,每户可利用土地补偿资金购置 15～20 m² 的门面房,并可利用剩余的土地补偿资金进行餐饮业服务等二、三产业。

对于工程建设征地不涉及搬迁的黄藏寺村、地盘子村地盘子组、东村、西村,采用本村组自主调整耕地的农业安置方式。

2. 搬迁安置

农村搬迁安置采用两个安置点,即县城安置点和后靠安置点。水平年进县城小区安置的有 67 户 235 人,移民搬迁安置去向详见表 1-8。

表 1-8　工程农村移民搬迁安置去向

项目		合计		宝瓶河		肖家筏	
		户数(户)	人口(人)	户数(户)	人口(人)	户数(户)	人口(人)
基准年	小计	68	247	34	121	34	126
	县城安置	60	212	34	121	26	91
	后靠安置	8	35	0	0	8	35
水平年	小计	76	274	38	134	38	140
	县城安置	67	235	38	134	29	101
	后靠安置	9	39	0	0	9	39

3. 其他项目处理方案

根据寺大隆林场宝瓶河管护站淹没影响情况和其主管单位张掖市林业局的意见,管护站按原规模和原标准随宝瓶河牧场迁建到宝瓶河安置点。

根据宝瓶河牧场提出的方案和移民安置意愿,水平年进牧场新场址安置的居民有 20 户 58 人,其余 639 人自主安置,牧场下属的单位随场部迁建。规划设计水平年寺大隆林场宝瓶河管护站搬迁安置职工 10 人。

宝瓶河安置点位于肃南县甘肃省宝瓶河牧场的牧场原场部。新址海拔在 2 900 m 左右,场地相对平坦,可利用面积约 500 亩,本次牧场新址占地面积为 93.36 亩,均为天然牧草地。

1.8　工程投资

本工程总投资为 265 485 万元(不含送出工程),工程静态总投资为 261 313 万元,建设期贷款利息 4 172 万元。工程部分投资 153 789 万元,水库淹没处理及移民安置费 88 472.49 万元;环境保护投资 11 899.86 万元;水土保持投资 2 882.78 万元。

第 2 章　环境现状调查分析

2.1　流域概况

黑河是我国西北地区第二大内陆河,发源于青藏高原北部的祁连山区,流经青海、甘肃和内蒙古三省(区),以及我国重要的国防科研基地,位于东经 98°~102°,北纬 37°50′~42°40′,南起祁连山分水岭,北止居延海。

黑河流域共有发源于祁连山的大小河流 35 条,其中集水面积大于 100 km² 的河流有 18 条,随着流域内用水的不断增加,部分支流逐渐与干流失去地表水联系,形成了东、中、西三个相对独立的子水系。其中,东部子水系包括黑河干流、梨园河及 20 多条沿山支流,流域国土面积 11.6 万 km²。

黑河干流发源于青海省祁连县,从祁连山发源地到尾闾居延海,全长 928 km。在源头区黑河分为东、西两岔,其中西岔野牛沟发源于铁里干山海拔 4 145 m 的主峰南坡,自北西向南东流经约 175 km 至祁连县黄藏寺村;东岔八宝河发源于祁连山俄博滩东的景阳岭,海拔 4 200 m,向西北流经 100 km 至黄藏寺村。黑河东、西两岔在黄藏寺村汇合后,折向北流 90 km 至莺落峡。

黑河干流莺落峡以上为上游,河道长 313 km,流域面积 1 万 km²,上游地势高峻,气候严寒湿润,年均降水量 350 mm,近代冰川发育。黑河上游年径流量的年际变化相对不大,干流莺落峡多年平均径流量 15.8 亿 m³,主要原因是祁连山冰川融雪补给对年径流的调节作用和祁连山水源涵养林的涵养水分补充。祁连山出山口以上流域面积占总流域面积的 7%,是黑河干流径流的主要来源区,因此黑河上游生态保护是黑河水源的根本保障,是黑河流域可持续发展的保证。

莺落峡至正义峡之间为中游,河道长 204 km,流域面积 2.56 万 km²;中游地区绿洲、荒漠、戈壁、沙漠断续分布,两岸地势平坦,是河西走廊的重要组成部分;同时依靠黑河供水,人工绿洲发育,是甘肃省的重要农业区。该地区光热资源充足,但干旱严重,年降水量仅有 140 mm,多年平均温度为 6~8 ℃,年日照时数长达 3 000~4 000 h,年蒸发能力达 1 410 mm,人工绿洲面积较大,部分地区土地盐碱化严重;张掖地区水资源供需矛盾十分突出,历史上张掖在汉代仅有 8 万人口,灌溉面积约 7 万亩;随着社会经济的发展,张掖地区人口已达 120 多万,需灌溉面积在 400 万亩,造成了从黑河取水量增大,黑河下泄流量减少。

正义峡以下为下游,河道长 411 km,流域面积 8.04 万 km²,除河流沿岸和居延三角洲外,大部为沙漠戈壁,年降水量只有 47 mm,多年平均气温在 8~10 ℃,极端最低气温在 -30 ℃以下,极端最高气温超过 40 ℃,年日照时数 3 446 h,年蒸发能力高达 2 250 mm,气候非常干燥,干旱指数达 47.5,属极端干旱区,风沙危害十分严重,为我国北方沙尘暴的主要来源区之一。

黄藏寺以上黑河干流河段,2004 年建成地盘子电站,为引水式开发,装机容量 16 MW,采用溢流坝,坝体高度为 9 m,无任何径流调节能力;八宝河已建梯级电站 3 座,总装机容量 6.2 MW。黄藏寺至莺落峡河段,已建成 7 座梯级电站,总装机容量 650.5 MW。黑河干流已建成梯级电站见表 2-1。

表 2-1　黑河干流已建成梯级电站

序号	梯级电站名称	正常蓄水位(m)	调节库容(亿 m³)	开发任务	装机容量(MW)	发电量(亿 kW·h)	开发方式	坝址距离黄藏寺坝址距离(km)
一、黄藏寺以上河段								
(一)干流								
1	地盘子	2 682.00		发电	16	0.71	引水式	上游 15.1
(二)八宝河								
1	东方红			发电	1	0.05	径流式	上游 58.6
2	牛板筋			发电	2	0.07	径流式	上游 35.9
3	天桥山			发电	3	0.17	径流式	上游 23.3
	小计				6	0.29		
二、黄藏寺以下河段								
1	宝瓶河	2 521.00	0.19	发电	112	3.95	径流式	下游 15.6
2	三道湾	2 370.00	0.05	发电	112	4.00	径流式	下游 21.4
3	二龙山	2 210.00		发电	50.5	1.73	引水式	下游 35.9
4	大孤山	2 144.00	0	发电	65	2.01	引水式	下游 43.2
5	小孤山	2 060.00	0.01	发电	102	3.80	引水式	下游 65.4
6	龙首二级	1 920.00	0.86	发电	157	5.28	径流式	下游 73.6
7	龙首一级	1 748.00	0.13	发电	52	1.84	径流式	下游 78.5
	小计		1.24		650.5	22.61		

黑河干流峡谷地段已建成梯级电站情况详见表 2-2 和图 2-1。

表 2-2　黄藏寺坝址—莺落峡河段已建梯级电站

黑河梯级电站开发项目		单位	宝瓶河	三道湾	二龙山	大孤山	小孤山	龙首二级	龙首一级
工程目的			发电	发电	发电	发电	发电	发电	发电
开发方式			混合式	混合式	引水式	引水式	引水式	混合式	混合式
位置（相对黄藏寺坝址）		km	下游15.6	下游21.4	下游35.9	下游43.2	下游65.4	下游73.6	下游78.5
水库特性	正常水位	m	2 521	2 371	2 210	2 143	2 060	1 920	1 748
	正常水位下水面面积	km²	1.86	0.354	—	3.19	—	—	—
	库容	亿 m³	0.265	0.045 6	—	0.006	0.014	8 620	1 320
	有效库容	亿 m³	0.03	0.017	—	0.005	0.013	4 820	460
	调节能力		日调节	日调节	—	—	—	日调节	日调节
水能特性	设计引水量	m³/s	96	98	98	100	105.5	118	109.3
	平均设计水头	m	138.64	143	60	70	117	154.58	56.5
	装机容量	MW	112	112	50.5	59	102	157	52
	保证出力	MW	11.4	13.94	6.03	8.44	14.1	17.7	6.884
	年利用小时数	h	3 350	3 574	3 444	3 560	3 882	3 363	3 530
	年发电量	亿 kW·h	3.94	4.003	1.74	2.118	3.8	5.28	1.9
工程特性	坝型		混凝土面板堆石坝	混凝土面板堆石坝	接三道湾尾水	闸	闸	混凝土面板堆石坝	混凝土拱坝
	最大坝高	m	90	48.5	—	18	27.5	146.5	80
	引水隧洞长度	km	7.01	9.2	5	7.2	9	1.8	0.264
	隧洞类型/直径	m	有压/5.8	有压/5.8	有压/6	有压/6	有压/5.8	有压/6.0	有压/6.0
	厂房类型		左岸地面厂房	右岸地面厂房	右岸地面厂房	右岸地面厂房	地下厂房	左岸地面厂房	左岸地面厂房
	装机台数	台	3	3	3	3	3	4	4
	正常尾水位	m	2 375	2 212	2 145	2 062.5	1 920.5	1 759.15	1 688.1
	引水类型		隧洞引水	隧洞引水	隧洞引水	隧洞引水	隧洞引水	隧洞引水	隧洞引水

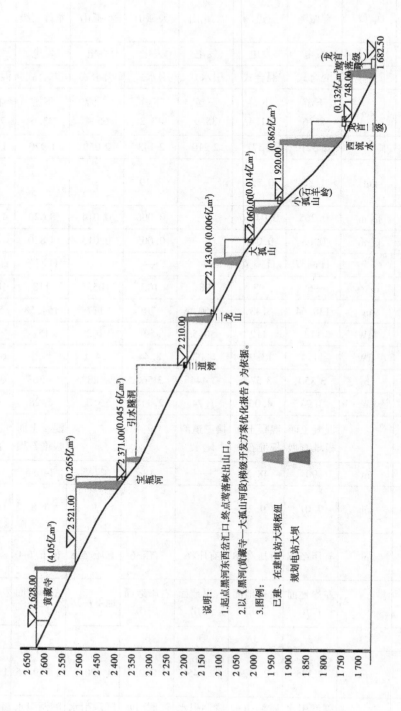

图 2-1　黑河黄藏寺—莺落峡河段梯级电站开发示意图

根据以上分析,黑河上游水电开发存在的主要环境问题为:

(1)黑河干流峡谷河段水电开发密度大,且均为径流式发电或引水式发电,不具备流域水资源调蓄能力。

(2)已建成的梯级电站,均未配套建设过鱼设施,大坝阻隔了洄游性鱼类的洄游通道,造成了祁连裸鲤生境的破碎化。

(3)改变了河流的自然水文节律、水温和水动力条件,已建成水库调节后下泄过程均匀化,且现有已建电站首尾相连,造成了河段浅滩的减少或消失,对祁连裸鲤和高原鳅产卵造成了明显的不利影响。

(4)现有的引水式电站,会造成坝下河段产生严重减脱水河段,根据评价单位现场踏勘,已建成的引水式电站均为配套建设生态放流设施,脱水河段严重。

2.2　区域环境概况

2.2.1　自然环境

2.2.1.1　地形地貌

黑河流域在大地构造上大体可分为三种基本单元:祁连山地槽褶皱带、阿拉善台隆和北山断块带及河西走廊拗陷盆地。本区域新生代以来的区域沉积、建造及地下水赋存与运动是由晚近地质构造运动所控制,中生代以来,明显进入以强烈的差异性断块运动为主的构造运动期。

上游祁连山地受山地气候、地形和植被影响,土壤具明显的垂直带谱,主要土类有寒漠土、高山草甸土(寒冷毡土)、高山灌丛草甸土(泥炭土型寒冻毡土)、高山草原土(寒冷钙土)、亚高山草甸土(寒毡土)、亚高山草原土(寒钙土)、灰褐土、山地黑钙土、山地栗钙土、山地灰钙土等。

中上游地貌根据成因和形态特征可分为三种基本类型:包括强烈褶皱断块隆升的高山、断块隆升的中高山、褶皱断块低山等组成的山地;由振荡上升并被水流割切的梯状高平原,构造-剥蚀作用形成的低山丘陵等构成的准平原;由冲积洪、洪积砾石戈壁草原,冲洪积细土平原及风积平原等组成的走廊平原区。

中生代地质构造奠定了下游地区地貌的基本格架,近期干旱气候的风化剥蚀作用塑造了现代地貌形态,从成因角度可划分为三种类型,分别是由低山丘陵、准平原组成的构造剥蚀地貌,由冲洪积平原、冲湖积平原、湖积平原、洪积倾斜平原等组成的堆积地貌和由固定半固定、垄状、波状及复合式山丘以及其他风蚀地貌组成的风化地貌,其中堆积地貌和风成地貌是主要地貌类型。

2.2.1.2　气候特征

黑河地处欧亚大陆腹地,远离海洋,周围高山环绕,流域气候主要受中高纬度的西风带环流控制和极地冷空气团影响,气候干燥,降水稀少而集中,多大风,日照充足,太阳辐射强烈,昼夜温差大。

黑河流域的气候变化具有明显的东西差异和南北差异,南部祁连山区,降水量由东向西递减,雪线高度由东向西逐渐升高。中部走廊平原区降水量由东部的 250 mm 向西递减为 50 mm 以下;蒸发量则由东向西递增,自 2 000 mm 以下增至 4 000 mm 以上。南部祁连山区地势高寒,海拔 2 600~3 200 m 处年平均气温 2.0~1.5 ℃,年降水量为 200 mm 以上,最高达 700 mm,相对湿度约 60%,蒸发量约 700 mm。海拔 1 600~2 300 mm 的地区,气候冷凉,是农业向牧业过渡地带。中部走廊平原属温带干旱亚区,光热资源丰富,年平均气温 5~10 ℃,日照时间长达 3 000~4 000 h,是发展农业的理想地区。下游额济纳旗属于干旱荒漠和极端干旱气候,深居内陆腹地,是典型的大陆性气候,具降水量少,蒸发强烈,温差大,风大沙多,日照时间长等特点;多年平均降水量仅为 42 mm,年平均蒸发强度 3 755 mm,多年平均气温 8.04 ℃,最低气温−36.4 ℃,年日照为 3 325.6~3 432.4 h,8 级以上的大风日数平均 54 d,沙暴日数平均为 29 d,风沙危害十分严重,为我国北方沙尘暴的主要源区之一。

2.2.1.3 地质

1.库区地质条件概况

根据工程地质勘查报告,工程库区属融冻蚀高山、侵蚀构造中山、丘陵地貌;库区地形以 F17 断层为界,上游为山间盆地地貌,地层以白垩纪(K)砾岩、含砾砂岩为主,盆地四周山体高大宽厚,河谷宽阔多沙滩,最宽达 1 000 m 以上,F17 断层至潘家河下游为陡峻岸坡、峡谷地形,河谷呈"V"字形,两岸岸坡坡度平均为 40°~70°,地层以寒武纪(∈)绿泥石白云母石英片岩为主。

库区不存在永久渗漏问题。库区在 F17 断层以下峡谷河段不良地质现象发育,滑坡、滑塌体主要集中在寒武纪碎裂化变质片岩或松散覆盖层中,基岩风化卸荷作用深厚;库区不存在大的浸没问题。

2.黑河中、下游区域地质条件概况

中生代以来,黑河流域进入了以强烈的差异性断块运动为主的构造运动时期,在大地构造上黑河流域横跨三个基本单元,即南部北祁连山褶皱带,北部阿拉善台隆和北山断块带,以及夹峙于其间的走廊拗陷盆地,形成了流域地下水运动与赋存的基本格局。中间走廊拗陷盆地受榆木山隆起将其分为东、西两部分,构成南、北两排四大水文地质盆地单元,南盆地东有张掖盆地,西有酒泉盆地;北盆地有金塔盆地和内蒙古的额济纳盆地。

2.2.2 社会经济

黑河干流自上游至下游居延海,分别流经青海省的祁连县,甘肃省的肃南、山丹、民乐、张掖、临泽、高台、金塔县(市),内蒙古自治区的额济纳旗,下游还有国家重要的国防科研基地东风场区(酒泉卫星发射中心)。

根据流域内各地 2012 年国民经济统计年鉴,黑河干流 2012 年总人口为 136.77 万人,其中农村人口为 84.22 万人,占流域总人口的 61.6%。总人口中,甘肃省人口为 122.89 万人,青海省人口为 5.06 万人,内蒙古自治区人口为 1.81 万人,东风场区总人口为 7.01 万人(其中空军基地 3.50 万人,二十基地 3.51 万人)。

黑河流域现状土地利用以农林牧用土地为主。根据流域内各地 2012 年水利统计年报,2012 年流域内有效灌溉面积 460.18 万亩,其中农田灌溉面积 365.76 万亩,林草灌溉面积 94.42 万亩。黑河流域总有效灌溉面积中,青海省 4.69 万亩,甘肃省 443.53 万亩,内蒙古自治区 6.08 万亩,东风场区 5.88 万亩(其中空军基地 2.80 万亩,二十基地 3.08 万亩)。

根据国民经济统计年鉴,2012 年黑河流域粮食总产量为 116.58 万 t,其中甘肃省 116.10 万 t,占 99.6%。国内生产总值(GDP)为 354.02 亿元,其中甘肃省为 295.48 亿元,占 83.5%;工业增加值为 105.31 亿元,其中甘肃省为 76.07 亿元,占 72.2%;农业增加值为 78.94 亿元,其中甘肃省为 74.57 亿元,占 94.5%;大(小)牲畜共计 370.47 万头(只),其中甘肃省为 297.78 万头(只),占 80.4%。

2.3　水资源及开发利用

2.3.1　水资源总量

根据多年水文统计资料,黑河流域出山口地表径流总量为 25.11 亿 m^3。其中,干流出山口莺落峡站多年平均径流量为 16.19 亿 m^3,梨园河梨园堡站多年平均径流量为 2.32 亿 m^3,其他沿山支流多年平均径流量为 6.60 亿 m^3。黑河流域地下水资源量为 21.76 亿 m^3,黑河流域地下水主要由河川径流转化补给,地下水与河川径流不重复量仅为 3.33 亿 m^3,其中山前侧向补给量为 2.65 亿 m^3(含巴丹吉林沙漠侧向补给量),降雨入渗补给量为 0.68 亿 m^3,扣除地表水和地下水重复计算量,黑河流域水资源总量为 28.42 亿 m^3。

2.3.2　水资源特点

(1)河川径流可明显地划分为径流形成区、径流利用区和径流消失区。祁连山出山口以上流域面积占总面积的 7%,是河川径流的主要来源区;占流域面积的 93% 的中下游地区,几乎不产生地表径流,其中中游地区和下游的上部是利用径流的主要区域;在最下游的尾闾附近,是径流消失区。

(2)河川径流以降水补给为主。流域多年平均降水量 122.6 亿 m^3,其中 77% 消失于蒸散发;大约有 23% 转化为地下水和地表水资源。河源地区冰川覆盖面积约 100.27 km^2,估计冰储量约 27.46 亿 m^3,年补给河流的冰川容水量约 0.99 亿 m^3,约占河川径流量的 5%。

(3)河川径流年际变化不大。由于河川径流受冰川补给的影响,径流年际变化相对不大,干流莺落峡站多年平均径流 15.8 亿 m^3,最大年径流 23.2 亿 m^3,最小年径流 11.2 亿 m^3,年径流的最大值与最小值之比为 2.1,年径流变差系数 C_v 值仅为 0.2 左右。

(4)河川径流年内分配不均。以干流莺落峡站为代表,枯水期 10 月至翌年 2 月,径流量占年径流量的 17.4%;从 3 月开始,随着气温的升高,冰川融化和河川积雪融化,径流逐渐增加,至 5 月出现春汛,净流量占年径流量的 14.8%;6~9 月降雨量最多,且冰川融水也多,其径流量占年径流量的 67.8%,其中 7~8 月径流量占年径流量的 41.6%。

(5)中游地表水—地下水转换频繁。地表水和地下水多次转化和重复利用,是内陆河最为独特的水文现象。河流出山后,流入山前冲积扇,一部分被引入灌溉渠系和供水系统,消耗于农业、林业的灌溉以及人畜饮用水和工业用水,其余则沿河床下泄,并沿途渗入地下,补给了地下水。被引灌的河水,除作物吸收蒸腾、渠系和田间蒸发外,相当一部分下渗补给了地下水,地下水以远比地面平缓的水面坡度向前运动,在细土平原一带出露成为泉水,或者再向前回归河流,或者再被引灌,连同打井抽取的地下水,再进行一次地表水、地下水转化。在中游非灌溉引水期的12月至翌年3月,由于前期灌溉水回归河道,正义峡断面的径流量较莺落峡断面大2.5亿~3.0亿 m³。水资源多次转换并被多次重复利用的同时,也增加了无效消耗的次数和数量。

2.3.3 水资源开发利用现状

现状年(2012年)黑河流域共有中小型水库57座,总库容为2.76亿 m³,中游灌区有平原水库20座,有效库容4 382万 m³。灌区引水工程96处,设计引水能力约269.8 m³/s,其中直接从干流引水的口门有36处,设计引水能力约223 m³/s;机电井11 076眼,其中配套机井9 771眼,年提水量5.81亿 m³,总灌溉面积465.67万亩,其中农田灌溉369.75万亩。

2.3.3.1 中游水库

黑河干流由于水资源短缺加之缺乏骨干调蓄工程,年内来水过程与灌溉用水过程不匹配。部分时段河道来水不能满足灌溉用水需要,为此,中游灌区利用自然洼地相继修建了大量的平原水库。截至2012年底,有平原水库20座,有效库容4 382万 m³。平原水库蓄水深度多数在2 m以内,水库蒸发、渗漏损失较大,占总蓄水量的20%~40%,水资源浪费严重,并引起库周围土地次生盐碱化。平原水库基本情况详见表2-3。

表 2-3　黑河中游平原水库基本情况

序号	水库名称	位置		水源	围坝(m)		设计库容(万 m³)	有效库容(万 m³)	年蓄水次数(次)	水面面积(万 m²)	灌溉面积(万亩)	最大水深(m)	年蒸发量(万 m³)	年渗漏量(万 m³)
		地名	所在渠系		坝长	坝高								
1	二坝水库	张掖市碱滩乡	大满干渠	黑河	3 140	10.5	400	213	2	68	1.14	9	52.94	18.32
2	双泉湖水库	临泽县小屯乡	梨园河西干渠	梨园河	2 640	5.5	260	238	3	86	1.2	4.8	169.59	46.41
3	平川水库	临泽县平川乡	三坝干渠	黑河	3 400	5	113	113	3	60	1.8	4.5	62.28	7.33
4	马郡滩水库	临泽县倪家营	黑河西总干渠		2 775	8.5	195	192	3	63	3.72	6.82	65.4	2.93
5	西湾水库	临泽县板桥乡	头坝干渠		3 600	5.3	142	141	3	67	6	4.8	69.55	1.71
6	三坝水库	临泽县平川乡	二坝干渠		1 850	4	28	28	4	30	1.5	3.5	31.15	1.47
7	新华水库	临泽县新华乡	梨园河西干渠		2 500	5	30	30	2	14	0.4	4.5	10.9	1.83

续表 2-3

| 序号 | 水库名称 | 位置 | | 水源 | 围坝(m) | | 设计库容 | 有效库容 | 年蓄水次数 | 水面面积 | 灌溉面积 | 最大水深 | 年蒸发量 | 年渗漏量 |
		地名	所在渠系		坝长	坝高	(万 m³)	(万 m³)	(万 m³)	(万 m³)	(万亩)	(万 m³)	(万 m³)	(万 m³)
8	田家湖水库	临泽县鸭暖乡	永安干渠		3 200	7.5	100	100	2	56	1.5	7	43.61	6.11
9	鲍家湖水库	临泽县蓼泉乡	三清渠		4 202	4.3	447	412	1	125	2	2.8	38.24	30.54
10	芦湾墩下库	高台县巷道乡	柔远渠		3 570	4.2	132	100	2	54	1.3	3	42.04	48.86
11	大湖湾水库	高台县宣化乡	新开渠		6 480	3.5	180	174	2	160	1.2	1.3	124.58	19.54
12	白家明塘湖	高台县罗城乡	常丰渠		7 080	3.5	290	280	2	215	2.5	2.3	167.39	12.21
13	小海子水库	高台县南华镇	三清渠		7 000	5.3	1 048	958	2	333	0.13	4.1	259.27	113.6
14	后头湖水库	高台县罗城乡	临河渠	黑河	3 990	3	200	180	2	93	1	1.8	72.41	30.54
15	公家墩水库	高台县合黎乡	六坝渠		3 180	3	50	48	3	32.5	0.1	1.9	33.74	18.32
16	西腰墩水库	高台县宣化乡	乐善渠		4 650	4	110	100	2	68	0.06	2.4	52.94	12.21
17	夹沟湖水库	高台县宣化乡	永丰渠		2 560	4.5	60	55	3	29	0.09	3.1	30.11	6.11
18	刘家深湖水库	高台县黑泉乡	黑泉渠		3 050	3.3	100	90	2	75	0.06	1.8	58.4	3.66
19	马尾湖水库	高台县罗城乡	临河干渠		7 000	5	700	660	2	350	2.36	3.5	272.51	54.97
20	芦湾墩上库	高台县巷道乡	丰稔干渠		6 800	4.2	280	270	1	114	2.22	2.7	34.87	24.43
合计							4 865	4 382			30.28		1 691.92	461.10

根据实地调查,平原水库每年一般蓄水 2~3 次,第一次蓄水时间为 3 月 15 日左右,约 7 d 时间蓄满,5 月 15 日左右放水灌溉;第二次蓄水时间为 7 月 20 日左右,约 7 d 时间蓄满,8 月上旬灌溉;第三次蓄水时间为 10 月 20~25 日,11 月 20 日以后冬灌供水。每年引水约 4 964 万 m^3,供水量约 2 811 万 m^3,水库蒸发、渗漏损失水量约 2 153 万 m^3。

2.3.3.2　取水口工程

灌区直接从干流引水的口门有 36 处,设计引水能力约 223 m^3/s,主要分布在中游地区,中游河段共有 29 处引水口门、3 处分水闸和 2 处引水枢纽,其中甘州区 6 处、分水闸 3 座,引水枢纽 2 处,临泽县 7 处,高台县 16 处。黑河干流引水口门现状见表 2-4。

黑河干流自莺落峡出山口以下至石庙子分水闸,甘州区陆续建成了龙渠、龙渠二级、龙渠三级和盈科电站等 4 座梯级电站,在灌溉和调水期间,黑河水大部分从位于莺落峡下游约 3 km 的龙渠电站引水枢纽被引入电站引水渠,而龙洞从电站引水渠引水灌溉,张家寨和石庙子处于电站引水渠上,引水流量大、位置重要,对黑河向下游输水影响大。

表 2-4　黑河干流引水口门情况统计

县(市)	序号	引水口名称	岸别	灌区名称	灌溉面积(万亩)	引水能力(m^3/s)	渠首位置
甘州区	1	龙洞	右	上三灌区	6.1	4.4	龙洞分水闸
	2	西洞	左	西浚灌区	1.9	2.14	龙电干渠
	3	马子渠	右	上三灌区	4.814	4	东总干渠
	4	大满	右	大满灌区	33.95	18	张家寨分水闸
	5	盈科	右	盈科灌区	22.54	15	石庙子分水闸
	6	滨湖新区	右			2	石庙子电站退水渠
临泽县	1	昔喇	右	板桥灌区	9	5.86	河道
	2	鸭翅	左	鸭暖灌区	4.2	2.09	
	3	永安	左		1.22	0.61	
	4	蓼泉	左	蓼泉灌区	3.27	1.83	
	5	新鲁	左		3.54	1.99	
	6	二坝	右	平川灌区	4.35	2.52	
	7	三坝	右		4.9	2.84	

续表 2-4

县(市)	序号	引水口名称	岸别	灌区名称	灌溉面积（万亩）	引水能力（m³/s）	渠首位置
高台县	1	三清	左	友联灌区	6.74	3.11	河道
	2	柔远	左		5.15	2.38	
	3	站家	左		2.56	1.18	
	4	定宁	左		1.38	0.9	
	5	纳凌	左		4.25	1.96	
	6	乐善	左		2.794	1.29	
	7	黑泉	左		3.276	1.51	
	8	双丰	右	六坝灌区	1.34	0.62	
	9	五坝	左		3.52	2.09	
	10	七坝	右		1.88	1.12	
	11	临河	右	罗城灌区	2.01	1.29	
	12	红山	左		1.61	1.04	
	13	罗城	右		0.85	0.55	
	14	天城	右		0.88	0.57	
	15	常丰	左		0.81	0.52	
	16	候庄	右		0.75	0.48	
金塔县	1	鼎新总干渠	右	鼎新灌区	14	12	大墩门引水枢纽
	2			95861 部队			通过鼎新干渠引水
东风场	1	东风水库	左	生态用水	2	10	河道
额济纳旗	1	狼心山东河进水闸	右	东河	105	270	狼心山分水闸
	2	狼心山东干渠	右			30	
	3	狼心山西河进水闸	左	西河	45	330	

2.3.4 流域用水演变过程

黑河上游人口稀少,耕地面积仅 14.70 万亩,主要集中在一些小型山间盆地,上游地区主要以畜牧业为主,地方工业不发达,一直以来用水量均较少,当地经济发展对中下游水资源利用影响不大。

黑河中游地区,现状总人口 117 万人,灌溉面积 425 万亩(含林草灌溉面积);现状总人口和灌溉面积分别相当于中华人民共和国成立初期的 2.1 倍和 4.1 倍,现状人均灌溉面积相当于中华人民共和国成立初期的 1.9 倍,也大大高于现状全国水平。目前,中游地区农业灌溉占用了大量的水资源,挤占了生态用水。下游内蒙古额济纳旗,现状总人口 1.81 万人,相当于 1949 年 0.23 万人的 7.9 倍。随着人口的增长和灌溉面积的增加,全流域生产生活用水量已由中华人民共和国成立初期的约 15 亿 m³ 增长到目前的 25.5 亿 m³,其中中游地区用水量增加到 22.8 亿 m³,进入下游的水量则从中华人民共和国成立初期的 11.6 亿 m³ 减少到 20 世纪 90 年代的 7.7 亿 m³。同时,由于下游甘肃省金塔县鼎新灌区用水增加、国防科研基地用水等因素影响,加之河道损失大量的水量,实际进入额济纳旗的水量只有 3 亿~5 亿 m³。

图 2-2 反映了 20 世纪 50 年代后期至 21 世纪初以来莺落峡、正义峡断面径流量和区间耗水量的变化。按 7 月至翌年 6 月水文年统计,50 年代、60 年代区间平均耗水量分别为 5.27 亿 m³ 和 4.93 亿 m³,变幅不大;70 年代区间耗水量为 4.14 亿 m³,耗水量偏小,主要是莺落峡同期来水量偏枯所致;80 年代区间耗水量 6.42 亿 m³,较 50 年代末期及 70 年代分别增加 1.15 亿 m³ 和 2.28 亿 m³;90 年代前 5 年莺落峡来水偏枯,但区间耗水量仍达到 7.26 亿 m³,较 80 年代增加 0.84 亿 m³,主要是由于灌溉面积大幅度增加;1995~1999 年区间平均耗水量 8.80 亿 m³,较 90 年代前 5 年增加 1.54 亿 m³;2000~2012 年,莺落峡站来水量较多年平均值偏多,为 17.66 亿 m³,区间耗水 7.50 亿 m³,较 90 年代减少 0.53 亿 m³。

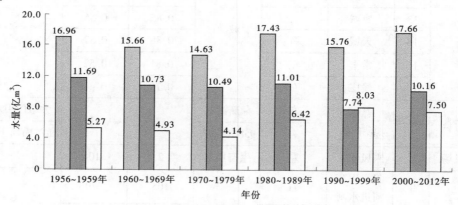

图 2-2 莺落峡、正义峡实测径流量及区间耗水量

2.3.5 存在问题

黑河流域水资源匮乏,流域中下游地区水资源供需矛盾尖锐、经济社会发展和生态保护用水问题尖锐。随着中游人口增加和人类对绿洲的大规模开发,大量的从黑河引水,进入下游和尾闾的水量满足不了生态保护用水的需要,进而造成流域生态系统的失衡,威胁到流域和广大北方地区的生态与社会安全,并对国防建设、生态稳定和社会发展等国家安全造成一定影响。

2.4　地表水环境质量现状与评价

2.4.1　调查范围、方法

2.4.1.1　调查评价范围

本书地表水环境调查范围为库区、坝址下游。

2.4.1.2　涉及水功能区

根据《全国重要江河湖泊水功能区划》《青海省水功能区划》《甘肃省水功能区划》和《内蒙古自治区水功能区划》,项目评价范围涉及 7 个水功能区,区划河长 746.4 km,除青海省海北州八宝河祁连饮用水源区水质目标为Ⅱ类以及甘肃省张掖市黑河甘州工业、农业用水区水质目标为Ⅳ类外,其余水功能区水质目标均为Ⅲ类。

2.4.1.3　水质监测断面及评价资料选取

本次评价将祁连站和札马什克站作为库区影响背景断面,将莺落峡站、黑河大桥、高崖站作为黑河中游河段影响评价断面,将正义峡站、鼎新站、哨马营站等作为黑河下游影响断面,以上断面基本覆盖黑河干流和项目评价河段,以上 8 个监测断面作为地表水现状调查断面。调查断面基本情况见表 2-5 和图 2-3。

表 2-5　项目地表水水质监测断面选取基本情况

站次	断面	水系	监测河段	至坝址 (km)	所属水功能区
1	札马什克	黑河	札马什克—莺落峡	40	黑河青甘农业用水区
2	莺落峡	黑河	莺落峡—黑河大桥	80	
3	黑河大桥	黑河	黑河大桥—高崖	112	黑河甘州农业用水区
4	高崖	黑河	高崖—正义峡	131	黑河甘州工业、农业用水区
5	鼎新	黑河	正义峡—哨马营	—	黑河临泽、高台、 金塔工业、农业用水区
6	正义峡	黑河	正义峡—哨马营	265	
7	哨马营	黑河	哨马营—居延海	312	黑河甘肃生态保护区
8	狼心山	黑河	哨马营—居延海	437	黑河内蒙古额济纳旗生态保护区
9	祁连	八宝河	手爬崖—入黑河口	19	八宝河祁连饮用水源区

根据甘肃省水环境监测中心黑河干流水质监测数据(2009~2014 年),对黑河干流 COD、氨氮、矿化度等水质现状(2013 年 10 月至 2014 年 9 月)进行评价,并对黑河干流近 5 年水质变化情况进行分析。

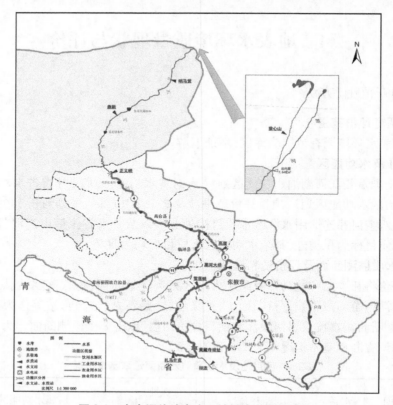

图 2-3　本次评价地表水环境调查断面示意图

2.4.2　水质现状评价

2.4.2.1　黑河干流近 5 年水质状况评价

　　根据黑河干流近 5 年(2009～2013 年)水质评价结果(见表 2-6):近 5 年黑河干流水质无明显变化,均能满足黑河干流水功能区水质目标要求。黑河上游、下游水质相对较好,其中黑河上游水质基本为Ⅱ类,下游为Ⅲ类。黑河中游水质基本为Ⅲ类,其中高崖河段水质为Ⅳ类。

表 2-6　黑河干流各水质站近 5 年水质评价

年份	断面						
	扎马什克	莺落峡	黑河大桥	高崖	正义峡	鼎新	哨马营
2009	Ⅱ	Ⅰ	Ⅲ	Ⅲ	—	Ⅱ	—
2010	Ⅱ	Ⅰ	Ⅲ	Ⅳ	Ⅲ	Ⅱ	—
2011	Ⅱ	Ⅱ	Ⅲ	Ⅳ	Ⅲ	Ⅱ	—
2012	Ⅱ	Ⅱ	Ⅲ	Ⅳ	Ⅲ	Ⅲ	—
2013	Ⅱ	Ⅱ	Ⅲ	Ⅳ	Ⅲ	—	Ⅱ

2.4.2.2　黑河干流水水质现状评价

以黑河 2013 年 10 月至 2014 年 9 月作为现状水文周期年,分丰(6~9 月)、平(3~5 月)、枯(10 月至翌年 2 月)三个水期。

根据黑河干流水质评价结果:黑河干流水质均能满足水功能区目标要求,各水期(丰、平、枯)水质变化不明显。黑河莺落峡以上河段为 Ⅱ、Ⅲ 类水质,水质较好。正义峡以下河段水质为 Ⅲ 类,黑河上游和下游地区人口稀少,人为活动较少,对河流水质影响不明显。黑河干流中游(莺落峡至正义峡河段)水质为 Ⅲ、Ⅳ 类,高崖河段为 Ⅳ 类水质,相对较差。其原因是黑河中游经济较为发达地区且灌区面源排放对河流水质影响较大。

2.4.2.3　天然水化学特征评价

黑河干流矿化度年际整体变化不明显。黑河干流水化学类型以 CCa Ⅰ 型为主,其中莺落峡和正义峡断面水化学类型分别为 CCa Ⅱ 型、SNa Ⅰ 型。黑河上、中游河段矿化度属于中等水平,下游河段矿化度为较高水平,尤其是正义峡断面矿化度值最高。总体而言,黑河干流矿化度自上游而下呈逐渐升高状态。

黑河干流上游河道来水主要为降雨和冰雪融水,其沿程矿化度相对较低,进入黑河中游以后,尤其是高崖断面以下河段,由于地表水和地下水转换频繁,地表径流渗入岩石缝隙与岩石接触面增大而溶滤了化学物质,这是矿化度值升高的一个主要因素。

根据黑河干流各断面总硬度评价:近 5 年黑河干流总硬度年际整体变化不显著。黑河上、中游河段适度硬水,下游河段水体为硬水,尤其是正义峡断面总硬度值最高。

2.4.3　污染源现状调查

根据黄河流域水资源保护局开展黄河流域(片)中西北诸河水资源保护规划资料,并补充有关调查工作给出评价区域主要区域及入河污染情况调查评价成果。

2.4.3.1　点污染源调查

根据调查,黑河干流及八宝河现有较大的入河排污口 6 处,主要分布在正义峡以上河段,以生活排污为主。项目区黑河废污水入河量 3 600.7 万 m^3,主要污染物 COD、氨氮入河量 5 605.2 t、451.43 t。其中祁连县城污水排污口在坝址以上,距离坝址 14.6 km,其余排污口均在水库坝址下游。

项目区各县(区)污染物排放基本情况见表 2-7。

表 2-7　项目区各县(区)污染物排放基本情况

地市	县(区)	废水量(万 t/年)	COD(t/年)	氨氮(t/年)
海北州	祁连县	126.10	251.50	14.80
张掖市	甘州区	2 309.8	793.20	158.24
张掖市	高台县	631.00	1 072.70	95.91
张掖市	临泽县	533.80	3 487.80	182.48
合计		3 600.70	5 605.20	451.43

评价区现建有污水处理设施 3 座,分布在甘州区、高台县、临泽县,设计处理能力

5.65 万 m^3/d,平均处理能力 4.88 万 m^3/d,出水水质标准为《城镇污水处理厂污染物排放标准》(GB 18918—2002)中一级 B 标准,见表 2-8。海北州祁连县城污水处理厂及配套管网正在建设,设计处理污水规模 2015 年为 2 500 m^3/d,2020 年为 5 000 m^3/d,污水排放标准为一级 B 标准。

表 2-8   项目区城镇污水处理设施现状

地市	县(区)	污水处理设施	处理工艺	投运时间	设计处理能力 (万 m^3/d)	平均处理水量 (万 m^3/d)
张掖市	甘州区	张掖市污水处理厂	氧化沟	2006 年 8 月	4.00	3.89
	临泽县	临泽县污水处理厂	CASS	2013 年 9 月	0.80	0.56
	高台县	高台县污水处理厂	CASS	2013 年 9 月	0.60	0.43
海北州	祁连县	祁连县城污水处理厂	氧化沟	在建	0.25	—
合计					5.65	4.88

2.4.3.2   面源污染调查

本次评价通过对评价范围内农村生活污水产生量、化肥及农药施用量和流失量、分散式畜禽养殖、水土流失污染物的调查,分析计算评价范围内污染物入河量。

现状年评价范围内面源入河量调查成果(见表 2-9),COD 年入河量 4 379.62 t,氨氮年入河量 83.64 t,总氮(TN)年入河量 956.45 t,总磷(TP)年入河量 221.67 t。评价区域面源主要分布在黑河干流中游地区,由于是灌区,灌溉水重复利用多次,农药、化肥施用量大,大部分农药化肥在回归水中大量累积。

表 2-9   现状年黑河干流区面源入河量调查计算成果

县(区)	COD 入河量 (t/年)	氨氮入河量 (t/年)	TN 入河量 (t/年)	TP 入河量 (t/年)
祁连县	1 132.50	11.89	264.83	43.84
甘州区	1 704.72	36.00	366.16	89.72
临泽县	760.56	17.79	161.95	44.89
高台县	781.84	17.96	163.51	43.22
合计	4 379.62	83.64	956.45	221.67

2.4.3.3   点源、面源关系分析

根据相关规划开展的现状调查工作,在黑河流域化学需氧量、氨氮等污染指标评价中,点源对化学需氧量和氨氮的贡献率分别占 56.1% 与 84.4%。

2.5   地下水环境质量现状调查与评价

本次地下水调查范围包括库区及黑河中、下游区域,其中主要调查区域为黑河中游的

莺落峡—正义峡河段。

2.5.1　区域水文地质条件

2.5.1.1　区域地下水水文地质条件概况

黑河流域位于河西走廊中段,受"盆地系列式"山前平原的独特地质、地貌条件制约,水文地质的主要特征可以概括为:巨厚的第四纪干三角洲相含水层广泛分布,地下水与地表水之间极为密切的相互转化关系,地下水水文地球化学分带,以及"径流与蒸发"相平衡的区域均衡。

流域南部的祁连山受降水和冰雪融水的补给,变质岩系普遍赋存有水质良好的裂隙水,但富水地段仅限于岩溶化的碳酸盐岩及与山体走向基本一致的横向断裂带。上古生界及中古生界的灰岩、砂砾岩及砂岩含有裂隙—孔隙层状水。

流域中下游的构造-地貌盆地也是水文地质盆地,因为这些盆地中有为盆地的构造—地貌所限制的含水层系以及各自独立的补给、径流、排泄过程。这些盆地不仅是独立的水文地质单元,而且通过河水与地下水之间的相互转化,使南、北方向上同属一个河系的两个或三个盆地中的水流联结成统一的"河流—含水层"系统,如干流河系的张掖盆地、鼎新盆地和额济纳盆地。

2.5.1.2　含水层系统

盆地内巨厚(数百米至千余米)的第四纪松散沉积物中含有丰富的孔隙水,尤以中、上更新统是盆地中最为富水的主要含水层系。根据含水层的结构和水动力特征,盆地地下水包括潜水和承压水。

潜水分布于张掖、酒泉盆地南部扇形砾石平原及额济纳盆地西部,含水层主要为砾卵石及砂砾石,潜水位埋藏深度 50~100 m,额济纳盆地 5~30 m,自南向北逐渐变浅,含水层厚度 100~200 m,额济纳盆地 30~70 m。

承压水分布于张掖盆地、酒泉盆地北部的细土平原及额济纳盆地东北部。由潜水区至承压水区,含水层的层数由少增多,单层厚度减小,导水性减弱。中游盆地含水层主要为砂砾石及砂砾卵石,厚度 50~100 m,以淡水为主;下游盆地含水层主要为砂、砾砂及砂砾石,厚度 20~50 m,以微咸-咸水为主。

2.5.1.3　富水性分区

1. 中游平原富水特征

降水充沛的祁连山为盆地地下水的补给提供了有力保障,山前颗粒粗、厚度大的第四系含水层为地下水的贮存提供了良好的空间。中游平原含水层富水性在黑河—梨园河,北大河洪积扇中下部为最大,单井涌水量大于 5 000 m³/d(尤其是在北大河北岸单井涌水量大于 10 000 m³/d),向北渐弱,在黑河沿岸一带 3 000~5 000 m³/d,在南北山山前带单井涌水量小于 1 000 m³/d;地下水埋深南部山前洪积扇顶部地带大于 200 m,中部 50~150 m,洪积扇缘及细土平原南部 5~20 m,在地形低洼地带由于含水层颗粒变细,地形变缓有成片泉水溢出。

2. 下游平原富水特征

下游平原各个盆地(鼎新盆地、额济纳盆地)水文地质条件与中游基本相同,但相比而言含水层颗粒较细富水性变弱。

鼎新盆地沿黑河两岸狭长地带含水层岩性以砂夹砾石为主,中部含水层厚度较大富水性较强,单井涌水量 3 000~5 000 m³/d,东西两侧含水层厚度略薄,单井涌水量 1 000~3 000 m³/d,潜水位埋深黑河沿岸 1~3 m,广大戈壁平原 5~10 m。

额济纳盆地总的规律是由南向北含水层岩性渐细,地下水位埋深渐浅,富水性渐弱。南部湖西新村一带,含水层岩性为砂砾石和粗砂,厚度大于 70 m,富水性较强,单井涌水量 3 000~5 000 m³/d,潜水位埋深 10~30 m;向北至阎家井、老西庙及木吉湖一带含水层岩性以中细砂为主,厚度西厚东薄一般为 30 m 左右,富水性中等,单井涌水量 1 000~3 000 m³/d,潜水位埋深 5~10 m;再向北至建国营、额济纳旗东西居延海一带,含水层岩性为粉细砂或粉砂,厚度 15 m 左右,潜水位埋深 1~3 m,富水性较弱,单井涌水量小于 1 000 m³/d。在老西庙、阎家井及木吉湖以东、以北的广大地区分布有承压水,局部地段(扎木羊乌苏一带)分布有自流水。

2.5.1.4 地下水循环模式

黑河流域具有西北内陆河流域的所有共性,除去从上游祁连山区—中游灌溉绿洲—下游荒漠绿洲的整体水循环外,中、下游地区还存在三个小尺度的水循环带。祁连山区发育的河流出山后首先流经渗透性极强的山前洪积扇群带,加之农田渠系渗漏与灌溉回归,大量地表水补给地下水,流至洪积扇前缘和细土平原以泉水形式出露地表,重新转化为地表水,完成第一次循环。接着进入金塔—鼎新盆地又开始地表水—地下水—地表水的转化过程,完成第二次循环。再接着黑河流出甘肃省进入内蒙古的额济纳旗盆地最后流入居延海,在此过程中完成第三次循环。在此循环带,水分没有被纳入水库或引进渠道,而是耗散在荒漠的巨大蒸发中。

2.5.1.5 地下水与地表水转化关系

受构造—地貌条件的制约,黑河流域自上游祁连山区至下游额济纳盆地,地下水与河水之间形成有规律的、大量的重复转化过程。在上游祁连山区,地下水接受大气降水(降雨、冰雪融水)的入渗补给,自山巅向山缘运移。在流出山体以前,绝大部分排泄于河(沟)谷而转化为河水。进入走廊平原的中游盆地,河水在洪积扇群带大量渗漏转化为地下水,至扇缘及细土平原地下水又呈泉水溢出地表而转化为河水;河水通过连接中下游盆地间的沟谷进入下游盆地,在洪积扇区再度渗漏转化为地下水,至下游湖积平原水位浅埋区全部蒸发殆尽,从而形成一个完整的水循环过程。黑河流域地下水与地表水转化关系见图 2-4。

2.5.2 地下水位现状调查

2.5.2.1 区域地下水位长期观测情况调查

地下水对于黑河干流中游地区的农业灌溉、经济发展起到至关重要的支持作用和调节作用。为对中游地区的地下水位进行监测和研究,张掖地区从 20 世纪 80 年代以来建设了国家级、省级地下水监测点,并逐步建立了地下水监测网络,为研究地下水、保护地下水资源提供了基础资料。

黑河流域近期治理工程实施后,根据监测井长期水位监测资料统计结果,中游盆地地

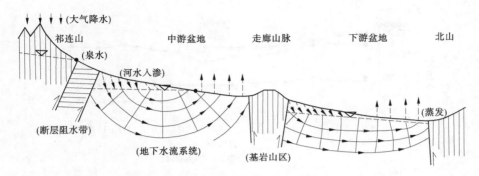

图 2-4　黑河流域地下水与地表水转化示意图

下水处于由近期治理前地下水位逐步下降到近期治理后地下水位下降趋势减缓的动态过程之中。

2.5.2.2　评价区域地下水位调查

本次地下水调查评价重点区域是黑河中游的莺落峡—正义峡河段,地下水位的监测分析主要针对此河段两侧湿地、开采井、平原水库开展。

本次调查评价选取了靠近中游河段两侧及距离平原水库较近的地下水位监测点,以及泉水流量监测点,监测点包括甘州区、临泽县、高台县三个区域。监测数据包括 2013 现状年的逐月数据,和中游河段上、中、下部位多个监测点的近十年年均数据。具体地下水位监测点情况见表 2-10。

表 2-10　地下水位监测点情况

点位		坐标		井位
甘州区	Z2-1	17 627 876.413	4 310 907.745	张掖自来水公司二水厂
	电5	17 618 597.473	4 306 974.228	张掖市沿河滩中
	86	17 627 481.480	4 314 335.263	张掖市城区东北
	22	17 619 739.702	4 332 991.678	张掖市乌江乡小湾村
临泽县	5	17 593 807.523	4 350 294.707	临泽县小屯古寨村林场
	28	17 601 286.060	4 333 010.977	临泽县城东南角
高台县	32	17 574 698.478	4 358 400.456	高台县巷道乡于家庄
	72	17 571 707.335	4 363 615.565	高台县六坝乡尹家墩

1.黑河干流甘州区区域

黑河干流甘州区区域大部分处于黑河冲洪积带,含水层透水性强,地下水位的变化不同程度主要反映河流、雨洪的时空分布特征,本次评价收集了该区域的 Z2-1、电 5、86、22 监测孔的 2013 年逐月监测数据(见图 2-5)和电 5 监测孔的近十年年均数据(见图 2-6)。

由图 2-5 可以看出,地下水年内变化幅度较大,达 4~5 m,由于包气带的滞后作用,地下水位最高一般出现在 9~10 月。水位年内变化幅度在山前较大,沿河逐渐减小,到细土平原带时年内变化已经非常小,如 22 监测孔,仍然受到河流水位影响,但是年内变化幅度

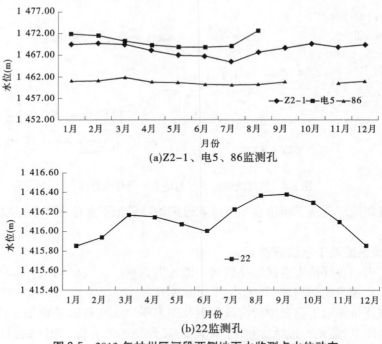

(a)Z2-1、电5、86监测孔

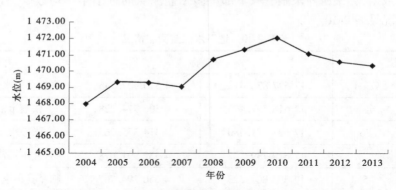

(b)22监测孔

图2-5　2013年甘州区河段两侧地下水监测点水位动态

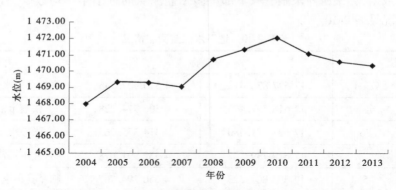

图2-6　2004~2013年甘州区河段两侧地下水年均水位变化

只有0.53 m。

由图2-6可以看出,从近十年的地下水位长期监测数据看,该区域地下水大部分处于较稳定状态,没有出现明显的地下水位降低,部分监测年份有微弱上升的趋势。

2.黑河干流临泽县区域

该区监测孔主要分布于细土平原的井灌区,地下水动态直接取决于开采井的开采活动。本次评价收集了该区域的5、28监测孔的2013年逐月监测数据(见图2-7)和近十年年均数据(见图2-8)。

由图2-7可以看出,4月初春灌开采引起水位急剧下降,至7月底出现最低值,8月开始因停止开采水位回升,年内水位变幅约3 m;从多年地下水位动态来看,由于开采强度及水文情况不同,部分监测井出现微弱水位回升,部分监测井出现下降,下降幅度约2 m左右。

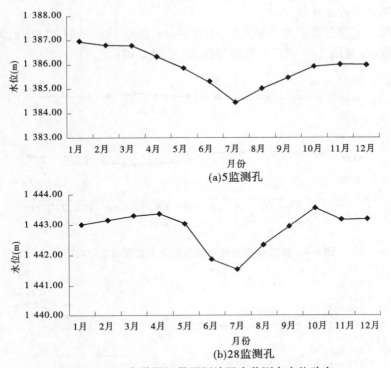

(a)5监测孔

(b)28监测孔

图 2-7　2013 年临泽河段两侧地下水监测点水位动态

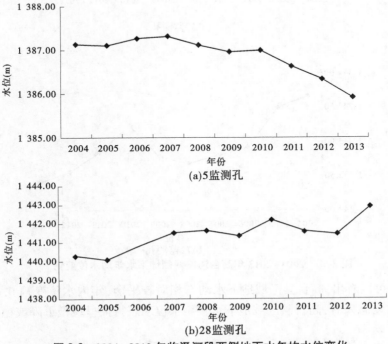

(a)5监测孔

(b)28监测孔

图 2-8　2004～2013 年临泽河段两侧地下水年均水位变化

3. 黑河干流高台县区域

该区监测孔主要分布于细土平原区,本次评价收集了该区域的 32、72 监测孔的 2013 年逐月监测数据(见图 2-9)和近十年年均数据(见图 2-10)。

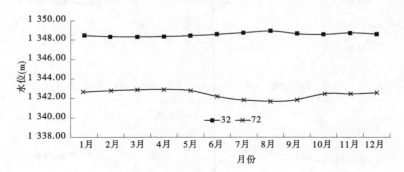

图 2-9　2013 年高台河段两侧地下水监测点水位动态

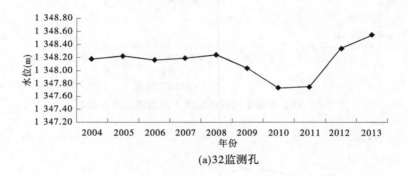

(a)32 监测孔

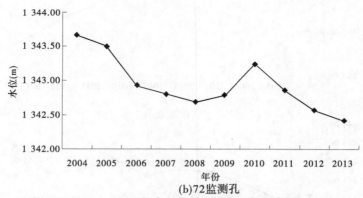

(b)72 监测孔

图 2-10　2004~2013 年高台河段两侧地下水年均水位变化

由图 2-9 可以看出,高台县区域地下水动态相对较平衡,年内水位变幅 0.6~1 m;从多年地下水位动态来看,高台县区域地下水多年水位动态特征呈缓慢下降或稳定状态。

4. 泉流量动态

泉水溢出带主要分布在细土平原区,是本区地下水的主要排泄方式。本次评价收集

了中游盆地的泉 3、泉 6 监测孔的 2013 年逐月监测数据(见图 2-11) 和近十年年均数据
(见图 2-12)。

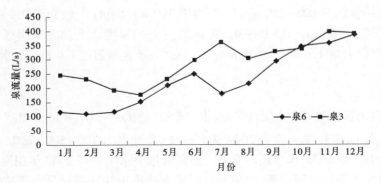

图 2-11　2013 年泉流量动态

由图 2-11 可以看出,从年内变化看,泉流量 4 月流量较小,之后开始回升,6~7 月达
到一个峰值,之后又有下降和回升,在 12 月达到最大流量。

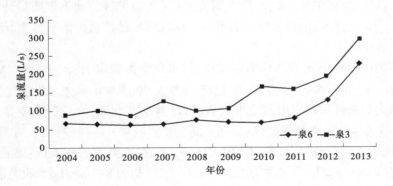

图 2-12　2004~2013 年泉流量动态

由图 2-12 可以看出,从多年泉水流量动态看,近十年来泉流量出现了稳定的上升
趋势。

2.5.3　地下水水质现状调查与评价

2.5.3.1　地下水水质常规资料调查与评价

祁连山区降水丰富,地下水补给资源充足,地下水水质受自然溶滤作用影响,沿地下
水流向具水平分带性,多年来虽受人为作用影响,但总体特征基本保持了原有特征。甘肃
省地矿局水文地质工程地质勘察院在中游盆地设置了水质监测点 34 个,其中潜水水质监
测点 29 个,承压水水质监测点 5 个;在下游盆地设置了水质监测点 10 个,均为潜水水质
监测点。

1. 中游盆地地下水水质常规资料调查与评价

根据监测结果,以 2009 年为代表年份,大部分区域松散岩类孔隙水矿化度均小于 1 000 mg/L,一般介于 180~950 mg/L,平均值 390 mg/L;pH 一般介于 7.2~8.8,平均值 8.0;水化学类型一般为 HCO_3-Ca-Mg 或 HCO_3-Mg-Ca 型。北部龙首山区,地下水补给较贫乏,蒸发强烈,地下水矿化度 200~6 700 mg/L,氟含量超过 1.0 mg/L,水质不佳,水化学类型复杂。

1) 张掖盆地

2009 年监测区内地下水水质良好,水化学类型以 HCO_3^--SO_4^{2-}-Ca^{2+}·Mg^{2+} 型和 HCO_3^-·Ca^{2+}-Mg^{2+} 型为主,矿化度一般为 200~800 mg/L,总硬度为 100~500 mg/L。南部山前地带水质较好;盆地西北部,水质逐渐变差。监测区地下水水质与 2008 年相比,总体处于稳定状态,但由于人为污染等因素,水质恶化区呈点状或小片状零星分布于监测区内:临泽县东北角、临泽县平川乡、张掖白塔村、田家小庙一带,零星分布有点状的水质极差或较差区,尤其是张掖城区以南的田家小庙一带,矿化度为 1 321 mg/L、总硬度为 706.6 mg/L、硫酸盐 606.2 mg/L、氯化物 1.18 mg/L,水质类别为Ⅳ~Ⅴ类极差区;张掖城区以北的白塔村,矿化度为 1 093 mg/L、总硬度为 450.4 mg/L、硫酸盐为 253.6 mg/L、硝酸盐为 38.16 mg/L、氨氮为 9.07 mg/L,水质类别为Ⅳ~Ⅴ类极差区。地下水质量评价因子中有四项不达标(水质达标类别为Ⅲ类),表明这一区域污水已严重污染下游地下潜水。

2) 酒泉东盆地

2009 年测区内地下水水质局部地段良好,水化学类型以 HCO_3^--SO_4^{2-}·Mg^{2+}-Ca^{2+} 型和 HCO_3^--SO_4^{2-}·Ca^{2+}-Mg^{2+} 型为主,矿化度一般为 200~900 mg/L,总硬度为 100~500 mg/L。该区内的南部洪积扇山前地带水质较好;盆地西北部,水质逐渐变差。该区内零星分布有点状的水质极差或较差区:特别是高台县罗城乡万丰村(74-1),矿化度为 2 421 mg/L、总硬度为 1 081 mg/L、硫酸盐为 1 016 mg/L、水质类别为极差区;高台城关镇(高 1),矿化度为 2 248 mg/L、总硬度为 1 231 mg/L、硫酸盐为 879 mg/L、水质类别为极差区,地下水质量评价因子均不能满足Ⅲ类标准要求。

2. 下游盆地地下水水质常规资料调查与评价

监测资料分析结果表明,下游额济纳盆地 10 个地下水常规监测点中,主要超标因子为总溶解固体(TDS)、钠、氯、总硬度、硫酸根,超标因子随黑河下游冲洪积扇呈明显增加趋势。

总体来看,该区域浅层地下水 TDS 普遍较高,主要原因是该地区属于区域地下水流动系统的排泄区,浅层地下水蒸发浓缩作用较为强烈,导致 TDS 超标;气候干燥,降雨补给较少,主要受到山区侧向补给,该区地层中的岩石主要含石膏、长石、石英、白云石、方解石等矿物,钠、氯和硫酸盐等通过溶滤作用进入地下水,受到蒸发浓缩等混合作用,导致浅层地下水中钠、氯和硫酸盐等超标严重;下游地区浅层地下水超标的因子主要是受该地区气候和天然地下水补径排条件控制。

2.5.3.2 地下水水质现状监测与评价

1. 监测点布设

评价依据导则要求,结合评价区地理位置及地下水流向、水位埋深等水文地质条件,采用控制性布点和功能性布点相结合的原则,在黑河上游和中游沿黑河干流较近位置设置 9 个监测点进行地下水取样分析。

监测点布置见图 2-13,监测点信息见表 2-11。

图 2-13　地下水质量监测点分布

表 2-11　水质监测点信息

序号	点位	坐标		类型	水位埋深（m）	所属村庄	监测单位	监测时间
		X	Y					
1	H001	38°47′36.89″	100°08′28.12″	水库水	莺落峡			
2	HH08	38°22′43.66″	100°06′31.00″	泉水	0			
3	HH09	39°08′58.00″	100°23′22.68″	地下水	5.5			
4	HH10	39°17′31.83″	100°15′49.93″	地下水	8.75	西湾村	谱尼测试	2014 年 6 月 24～25 日
5	HH11	39°18′53.18″	100°10′12.46″	地下水	40			
6	HH12	39°27′57.42″	99°39′40.96″	地下水	3.8	高台定平村		
7	HH13	38°50′52.26″	100°17′48.92″	地下水	11.2	张家寨村		
8	HH14	39°02′28.48″	100°25′33.53″	地下水	4.23			
9	HH16	38°13′17.87″	100°11′30.11″	泉水	0	黄藏寺村		

2. 监测结果

从监测结果来看,上游莺落峡与黄藏寺 2 个监测点地下水质量较好,均达到地下水Ⅲ类标准。

中游盆地的 7 个监测点中,有 HH11 和 HH12 两个监测点出现超标情况,每个点各有 3 项监测因子超标,但超标倍数均较低。HH11 点中,TDS 超标倍数 0.03,硫酸盐超标倍数 0.308,硝酸盐超标倍数 0.04;HH12 点中,TDS 超标倍数 0.88,钠超标倍数 0.495,硫酸盐超标倍数 1.872。

超标监测点均位于盆地北部,符合盆地南部山前地带水质较好,盆地西北部水质逐渐变差的规律。超标监测点均为于地下水补给条件较差的地带,地下水蒸发较强烈而补充更新较缓慢,造成地下水中盐分累积,导致矿化度和总硬度超标。HH11 处于临泽县细土平原区,根据甘肃省水文水资源局历史监测分析,该处以及北部山前的地下水水质较差,单项指标含量偏高的是硫酸盐、氟化物、矿化度、总硬度等,其中矿化度在 1 000~3 000 mg/L,与本次监测结果一致;HH12 所处的高台县,水化学类型自南向北由重碳酸盐−硫酸盐型转为硫酸盐−重碳酸盐型,矿化度分布最小 500 mg/L、最大 3 000 mg/L 左右,单项分级含量偏高的是总硬度、矿化度、硫酸盐及亚硝酸盐氮,与本次监测结果吻合。

2.6　声环境质量现状监测与评价

2.6.1　监测点布设

根据项目的特性,以点带面的原则,了解项目所在区域的环境现状,共布设 9 个监测点。监测点的布设详见表 2-12。

表 2-12　噪声监测点的布设

序号	监测点名称	监测时间	纬度	经度
1	黄藏寺村	2014 年 6 月 25~26 日	N38°13′10″	E100°11′35″
2	施工管理营地	2014 年 6 月 25~26 日	N38°14′08″	E100°11′20″
3	宝瓶河牧场	2014 年 6 月 25~26 日	N38°15′03″	E100°10′16″
4	下筏村	2014 年 6 月 25~26 日	N38°16′01″	E100°10′22″
5	玛米沟	2014 年 6 月 25~26 日	N38°16′36″	E100°08′21″
6	围墙村	2014 年 6 月 25~26 日	N38°18′13″	E100°09′23″
7	大鱼儿沟	2014 年 6 月 25~26 日	N38°16′35″	E100°11′26″
8	小鱼儿沟	2014 年 6 月 25~26 日	N38°17′04″	E100°10′54″
9	哦堡沟	2014 年 6 月 25~26 日	N38°18′15″	E100°09′38″

2.6.2　监测结果及评价

本项声环境质量现状评价执行《声环境质量标准》(GB 3096—2008)标准。

从监测结果看,黄藏寺村、施工管理营地、宝瓶河牧场、下筏村、玛米沟、围墙村、大鱼儿沟、小鱼儿沟、哦堡沟 9 个监测点昼夜声环境均达到《声环境质量标准》(GB 3096—2008)声环境要求,区域声环境质量良好。

2.7　环境空气质量现状监测与评价

为了解工程区域环境空气质量现状,评价单位委托谱尼测试集团股份有限公司于 2014 年 6 月 24~30 日对工程施工区域的环境空气质量进行了监测。

2.7.1　监测点布设

环境空气监测点位有宝瓶河牧场、黄藏寺村、下筏村和牧场(黄藏寺附近)等 4 处。具体监测点位见表 2-13。

表 2-13　项目区大气环境质量监测点位

序号	监测点	与工程相对位置
1	宝瓶河牧场	(左岸上风向)施工道路、料场附近
2	黄藏寺村	取土场附近
3	下筏村	施工道路、料场附近
4	牧场(黄藏寺附近)	施工道路、取土场附近

2.7.2　监测项目及监测频次

现状检测指标主要为 SO_2、NO_2、TSP 和 PM10,其中 NO_2、SO_2 监测小时值和日均值,TSP 和 PM10 监测日均值。监测因子、项目及频次见表 2-14。

表 2-14　项目区大气环境质量监测因子、项目及频次

序号	监测因子	监测项目	监测时间及频次
1	SO_2	小时平均、日平均	2014 年 6 月 24~30 日连续监测 7 d,每天 4 次
2	NO_2		
3	TSP	日平均	
4	PM10		

2.7.3　监测结果及环境空气质量现状评价

本工程坝址所在地区没有工业、企业,不存在大型、集中大气污染源。从监测结果可以看出,工程坝址所在区域空气质量良好,在监测时段内 4 个监测点位,SO_2 日平均浓度最高 0.013 mg/m³,1 h 平均浓度最高 0.017 mg/m³;NO_2 日平均浓度最高 0.016 mg/m³,1 h 平均浓度最高 0.025 mg/m³;PM10 日平均浓度最高 0.065 mg/m³;TSP 日平均浓度最高 0.118 mg/m³;均未出现超标情况。各区域大气环境现状均能满足《环境空气质量标准》(GB 3095—2012)的质量要求,区域环境空气状况良好。

第3章　黑河流域近期治理环境影响回顾研究

3.1　黑河流域近期治理主要内容

3.1.1　黑河干流水量统一调度

为了完成国务院"九七"分水方案,黑河流域管理局从2000年开始采取"全线闭口、集中下泄"的方式向正义峡调水,主要依靠行政措施配置黑河中游经济社会用水和下游生态用水。13年来共计实施"全线闭口、集中下泄"措施46次、1 013 d。2000~2002年是黑河水量调度的过渡期,2003年以后转入正常调度期,一般情况每年闭口4次,年均82 d,关键调度期133 d一半以上时间都在"闭口"调水。其中,4月为非关键期,7~9月为关键期。

2000年以来黑河干流集中调水完成国务院的分水方案情况见表3-1。

表3-1　黑河干流2000年以来调度任务完成情况统计

年份	莺落峡来水量（亿m³）	闭口次数（次）	闭口天数（d）	正义峡断面		
				当年实际下泄水量（亿m³）	当年应下泄水量（亿m³）	当年实际下泄量与当年应下泄水量的差值（亿m³）
2000	14.62（平水）	4	33	6.50	6.60	−0.10
2001	13.13（枯水）	2	28	6.48	5.33	1.15
2002	16.11（平水）	3	57	9.23	9.33	−0.10
2003	19.03（丰水）	3	67	11.61	13.24	−1.63
2004	14.98（平水）	4	82	8.55	8.53	0.02
2005	18.08（丰水）	4	88	10.49	12.09	−1.60
2006	17.89（丰水）	4	79	11.45	11.86	−0.41
2007	20.65（丰水）	4	95	11.96	15.20	−3.24
2008	18.87（丰水）	4	87	11.82	13.04	−1.22
2009	21.30（丰水）	4	92	11.98	15.98	−4.00
2010	17.45（丰水）	4	93	9.57	11.32	−1.75
2011	18.06（丰水）	3	106	11.27	12.16	−0.89
2012	19.35（丰水）	3	106	11.13	13.62	−2.49
合计	229.52	46	1 013	132.04	148.30	−16.26
平均	17.66	3.5	77.9	10.16	11.41	−1.25

由表3-1统计可知,黑河人工调水期间,不能完全满足国务院"九七"分水方案和《黑河干流水量调度管理办法》,正义峡年均少下泄水量1.25亿m³。

3.1.2　黑河流域近期治理实施情况

3.1.2.1　规划布局

国务院批复的《黑河流域近期治理规划》,其规划指导思想为:按照流域综合治理的指导思想,建立健全流域水资源统一管理调度体制,建设水资源监测、预报信息系统;建设山区水库等骨干调蓄工程、输配水工程和跨流域调水工程;建立国家级农业高效节水和生态保护示范区,调整经济结构,全面推行节水;切实加强生态绿洲建设。以此形成以水资源合理配置为中心的生态系统综合治理和保护体系。

上游以加强天然保护和天然草场建设为主,强化预防监督,禁止开荒、毁林毁草和超载放牧,加强森林植被保护。加快黄藏寺、二珠龙、梨园堡等山区控制性工程前期工作步伐,逐步开工建设。

中游建立国家级农业高效节水示范区,深化灌区体制改革,大力开展灌区配套改造,推广高新节水技术,优化渠系工程布局,减少平原水库,合理利用地下水,适度发展井灌,治理盐碱。搞好防风固沙林更新改造。严禁垦荒,积极稳妥地调整农林牧结构,压缩农田灌溉面积,限制水稻等高耗水作物种植。限制高耗水、重污染产业。

下游建设正义峡水库和内蒙古输水干渠,减少输水损失。建立国家级生态保护示范区,提高灌溉管理水平,加强人工绿洲建设,严禁超载放牧和垦荒,禁止滥采滥挖,搞好额济纳绿洲地区生态建设与环境保护。

3.1.2.2　规划工程实施情况

《黑河流域近期治理规划》的措施主要是灌区节水配套改造、限制平原水库蓄水、生态建设和水资源保护以及水量调度管理决策支持系统建设。

截至 2013 年,共安排工程投资 235 225 万元,人工调水 14 次,黑河流域近期治理落实的工程建设的内容、规模及投资见表 3-2。

表 3-2　黑河流域近期治理工程建设内容、规模及投资

地区	项目分类	项目名称	建设内容	规模	投资(万元)
上游 源流区	生态建设	祁连县 生态建设	1. 草地治理建设(万亩)	155	5 350
			(1)围栏封育(万亩)	120	3 600
			(2)黑土滩、沙化草地治理(万亩)	35	1 750
			2. 林业建设工程(万亩)	36	5 100
			(1)天然林封育(万亩)	30	900
			(2)人工造林(万亩)	6	4 200
		肃南县 生态建设	1. 草地治理建设(万亩)	60	1 800
			(1)围栏封育(万亩)	60	1 800
			2. 林业建设工程	34	3 700
			(1)天然林封育(万亩)	30	900
			(2)人工造林(万亩)	4	2 800
			3. 生态移民工程		310
			(1)移民(人)	432	
			(2)新打机井(眼)	9	135
			(3)低压管道灌溉(万亩)	0.5	175
	小计				16 260

续表 3-2

地区	项目分类	项目名称	建设内容	规模	投资(万元)
中游及下游鼎新灌区	灌区节水建设	渠系及田间工程建设	1. 中游口门合并(处)	21	
			2. 中游渠系调整(条)	20	
			3. 渠系衬砌		55 150
			(1)干支渠(km)	1 095	53 500
			(2)斗渠(km)	550	1 650
			4. 渠系建筑物(座)	3 500	
			5. 田间工程(万亩)	90	18 000
		废止平原水库	废止(座)	8	
		机电井建设	1. 配套(眼)	800	2 400
			2. 新建(眼)	491	7 365
			小计	1 291	9 765
		高新节水措施	1. 低压管道灌溉(万亩)	24.5	8 575
			2. 喷微灌(万亩)	18.5	18 500
		合计			109 990
	生态建设	退耕还林还草	规模(万亩)	32	48 000
	小计				157 990
下游额济纳旗	生态建设	1. 发展饲草料基地(万亩)		4	400
		2. 胡杨林封育(万亩)		30	900
		3. 草场灌溉配套工程			45 675
		(1)狼心山及其他分水闸改建(座)		154	3 080
		(2)渠系建设(km)		635	41 275
		(3)机电井建设(眼)		110	1 320
		4. 牧民安置(人)		1 500	3 000
	小计				49 975
水量调度管理系统		水情测报及调度决策支持系统建设			2 500
基础研究及前期工作		基础研究、前期工作、生态系统动态监测			8 500
小计		黑河流域近期治理投资(万元)			235 225

3.2　水文水资源影响回顾

本次水文水资源影响回顾研究主要选取正义峡断面的径流量、径流过程、断流天数为基点,对比分析与近期治理前的变化。

3.2.1　典型断面径流量变化

研究收集了 20 世纪八九十年代莺落峡、正义峡的径流量,作为黑河流域近期治理前的代表,调水前后统计结果见表 3-3。

表 3-3　莺落峡站和正义峡站八九十年代及调水后来水量统计成果　（单位:亿 m³）

时段	断面	7~9 月	10~11 月	12 月至次年 3 月	4~6 月	合计
1980~1989	莺落峡	9.35	1.77	1.76	4.67	17.55
	正义峡	3.98	1.37	4.38	1.27	11.01
1990~1999	莺落峡	8.91	1.58	1.57	3.86	15.93
	正义峡	2.72	0.81	3.78	0.28	7.59
2000~2010	莺落峡	9.39	2.42	1.76	4.03	17.60
	正义峡	3.91	1.40	3.85	0.91	10.06

人工调水后,黑河正义峡年均径流量占莺落峡年均径流量的比例为 57.16%,比 20 世纪 90 年代 47.65% 高 9.51%,但仍比 80 年代 62.74% 低 5.58%;通过人工调水后,正义峡下泄水量占莺落峡年均径流量比例呈增加趋势,但距离 80 年代仍有一定的差距。

3.2.2　典型断面月均流量变化

正义峡调水前后不同典型年、月平均流量年内过程情况见表 3-4。

表 3-4　正义峡调水前后不同典型年、月平均流量变化状况

典型年		月平均流量(m³/s)												年平均流量(m³/s)	年径流量(亿 m³)
		1 月	2 月	3 月	4 月	5 月	6 月	7 月	8 月	9 月	10 月	11 月	12 月		
丰水年	1960~2000	38.2	41.8	52.1	24.5	45.3	18.8	31.4	98.8	73.5	41.4	27.4	39.4	44.5	14.04
	2001~2012	38.9	37.7	25.0	32.1	19.7	5.11	65.9	25.1	86.3	73.0	7.36	46.0	38.6	12.16
	变化量	0.7	-4.1	-27.1	7.6	-25.6	-13.7	34.5	-73.7	12.8	31.6	-20.0	6.6	-5.9	-1.9
	变化比例(%)	1.8	-9.8	-52.0	31.0	-56.5	-72.8	109.9	-74.6	17.4	76.3	-73.1	16.8	-13.3	-13.4
枯水年	1960~2000	28.4	36.3	26.2	4.05	0.340	9.64	12.2	16.7	41.4	17.4	16.8	42.0	20.9	6.609
	2001~2012	35.1	40.8	28.6	16.7	6.04	5.28	11.7	42.8	47.6	43	0.42	16	24.5	7.743
	变化量	6.7	4.5	2.4	12.7	5.7	-4.4	-0.5	26.1	6.2	25.6	-16.4	-26.0	3.6	1.1
	变化比例(%)	23.6	12.4	9.0	312.3	1 676.5	-45.2	-4.1	156.3	15.0	147.1	-97.5	-61.9	17.2	17.2
多年平均	1960~2000	38.4	42.2	40.2	17.3	3.0	14.4	43.4	38.6	44.3	31.7	21.1	41.9	31.4	9.86
	2001~2012	39.3	40.9	30.0	19.3	7.8	5.5	36.5	43.9	81.7	51.0	2.8	36.3	32.9	10.39
	变化量	0.9	-1.3	-10.3	2.0	4.8	-8.9	-7.0	5.3	37.4	19.3	-18.2	-5.7	1.5	0.5
	变化比例(%)	2.4	-3.1	-25.5	11.5	160.2	-61.7	-16.0	13.7	84.5	60.9	-86.6	-13.6	4.9	5.3

多年平均:4月,正义峡断面 2000 年闭口调水后较 2000 年未实施调水前月均流量增加 2 m³/s,增加了 11.5%;7月,正义峡断面调水后较调水前月均流量减少 7 m³/s,减少了 16%;8月,正义峡断面调水后较调水前月均流量增加 5.3 m³/s,增加了 13.7%;9月,正义峡断面调水后较调水前月均流量增加 37.4 m³/s,增加了 84.5%。

丰水年:4月,正义峡断面 2000 年闭口调水后较 2000 年未实施调水前月均流量增加 7.6 m³/s,增加了 31.0%;7月,正义峡断面调水后较调水前月均流量增加 34.5 m³/s,增加了 109.9%;8月,正义峡断面调水后较调水前月均流量减少 73.7 m³/s,减少了 74.6%;9月,正义峡断面调水后较调水前月均流量增加 12.8 m³/s,增加了 17.4%。

枯水年:4月,正义峡断面 2000 年闭口调水后较 2000 年未实施调水前月均流量增加 12.7 m³/s,增加了 312.3%;7月,正义峡断面调水后较调水前月均流量变化不大;8月,正义峡断面调水后较调水前月均流量增加 26.1 m³/s,增加了 156.3%;9月,正义峡断面调水后较调水前月均流量增加 6.2 m³/s,增加了 15.0%。

3.2.3　典型断面断流天数变化

研究收集了 20 世纪八九十年代典型断面正义峡的断流天数,作为黑河流域近期治理前的代表,调水前后统计结果见表 3-5。

表 3-5　正义峡断流天数统计

时段	断流天数($q<0.50$ m³/s)(d)								
	4 月	5 月	6 月	7 月	8 月	9 月	10 月	11 月	全年
1980~1989	25	234	103	29	77	14	3	5	490
1990~1999	66	258	230	157	63	26	19	63	882
2000~2012	36	97	156	152	146	37	0	83	707

黑河流域实施水量调度及近期治理规划以后,正义峡断面断流天数呈现减少趋势,与 20 世纪 90 年代比,减少了 175 d;通过水量调度,正义峡断面在 4~7 月断流减少天数减少了 270 d。

3.3　地下水影响回顾

3.3.1　黑河中游灌区地下水位影响研究

近期治理工程实施前,甘州区的大满、盈科、西浚、上三 4 个灌区地下水位平均每年下降 0.2 m,临泽县 6 个灌区地下水位平均每年下降 0.073 m;近期治理后,甘州区 4 个灌区地下水位平均每年下降 0.12 m,比治理前减少 0.08 m;临泽县 6 个灌区地下水位平均每年下降 0.039 m,下降量比治理前减少 0.034 m。近期治理工程实施后有效地控制住了地下水下降的趋势,主要是由于节水措施的实施提高了水资源的利用效率,地下水超采得到控制,使得地下水下降趋势减小。

1995~1999 年治理工程实施前,高台县 3 个灌区地下水位平均每年下降 0.073 m,在

2000~2009年10年治理期,3个灌区地下水位平均每年下降0.015 m,下降量比治理前减少0.058 m。说明黑河治理对高台县地下水位没有产生不利的影响,例如罗城灌区在2007年和2009年地下水位都有所回升,主要是由于高台县处于黑河中游治理区末端濒临于下游输水区,所以地下水位在治理阶段得到补充。

总体而言,黑河近期治理的实施,有效遏制了中游地下水位快速下降趋势,没有对地下水及生态环境产生大的不利影响。

3.3.2 黑河下游鼎新灌区地下水位影响

根据《黑河近期治理后评价》,鼎新灌区在实施近期治理项目以后,与治理前相比,地下水位逐渐上升,地下水埋深减小。治理前5年鼎新灌区地下水位平均埋深为3.98 mm,治理后10年地下水位平均埋深变为2.48 m,比治理前上升1.5 m。

3.3.3 狼心山以下黑河下游地下水位影响研究

1988年黑河下游开始建设地下水长观井,黑河下游长观井分布见图3-1。

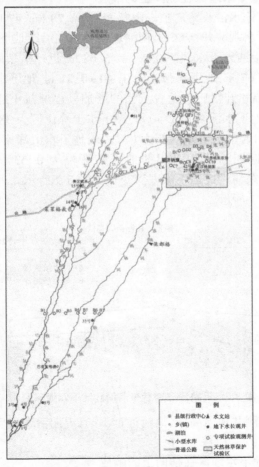

图3-1 黑河下游长观井分布

3.3.3.1　黑河下游地下水对近期治理的整体响应

以黑河下游 15 个长观井的地下水平均值代表整个额济纳绿洲地下水的变化情况。可以看出,经过 10 年的调度,黑河下游地下水埋深下降的趋势得到明显遏制。尤其是 2002 年以来,黑河下游各个区域的地下水都有不同程度的回升,2009 年地下水位达到或接近 1995 年以来的历史最高值。2009 年与 2002 年相比,观测范围内,上片区地下水位平均回升了 0.73 m,中片区地下水位平均回升了 0.50 m,下片区地下水位平均回升了 0.45 m,整个额济纳绿洲地下水位平均回升了 0.567 m,详见表 3-6。

表 3-6　黑河下游地下水埋深升幅情况　　　　　　　　　　　　（单位:m）

地区(观测范围内)	地下水均值		升值
	1999 年	2009 年	
上片区	3.08	2.35	0.73
中片区	2.95	2.45	0.50
下片区	4.54	4.09	0.45
额济纳绿洲		0.567	

3.3.3.2　近期治理后地下水埋深在纵向上的响应

在东河向东居延海输水沿线距离狼心山断面 0 km、28 km、47 km、51 km、118 km、123 km、130 km 处选择地下水观测井,分析近期治理前后河道沿线地下水埋深的变化。

近期治理前,东河沿线地下水埋深在 2.23~3.68 m,近期治理后,地下水位普遍上升,地下水埋深在 1.87~2.67 m,地下水位上升 1.40~0.31 m,地下水位升幅比例在 38%~12.8%,并且地下水升幅和升幅比例随着流程的增加呈逐渐减小趋势。在狼心山断面附近,近期治理后引起的地下水涨幅为 1.40 m,地下水上涨比例为 38%;在狼心山断面下游 51 km 处,近期治理后引起的地下水涨幅为 0.71 m,地下水上涨比例为 27.5%;在狼心山断面下游 118 km 处,近期治理后引起的地下水涨幅为 0.53 m,地下水上涨比例为 18.5%。近期治理前后东河沿线地下水埋深变化如图 3-2 所示。地下水涨幅与距离狼心山断面距离关系如图 3-3 所示。

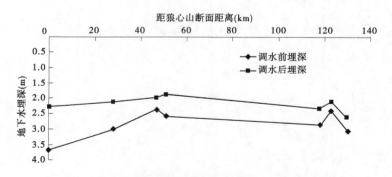

图 3-2　近期治理前后东河沿线地下水埋深变化

由于沿线地下水观测井地面高低、离河远近不同,近期治理前后地下水埋深在纵向上的响应表现受到影响。

3.3.3.3　近期治理后地下水埋深在横向上的响应

在黑河下游东、西河之间选择 2 个断面,东河下游选择 3 个断面,分析一年中近期治

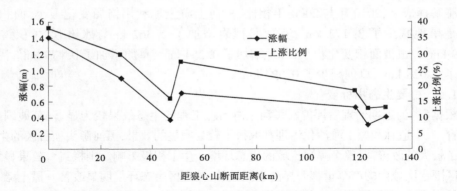

图 3-3　东河沿线地下水涨幅与距离狼心山断面距离关系

理前后地下水埋深在横向上的变化。近期治理后地下水埋深在横向上的变化,与距离河道的距离远近有关。

　　受东、西河输水的共同影响,两河之间地下水涨幅与距离的关系呈 U 形分布:靠近东、西河沿线地下水升幅大,远离两河的中间地区地下水升幅小。靠近东河的 B7 观测井上涨比例为 28.5%;靠近西河观测井上涨比例为 17.4%;在东、西河之间距离东河 8.9 km 的观测井升幅最小,上涨比例只有 2.6%。

　　近期治理期间各河流自由漫流,过水时间、水量无法控制,地下水埋深变化没有规律。近期治理前 C 断面地下水埋深在 1.99~3.71 m,近期治理后上升到 0.78~3.13 m,地下水埋深平均上升 0.595 m,最大上升 1.21 m。

　　近期治理期间主要通过向东居延海输水,其他河流过水时间较短,地下水埋深变化也不一致。近期治理前 D 断面地下水埋深在 1.95~3.64 m,近期治理后上升到 1.66~2.89 m,地下水埋深平均上升 0.52 m,最大上升 0.75 m。

　　近期治理期间各河流过水时间、水量不同,地下水埋深变化各异。近期治理前 E 断面地下水埋深在 2.74~4.72 m,近期治理后上升到 2.54~4.45 m,地下水埋深平均上升 0.27 m,最大上升 0.4 m,升幅比例为 5%~10.6%。

　　近期治理前 F 断面地下水埋深在 2.77~6.35 m,近期治理后上升到 2.39~6.10 m,地下水埋深上升 0.02~0.62 m,地下水升幅比例为 0.3%~22.4%。

3.3.4　近期治理地下水回顾性结论

　　总体而言,黑河干流经过 10 年的水量调度和近期工程治理有效遏制了中游地下水位快速下降趋势;黑河下游的鼎新灌区、额济纳绿洲地下水位逐渐上升。

3.4　流域陆生生态环境影响回顾

3.4.1　黑河上游

3.4.1.1　生态格局变化

根据中国科学院寒区旱区环境与工程研究所 2000 年和 2010 年黑河流域土地利用类

型遥感解译成果,2010年与2000年相比,黑河上游土地利用格局变化很小,面积变化最大的是旱地减少了3.173 km²,其次是裸岩增加了2.362 km²,冰川/永久积雪减少了2.349 km²。植被面积变化很小,林地增加了0.254 km²,草原增加了0.479 km²,稀疏草地增加了0.028 km²,草甸减少了0.324 km²。

3.4.1.2　主要生态指标变化

根据《黑河近期治理后评价》,黑河上游治理工程的生态效果较为显著,草地围栏、天然林封育、人工造林和黑土滩沙化治理都取得了较为明显的效果,黑河源头项目区的生态环境得到了较大的改善,对整个黑河流域的生态环境产生了积极影响。围栏封育效果显著,各个项目区围栏区域内的产草量都明显高于区域外,治理区生态环境明显改善。黑土滩、沙化治理项目实施后,项目区草地的盖度增加40%以上,产草量每亩增加60 kg以上。天然林封育取得了较好的效果,封育区域内与区域外相比,天然林覆盖度增加了20%~35%、郁闭度的增幅为26%~47%、单株株高增加了4.8~5.6 m,冠幅则增大了3.1~3.8 m²。

3.4.2　黑河中游

3.4.2.1　生态格局变化

根据中国科学院寒区旱区环境与工程研究所2000年和2010年黑河流域土地利用类型遥感解译成果,与2000年相比,2010年黑河中游林地面积增加了11.95 km²,草地面积增加了125.91 km²,裸岩、裸土和沙漠/沙地面积减少了143.13 km²,有效遏制了中游地区生态环境恶化趋势。

从土地利用格局来看,近期治理规划实施10年后,黑河中游裸岩、裸土和沙漠/沙地减少面积很大,但所占比例仅减少了0.57%,草地所占比例仅增加了0.49%,林地所占比例仅增加了0.04%,其他土地利用类型变化很小。总的来看,中游生态格局总体变化不大。

3.4.2.2　主要生态指标变化

根据《黑河近期治理后评价》,黑河中游近期治理规划实施后,林地和草地质量均明显提高,中游近期治理前后主要生态指标对比见表3-7。

表3-7　黑河中游治理前后主要生态指标对比

指标体系			治理前	治理后
林地质量	100 m² 样方人工林质量 (小泉子林场)	平均株高(m)	0.9	2.3
		株数	8	38
		郁闭度(%)	15	55
	100 m² 样方天然林质量 (鸭暖灌区树林)	平均株高(m)	1.1	2.4
		株数	16	25
		郁闭度(%)	17	55
草地质量	单位面积草地质量 (友联灌区三清灌区苜蓿草)	均高(m)	0.3	0.7
		覆盖度(%)	50	100
		产草量(kg/m²)	0.5	2.5

3.4.3　黑河下游

3.4.3.1　生态格局变化

根据中国科学院寒区旱区环境与工程研究所 2000 年和 2010 年黑河流域土地利用类型遥感解译成果,黑河下游 2010 年与 2000 年相比,裸岩、裸土和沙漠/沙地面积减少了 227.08 km²,湖泊、水库/坑塘、河流等水面面积增加了 123.5 km²,林地面积增加了 10.61 km²,草地面积虽然减少了 16.4 km²,但主要是稀疏草地减少了 13.928 km²,下游生态环境明显改善,有效遏制了下游地区生态环境恶化趋势。

3.4.3.2　主要生态指标变化

根据《黑河近期治理后评价》,黑河下游生态恶化趋势得到遏制,部分地区有了明显的恢复,下游典型植被胡杨、红柳对黑河治理响应明显,治理后的长势明显比治理前好,且离河道越近越明显。草场退化趋势得到有效遏制,林草植被和野生动物种类增多,覆盖度明显提高,生物多样性增加。下游近期治理前后主要生态指标对比见表 3-8。

表 3-8　黑河下游治理前后主要生态指标对比

指标体系		治理前 1999 年	治理后 2009 年
林地质量			
乔木林	平均株高(m)	9	12
	幼苗株数(株/m²)	0.2	2.2
	郁闭度(%)	35	74
灌木林	平均株高(m)	1.4	2.3
	株数(株/m²)	1.1	2.5
	郁闭度	32	81
年胸径生长量(mm)(红柳)		0.83	1.67
草地质量			
苦豆子	均高(cm)	30	70
	覆盖度(%)	30	96
	产草量(kg/m²)	1.7	0.8

3.4.3.3　东居延海变化

从 2000 年黑河实施水量调度方案以来,2002 年 7 月,黑河水流入了已干涸 10 年的东居延海;2002～2009 年东居延海入湖水量及水面面积统计情况详见表 3-9。

表 3-9　东居延海入湖水量及水面面积统计

调度年	2001	2002	2003	2004	2005	2006	2007	2008	2009
入湖水量(亿 m³)	0	0.49	0.42	0.52	0.36	0.69	0.60	0.65	0.57
累积水量(亿 m³)	0	0.49	0.91	1.43	1.79	2.48	3.08	3.73	4.30
最大湖面面积(km²)	0	23.8	31.5	35.7	33.9	38.6	39.0	40.3	42.0

通过 10 年的水量调度,东居延海及其周边生态环境变化尤为明显,周围的生态环境明显改善。东居延海水面面积逐年增加,最大水面面积超过 40 km²,超过了 20 世纪 80 年代的 33.8 km²。治理前(1987～1999 年)13 年平均沙尘暴 5.85 次/年,治理后(2000～2009 年)10 年平均沙尘暴次数为 3.5 次/年,比治理前年平均减少了 2.35 次/年,2008 年、2009 年每年的沙尘暴次数只有 1 次。

3.5　存在的突出问题

3.5.1　水资源

(1)完全依赖调水期的流域监督和行政关闭两岸取水口门的人工调水方式,难以完成国家批复的流域内三省(区)分水和调水方案。

(2)流域缺少骨干调蓄水库,无法解决经济社会和生态调控要求的水资源可持续利用,中游灌溉面临"卡脖子旱"和下游关键生态水量无法保证的尖锐问题。

(3)中游"节水""控耕"问题突出,区域发展的水资源问题对下游和流域生态产生突出的生态影响。

黑河中游节水范围过小,节水力度仍需加强,节水目标实现面临压力。

扩耕现象严重,造成已实施的节水措施增泄目标未能实现。目前,流域中下游扩耕现象没有得到控制,中游地区灌溉面积比《黑河流域近期治理规划》确定的农田灌溉面积约多 48.97 万亩。中游节水措施截至 2009 年虽已形成增泄能力 2.58 亿 m³,但由于中游扩耕的影响,实际增泄正义峡水量远远没有达到规划目标,节水措施增泄目标未能实现。

(4)黑河流域水资源浪费和损失问题突出。

流域生态保护要求所确定的中游水资源利用要求和节水目标没有全面得到落实,中游引水无序和平原水库的水资源浪费问题尖锐,中游区域未落实国家的流域要求,没有落实"四定"要求统筹水资源利用要求。与下游争水和浪费水资源问题依然突出。

3.5.2　生态环境

黑河上游水源涵养能力仍旧不高,需继续进行生态治理。

中游灌溉用水超过规划指标用水、挤占中游和下游生态用水、过度开发地下水问题突出,流域下游重要生态区域和生态林缺水导致的生态萎缩和功能破坏问题依然严重。不考虑水资源制约问题和国家"以水定城、以水定地、以水定人、以水定产"原则,实施的中游水体人工景观措施,与严格水资源的流域管理和流域系统生态保护原则相冲突。

黑河下游、额济纳绿洲及尾闾敏感区域的生态水量难以得到稳定保证,对流域生态和国防安全影响需予以高度重视。

第 4 章 工程方案合理性研究

4.1 工程正常蓄水位合理性分析

可行性研究选择了 2 626 m、2 628 m、2 630 m 和 2 632 m 4 个正常蓄水位作为比选方案,相应水库的调节库容分别为 2.73 亿 m³、2.95 亿 m³、3.16 亿 m³ 和 3.40 亿 m³,上述 4 个方案的水能、环境、经济等指标对比详见表 4-1。

表 4-1 黄藏寺水利枢纽工程正常蓄水位方案比较

	指标	2 626 m 方案	2 628 m 方案	2 630 m 方案	2 632 m 方案
工程规模	死水位(m)	2 580.00	2 580.00	2 580.00	2 580.00
	正常蓄水位(m)	2 626.00	2 628.00	2 630.00	2 632.00
	调节库容(亿 m³)	2.73	2.95	3.16	3.40
	设计洪水位(m)	2 626.00	2 628.10	2 630.00	2 632.00
	校核洪水位(m)	2 627.08	2 629.00	2 630.83	2 632.77
	总库容(亿 m³)	3.85	4.06	4.27	4.50
供水指标	灌溉保证率(%)	45	51	53	53
	中游灌区供水量(亿 m³)	10.66	10.70	10.71	10.71
	4~6 月正义峡断面水量(亿 m³)	1.47	1.52	1.52	1.52
黄藏寺电能指标	装机容量(MW)	49	49	49	49
	年发电量(万 kW·h)	20 707	20 776	20 802	20 824
	电量差值(万 kW·h)	69		26	22
投资	工程投资(万元)	152 356	153 789	155 098	157 046
	移民淹没投资(万元)	89 212	92 741	96 171	99 284
	环保及水保投资(万元)	14 783	14 783	14 783	14 783
	工程静态总投资(万元)	256 351	261 313	266 052	271 113
环境保护	(1)4 个方案水库淹没搬迁人口和征用耕地呈递增状态,正常蓄水位越高,搬迁人口和征用耕地数量增多,淹没补偿费用增大; (2)4 个方案水库淹没各方面指标呈递增状态,正常蓄水位越高,水库淹没面积越大,环境影响越大; (3)生态关键期 4~6 月与 20 世纪 80 年代相比,2 628 m、2 630 m 和 2 632 m 均能满足要求,能够满足生态关键期需水要求;但 2 626 m 方案不能满足; (4)2 628 m、2 630 m 和 2 632 m 方案的中游灌溉保证率能够达到工程相关设计灌溉指标,但 2 626 m 方案不能满足				

由表 4-1 可以看出,2 628 m、2 630 m 和 2 632 m 3 个正常蓄水位能够满足工程开发任务要求,但从环保角度出发,在满足黑河水量分配方案和保证下游生态关键期正义峡下泄水量的前期下,正常蓄水位越低,相对环境影响越小,因此综合协调工程效益及环境保护,

工程选取 2 628 m 的蓄水位是合理的。

4.2　水库生态调度流量合理性分析

可行性研究根据黑河来水特点、中下游河道输水特性和输水效率,以及中下游用水特点,同时考虑黄藏寺坝址以下梯级电站的发电效益等因素,拟定 3 个方案进行黄藏寺水库生态调度流量进行比选。

方案 I :4 月上旬、7 月、8 月、9 月中旬输水流量均采用 300~500 m³/s。

方案 II:4 月上旬、9 月中旬输水流量采用 240 m³/s,7 月、8 月输水流量采用 300~500 m³/s。

方案 III:4 月上旬、9 月中旬输水流量采用 110 m³/s,7 月、8 月输水流量采用 300~500 m³/s。

上述 3 个方案的环境比选情况详见表 4-2。

表 4-2　黄藏寺水库不同输水流量方案技术指标比较

方案	不调水	黄藏寺水库调水								
		方案 I			方案 II			方案 III		
调水时段(旬)		4 月上旬	7 月、8 月	9 月中旬	4 月上旬	7 月、8 月	9 月中旬	4 月上中旬	7 月、8 月	9 月中旬
黄藏寺调水量(亿 m³)		1.4	1.5	相机	1.45	1.5	相机	1.5	1.5	相机
控制流量(m³/s)		300~500	300~500	300~500	240	300~500	240	110	300~500	110
一次调水天数(d)		3~5	3~6	—	7	3~6	—	15	3~6	—
正义峡年来水量(亿 m³)	9.13	9.82			9.82			9.82		
中游灌区年供水量(亿 m³)	10.82	10.78			10.74			10.70		
黄藏寺装机容量(MW)	52	47			48			49		
黄藏寺发电量(万 kW·h)	21 934	19 425			19 835			20 776		
差额电量(万 kW·h)		410			941					
下游梯级电站装机(MW)	650	650			650			650		
下游 7 座电站总发电量(亿 kW·h)	无黄藏寺	22.71	22.71			22.71			22.71		
	有黄藏寺	23.67	21.02			21.52			22.69		
	有无差值	0.96	-1.69			-1.19			-0.02		
正义峡断面水量(亿 m³)		1.4			1.4			1.4		
狼心山断面水量(亿 m³)	0.14	1.12			1.05			0.98		

注:1. 表中黄藏寺水库死水位采用可行性研究报告推荐的 2 580 m 计算水库发电量;

　　2. 下游输水效率采用本次复核成果。

根据表 4-2,3 个方案在 4 月上旬生态调度流量递减,但调水时间递增;7、8 月生态调度流量和时间相同,均为 300~500 m³/s 和 3~6 d;9 月生态调度流量递减,但调水时间均为相机调水,可行性研究从工程角度出发推荐方案 III,评价从环保角度出发分析如下:

(1)3 个方案年内正义峡下泄水量均为 9.82 亿 m³,均能满足黑河国务院分水方案、黑河下游生态需水要求。

(2)3 个方案年内对中游灌区的供水量分别为 10.78 亿 m³、10.74 亿 m³ 和 10.70 亿

m³,均能满足黄藏寺建成后中游灌溉保证率50%以上的要求,从中游灌溉需水要求来看,方案Ⅰ相对较优。

(3)3个方案对黄藏寺下游7座电站的发电损失分别为1.69亿kW·h、1.19亿kW·h和0.02亿kW·h,从对下游电站的影响情况来看,方案Ⅲ相对较优。

(4)3个方案生态集中调水期间4月正义峡下泄水量均为1.4亿m³,均能满足黑河下游生态关键期20世纪80年代下泄水量的要求,但大流量短时间集中调水,哨马营断面来水较多;相对小流量长时间集中调水,哨马营断面来水较少,整体说明了黑河下游正义峡—哨马营断面在大流量短时间集中调水情况下对区域地下水补给作用小,相对小流量长时间集中调水对区域地下水补给作用大。综合4月下游生态关键期,从环保角度出发方案Ⅲ较优,该方案对正义峡以下河段地下水补给作用大,利于下游生态关键期沿河植被的生态保护。

综合分析比较,为了充分利用汛期天然洪水过程,发挥黑河中下游河道的输水能力,提高输水效率,同时减小对中游灌区用水的影响,以及黄藏寺水库运用对下游已建7座电站的发电影响等,可行性研究确定方案Ⅲ从环保角度出发是合理的。

4.3 工程替代平原水库环境合理性分析

废弃黑河中游平原水库是国务院确定的国家黑河流域综合治理和实现流域生态修复的战略部署,流域管理机构和地方人民政府须全面贯彻落实。

黑河中游张掖地区现有20座平原水库,总有效库容4 382万m³,平均蓄水深度多在1~2 m,水库蒸发渗漏损失量占总蓄水量的30%~40%,替代平原水库可以减少水资源蒸发,提高水资源利用率。

根据现场查勘,拟替代平原水库多位于黑河河道两侧,并紧邻灌区农田生态环境现状较好,植被类型有乔木、灌丛和草本以及农作物。2008~2012年期间,黑河中游的平原水库均进行了除险加固。黄藏寺水库的建设,可有效缓解5~6月的"卡脖子旱",提供可靠的灌溉保障,为替代平原水库的灌溉功能提供可能。

本项目替代的19座平原水库中,有9座位于张掖黑河湿地国家级自然保护区内,对于在保护区内的9座水库废除其灌溉功能,配置其一定的生态水量,维持其局部和周边的生态环境,其余10座平原水库完全替代。根据近期治理期间已替代7座平原水库的调查,平原水库不再蓄水后,在没有人为干预的情况下,水域将逐渐演变成为芦苇、草地、林(灌)木等,水生、湿生植被带宽会逐渐减少,旱生植被逐渐增加,不会对水库周边植被产生不利影响。替代平原水库后,由于湖泊水库湿地生境减小,对鸟类有一定影响,对中游沿河整个大区域来说,不会有大的不利影响,水库湿地生境减少,相应会增加周边农田、村庄、人工林等生境,相应地村庄农田鸟类群落、人工林鸟类群落、荒漠鸟类群落的数量将会增加,湿地鸟类群落的数量会减少;对局部而言,替代平原水库将对以黑鹳、小䴙䴘、灰雁、赤麻鸭等为代表的水禽造成一定不利影响,主要表现在家域面积的缩小和破坏。为确保该保护区生态安全,评价提出了对位于保护区的水库保留一定生态水量、后期跟踪监测、监督管理等措施,评价认为在采取严格生态环境保护措施情况下,替代平原水库环境可行。

4.4　工程施工布置环境合理性分析

本次施工布局结合工程可利用场地,采用如下原则进行施工总体布置规划:

(1)在保证施工需要的前提下,施工占地贯彻少而精的原则,尽量利用滩地、坡地,少占耕地。

(2)尽量利用社会力量,最大限度地减小现场生产、生活设施规模。

(3)根据工程特点,本着便于生产生活、方便管理、经济合理的原则,布置生产、生活设施。

(4)施工布置考虑环境保护和安全施工的要求。

(5)在主体工程土石方开挖平衡和弃渣规划时,通过合理安排施工进度,最大限度地利用开挖料,减少堆、弃渣量,同时渣场位置尽量减少影响环境,尽量减少对河道行洪的影响。

(6)考虑洪水、泥石流和不良地质条件的影响,尽量避开危险因素。

依据施工布置原则,结合枢纽工程布置、场内外交通及施工场地布置条件等方面因素,本工程施工总体布置采用以坝址上游右岸为主、下游右岸为辅的分散布置方式。工程两岸均涉及自然保护区,左岸为甘肃祁连山国家级自然保护区,右岸为青海祁连山省级自然保护区,且两保护区实验区边界均以黑河干流为界,本次工程施工临时设施布置不可避免地将涉及自然保护区实验区,分大坝施工区、厂房施工区、砂砾石料场区三区规划布置。

4.4.1　大坝施工区

本区包括大坝施工工厂区和施工营地,承担主体工程大坝、引水发电洞和导流建筑物的施工。混凝土拌和系统、综合加工厂等布置于坝址上游右岸 3 km 平坦台地处;大坝施工营地布置于坝址上游右岸沿对外公路距坝址 3 km 缓坡处。弃渣场和临时堆料场位于坝前 1.5 km 的两岸滩地,其实景图见图 4-1。

图 4-1　大坝施工区实景及植被

4.4.2　厂房施工区

本区包括厂房施工工厂区和厂房施工营地,承担地下厂房、进厂交通洞和尾水洞的施工。混凝土拌和系统等工厂设施集中布置于坝址下游右岸 0.6 km 处有一缓坡地,紧邻 2

号道路布置。

4.4.3　砂砾石料场区

本区主要包括砂砾石料场和砂石料加工厂。距坝址 4.5~5.5 km 处河床为 1 号砂砾石料场开采区和 2 号砂砾石料场备料区,右岸有阶地,可布置砂石料加工厂,其实景图见图4-2。

图 4-2　砂砾石料场区实景

本工程施工临时占地 98.38 hm²(其中,林地 1.01 hm²,草地 32.05 hm²),占临时占地总面积的 33.6%。工程施工区域内仅有国家珍稀保护植物——绥草一种,施工占地和活动不会造成绥草的消失或灭绝。施工占地范围内的主要动物群落是少量的两栖爬行类、鸟类和小型哺乳动物,由于工程施工会破坏部分植被,这在一定程度上缩小了动物生活和分布的范围,从而导致工程直接影响区动物在数量上有所减少,但由于评价区类似生境较多,动物也具有主动迁徙能力,工程施工影响不会造成物种的灭绝,不会改变工程施工区域动物区系组成。

从整个施工区的布置来看,施工布置充分利用当地地形条件,布置紧凑,占地面积较小,因此评价认为施工布置环境可行。

4.5　电站运行调度环境合理性分析

黄藏寺水库的生态调度期为 4 月上中旬、7 月中旬、8 月中旬和 9 月中旬。正常年份,4 月上中旬,按 110 m³/s 向下游集中输水,输水天数一般为 15 d 左右;7 月中旬和 8 月中旬,视入库水量、黄藏寺—落莺峡区间来水情况,按 300~500 m³/s 流量向下游集中输水,输水天数一般为 4~5 d;9 月中旬,根据当年正义峡来水量满足分水线控制指标情况,进行相机调水。本工程配套的 4 台机组满负荷全部发电,发电引水流量在 72.6 m³/s,在 4 月上中旬生态调度时首先满足发电负荷的情况下,通过小底孔最小泄放流量 37.4 m³/s,以保证生态调度的流量落实。7 月中旬、8 月中旬按照 300~500 m³/s 流量向下游集中输水,首先满足发电负荷的情况下,通过大小底孔组合泄放流量 227.4~427.4 m³/s,以保证生态流量的落实。

12 月至翌年 3 月,中游灌区基本不用水,工程通过一台 8 MW 机组泄放生态基流,兼顾发电运用,控制水库水位不超过正常蓄水位。

本次工程以水资源调控和促进黑河分水方案的落实为目标,在满足生态调度的前提下,通过电站机组+大小底孔(标高 2 565 m)的不同组合进行大流量生态调度,既满足了发电机组的发电效益,又能保证生态调度的落实,保证了作为流域管理机构的建设单位社会公益性质的发挥。

冬 4 月由于中游灌区不用水,工程通过一台 8 MW 机组泄放生态基流,引水发电流量为 9.0 m³/s,本次工程配备 2 台 8 MW 机组,当一台小机组检修时,通过另一台小机组泄放生态基流。通过机组泄放生态基流既能保证一定的发电效益,又能保证生态基流的正常泄放,为工程泄放生态基流提供有力的保障措施。

在遇到 4 台机组同时检修时,通过本次工程配套建设的泄流大小底孔进行泄放生态基流,大小底孔标高为 2 565 m,采用挑流消能方式,冬季会泄放高温水,夏季会泄放低温水,本次工程水温预测表明,通过大小底孔泄放生态基流不会对坝址下游祁连裸鲤和灌溉产生明显不利影响。正常情况下,本次工程生态调度的小底孔能够保证 4 台机组全部检修时生态基流正常下泄;为了进一步保障生态基流泄放措施,主体工程可研在本阶段拟选定在最左边的一台 8 MW 小机组前的发电岔管上设立旁通管,管径采用 1.2 m,旁通管上设置电控闸门和减压阀,旁通管尾接尾水洞,长 5.2 m,以进一步保证 4 台机组全部检修时,生态流量的正常下泄,消能采用减压阀。

通过以上分析可知,本次工程电站运行调度方式充分考虑了生态效益与经济效益,通过经济效益来支撑工程作为社会公益类的动力,整体来看,工程电站调度运行方式从环保角度出发是合理的。

4.6　环境影响因素分析

4.6.1　工程施工

工程施工期环境的影响因素主要包括施工布置、对外交通、施工机械、施工占地、施工人员活动、料场开采及弃渣处理等方面。工程施工将产生施工废水、噪声、废气和固体废物,对施工区及附近区域水环境、声环境、环境空气、水土流失和生态环境等产生影响。工程总工期为 58 个月,可能产生环境影响的主要为施工准备期、主体工程施工期以及施工完建期;具体产生影响的施工行为主要有施工导流、主体工程的施工以及工程弃渣等其他活动。

4.6.1.1　生态环境影响因素

1. 陆生生态

施工导流围堰土石方填筑和拆除将形成固体废弃物,破坏现有的陆生植被,可能新增水土流失;工程施工将占用部分农田、林地,对区域的陆生植被造成一定的扰动和破坏,对施工区景观也将造成影响。施工机械运行、施工人员的频繁活动会对施工区域的陆生动物产生惊扰,施工占地导致陆生动物生境缩小。料场开采施工将造成开采区原有的地表植被破坏,产生弃渣,易造成水土流失现象;工程弃渣占压土地,破坏渣场原有的陆生植被等。

2. 水生生态

施工填筑、开挖和混凝土养护废水、基坑排水等导致局部水域水体悬浮物浓度增加,水质下降,对水生生物和鱼类栖息产生不利影响;爆破及振动等对附近水域鱼类和水生生物产生惊扰。在施工后期,由于大坝蓄水截流,对水生生物会产生阻隔作用。

4.6.1.2　地表水环境影响因素

施工导流、截流改变了黑河干流施工河段的水流流速、水流方向等水文条件,同时围堰形成后,基坑排水中 SS 含量高对水质可能产生一定影响。

施工期砂石料加工生产废水、大坝、厂房的混凝土浇筑产生碱性废水、汽车修配厂的含油废水和施工人员的生活污水,可能会对黑河水质造成一定不利影响。

4.6.1.3　地下水环境影响因素

本工程坝址位于峡谷进口下游约 1 km 处,河谷狭窄,两岸岸坡陡峻。坝址区岩性为寒武系中统片岩,以绿泥石白云母石英片岩为主,局部含白云母片岩,其原岩为安山岩、玄武安山岩、凝灰岩等。坝下及两岸施工过程中围岩为微风化—新鲜的石英片岩,岩体呈块状结构,且结构完整,少量的基岩裂隙水赋存于不连续的石英片岩裂隙网络中。经调查,坝址区域无居民点分布,无分散开采井、泉水等地下水环境敏感点。工程施工期对地下水的影响分析情况见表 4-3。

表 4-3　工程施工期对地下水影响分析情况

类别	影响区域	
	枢纽库区	枢纽库区坝址以下河段
工程形式	地下工程开挖、施工导流	
影响因素	少量排水、河道水文情势变化	河道水文情势变化影响地下水位
影响对象	枢纽区基岩裂隙水、松散岩类孔隙水	坝下河段两侧孔隙水
环境敏感性	无地下水开发,敏感性低	地下水开发利用区
影响范围	局部基岩裂隙水	中游部分接受河道补给浅层水
影响时期	短暂的开挖过程期间	1 个月(3 月)蓄水期
影响程度	微小、不利影响	微小、不利影响

由表 4-3 可以看出,坝基等地下工程开挖过程中遇到的少量基岩裂隙水排水不会造成大范围的地下水位下降;初期蓄水后水库淹没区域为坝前的有限范围,主要涉及山区沟谷中的基岩裂隙水,水库水位的上升不会对库区地下水环境产生较大影响。同时,由于枢纽库区区域无居民点和分散开采井、泉水等敏感点,因此工程施工不会对库区地下水产生环境水文地质问题。

由施工导流方案分析可见,施工期导流对坝下河流水文情势无明显影响,流量正常下泄,因此不会对枢纽区下游水文情势产生影响,也不会引起枢纽区坝址以下河段地下水环境变化。

施工第五年 10 月至翌年 2 月为水库初期蓄水期,在初期蓄水期间,下泄水量将减少6 100 万 m³,对于中游河道的地下水补给将造成短暂的影响,但在初期蓄水结束后将恢复水量下泄,不会对坝下中游河道地下水环境造成重大影响。

4.6.1.4　环境空气

工程施工期间,大气污染物主要来自施工露天爆破和混凝土拌和、砂石料加工系统,主要污染物为 TSP,其次是燃油机械的废气排放,主要污染物为 SO_2、NO_2 和 NO 等。此外交通运输扬尘是工程施工公路沿线主要的大气污染源,会对沿线居民生产、生活带来一定影响。

4.6.1.5　声环境

施工噪声主要来自施工开挖、钻孔、爆破、混凝土浇筑等施工活动中的施工机械运行、车辆运输和机械加工修配等。施工期噪声源可分为固定声源和流动声源及短时、定时的爆破声。固定声源来自土石方开挖及混凝土拌和系统等机械设备在工作时产生的噪声，具有声源强、声级大、连续等特点；流动声源主要指场内外交通运输产生的噪声，具有源强较大、流动性等特点，岩石爆破产生的爆破噪声具有声级大的特点。

4.6.2　工程占地

根据水库淹没影响区和枢纽工程建设区实物调查结果，黄藏寺水利枢纽工程建设征地面积为 18 246.33 亩，其中水库淹没影响面积 17 212.23 亩；枢纽工程建设用地面积 1 034.10 亩，其中永久征地 801.96 亩，临时用地 232.14 亩。

施工占地主要对陆生植被和土地利用等产生影响。工程施工占地将破坏原有的陆生植被，临时施工占地在工程完工后可进行迹地恢复和复耕，在一定程度上可减少施工的不利影响，影响相对较小，对土地利用方式的改变一般是暂时的。但工程水库淹没影响面积 17 212.23 亩将导致土地利用方式彻底发生改变，影响是不可逆的。

4.6.3　移民安置

规划水平年，本工程搬迁安置人口为 274 人，生产安置人口总计 1 054 人。

生产安置：规划水平年 1 054 个生产安置人口中，243 人采用第二、第三产业相结合的安置方式；811 人采用本村组内调整耕地的农业安置方式，不新开垦土地，通过提高现有土地灌溉保证率和调整种植结构的方式保证生产安置人口的生活水平，因此工程不会对陆生生态环境造成破坏。

生活安置：农村搬迁安置采用两个安置点，即县城安置点和后靠安置点。水平年进县城小区安置的有 67 户 235 人；后靠安置点有 9 户 39 人集中生活安置，水居民点新址需要新增耕地 7.02 亩，建房安置活动会对安置点新址的植被、地貌产生一定的扰动，建房过程中可能会引起局部的水土流失问题。

其他项目处理：水库淹没范围内的宝瓶河牧场和寺大隆林场宝瓶河管护站，均安置到肃南县甘肃省宝瓶河牧场的牧场原场部；水平年进牧场新场址安置的居民有 20 户 58 人，寺大隆林场宝瓶河管护站搬迁安置职工 10 人。牧场新址需占天然草地 93.36 亩，其在基础设施建设过程中将对土地资源、水土流失、陆生生态等产生影响。

4.6.4　工程运行

工程在运行期间基本上不产生污染物，水库建成运行后对环境的影响因素主要体现以下方面。

4.6.4.1　地表水环境影响因素

1. 水资源

黑河黄藏寺水利枢纽工程建成运行，通过枢纽调度运行，黑河正义峡年下泄水量 9.82 亿 m^3，其中下游额济纳绿洲关键需水期 4~6 月、7~9 月下泄水量分别为 1.52 亿 m^3、

3.91 亿 m³,促进了国务院分水指标的落实,也保证了黑河下游生态关键期的径流过程,对流域水资源配置具有积极有利影响。

工程建成运行后,可以为黑河中游国务院确定的灌溉面积供水 10.7 亿 m³,提高中游灌溉保证率为 51%,对加强中游节水措施的落实具有积极的促进作用。工程建成后拟替代部分平原水库,减少水量损失,可提高黑河水资源利用效率。

2. 水文情势

水库建成后,库区水流变缓、水深增加、急流生境萎缩,河流的水动力学过程将发生较大的变化。

本工程为黑河流域控制性工程,水库调度运行将会使黑河径流的年内分配变化对坝址下游水文情势造成一定影响。

3. 水温

根据我国通用的库水替换次数公式判断本项目水体水温结构类型:$a = $ 多年平均入库径流量/总库容[《水利水电工程水文计算规范》(SDJ 214—2020)],本工程存在水温分层现象。本工程的建设,对水库库区及其下游河道的水温有一定的影响。

4. 水质

水库蓄水后由于水库流速变缓,污染物容易富集,可能引起富营养化等问题。但因工程位于黑河干流源头地区,水质较好,因此所引起的库区水体富营养化程度有限。

4.6.4.2　地下水环境影响因素

黄藏寺水利枢纽工程建设运行不改变黑河分水方案,与现状调水的区别在于集中输水时机、水量和流量的调整。综合来看,黄藏寺水利枢纽工程建设对地下水环境的影响主要在运行期。本工程运行期对地下水的影响分析情况见表 4-4。

表 4-4　工程运行期对地下水影响分析情况

类别	影响区域				
	枢纽区	坝址—莺落峡河段	莺落峡—正义峡河段	平原水库	正义峡以下河段
工程形式	水库运行调度	水库运行调度	水库运行调度	替代平原水库功能	水库运行调度
影响因素	年内调节放水,库区水位变化	黄藏寺水利枢纽出库径流量变化	莺落峡水文情势变化,河流渗漏量减少	部分水库取消、部分水库降低蓄水量	正义峡、哨马营、狼心山水文情势变化
影响对象	库区松散岩类孔隙水和基岩裂隙水	河段两岸基岩裂隙水	河段两岸孔隙含水层	水库周边浅层地下水	河段两岸孔隙含水层
环境敏感性	无地下水开发,敏感性低	无地下水开发,敏感性低	地下水开发程度高,敏感性高	部分水库位于湿地保护区	地下水开发、绿洲
影响范围	库区内,中	小	大	水库周边,中	大
影响时期	年内调节时期	3~6 月、7~9 月	4 月、7 月、8 月调水关键期	替代后及调水关键期	4 月、7 月、8 月调水关键期
影响程度	无不利影响	无不利影响	有一定影响	有一定影响	有利影响

1. 工程运行期对枢纽库区影响因素分析

水库蓄水以后,水位的抬高,将引起库区周围地下水位的壅高。正常蓄水位 2 628.00 m 时,黄藏寺村居民居住地高程在 2 660 m 以上的高阶地上,其下部砂卵石层渗透系数大,地下水的排泄条件良好,不存在浸没问题。

库区及两岸周边地势陡峭,河流深切河谷导致该地段均为地下水补给地表水。尽管库区水位在年内有上升与下降的变化,但地下水仍由两岸较高地势处向库区内排泄,发生变化的是地下水的径流途径缩短或变长,进入库区(河道)的地下水排泄量不会发生明显变化。根据调查,黄藏寺居民饮用水取自东沟内常年性溪流上游的泉点,海拔分布在 3 100~3 500 m,因此水库蓄水并不会对黄藏寺居民饮水取水造成影响。

2. 工程运行期对坝址至莺落峡河段影响因素分析

根据黄藏寺水利枢纽运行调度原则,由于考虑生态调度、灌溉调度,兼顾发电等因素,年内旬均流量变化较明显。3~6月、7~9月,考虑到中游灌区及下游生态环境需水要求,建库前后坝址下泄流量变化较为明显。11月至翌年的2月,建库前后坝址下泄流量变化不明显,主要考虑到下游水电站发电需求,以生态基流下泄为主。

黄藏寺水利枢纽坝址至莺落峡河段穿行于黑河峡谷中,黄藏寺至莺落峡河段目前已建有梯级水电站7座,下级电站蓄水后回水末端接近上级电站坝前,形成了较为稳定的水文情势。虽然黄藏寺枢纽在运行调度期,即4~6月、7~9月,坝址下泄流量较建设前变化较为明显,但其余流量正常下泄,其他月份保证发电基流量,因此对于该河段原有水文情势不会有明显影响。同时该河段内沟谷陡峻,主要为基岩裂隙水,两侧无居民点、分散开采井和泉水等敏感点,因此工程运行不会对坝址至莺落峡河段地下水产生影响。

3. 工程运行期对莺落峡至正义峡河段影响因素分析

根据黄藏寺水利枢纽径流调节计算成果,莺落峡多年平均径流量建库前后基本保持一致。建库前后不同典型年莺落峡断面年径流量未发生明显变化,但年内旬均流量变化较为明显,第一年的11月至翌年的2月,建库前后莺落峡断面来水流量变化不明显。翌年3~6月、7~10月,由于受黄藏寺水利枢纽坝址径流调节影响,建库前后莺落峡断面来水流量将发生较为明显变化。

根据甘肃省地勘局水文地质工程地质勘察院分析,黑河出山口后进入中游盆地,流经透水性极强的山前洪积扇群带,地表水大量渗漏转化为地下水,使得年水量小于 0.5 亿 m³ 的支流渗失殆尽,中游河段的输水损失高达30%左右。

根据河床演变规律,水流漫滩以前,流量越大,造床作用也越大,水流的输水效率越高,当流量接近漫滩流量时,造床作用和输水效率最大。

与现状相比,工程运行后关键期调水量有较大增加,控制流量的增大有助于输水效率的提高,但同时也将减少中游河道的渗漏,从而对河道两侧地下水的补给产生影响,有可能引起关键期部分时段、区域地下水位的下降。

4. 工程运行期对平原水库影响因素分析

根据调查,平原水库蓄水深度较浅,水库蒸发、渗漏损失较大,占总蓄水量的20%~40%,是引起平原水库周边地下水位变化的主要原因。

黄藏寺水利枢纽运行后拟替代19座平原水库,其中涉及黑河张掖湿地国家级自然保护区的 9 座水库(后头湖、马尾湖、西腰墩、三坝、刘家湖、芦湾墩、平川、西湾水库、白家明塘湖)将保留其生态功能,其他 10 座水库取消。中游平原水库替代后,水库渗漏量较现状将明显减小,对于地下水来说,则是减少了补给量,因此可能引起水库周边区域地下水水位降低。

5. 工程运行期对正义峡以下河段影响因素分析

与现状调水相比,黄藏寺水利枢纽工程运行后集中输水时段、流量、输水量存在着变化。但是不改变现有的黑河分水方案。

从输水时段上看,拟定 4 月上旬、7 月中旬、8 月中旬和 9 月中旬输水,4 月上旬黄藏寺水库集中输水,满足下游生态关键期的 4~6 月用水;7 月中旬集中输水满足下游生态关键期的 7 月用水;8 月中旬集中输水满足下游生态关键期的 8 月用水;9 月中旬视正义峡断面当年来水满足分水方案要求而定,使正义峡断面年下泄水量达到国务院批复的分水方案要求水量。

工程运行期,正义峡以下的黑河下游关键期输水量有较大提高,下游河道两侧的地下水位可得到提高,对于下游脆弱的地下水环境将具有积极意义。

4.6.4.3　生态环境影响因素

1. 陆生生态

水库蓄水后淹没陆地植被会导致植被损失、植物数量和种类的变化;水库淹没陆地造成野生动物生境损失,野生动物种群数量、分布范围变化。

工程运行后莺落峡—正义峡河段,由于地下水补给减少,区域地下水位下降,可能对沿河湿地造成一定不利影响。

工程运行后正义峡以下河段,下游河道两侧的地下水位可得到提高,对下游脆弱的陆生生态环境将具有积极意义;同时工程的建设保证了黑河下游生态水量和径流过程,满足下游生态关键期需水要求,对促进黑河下游额济纳绿洲恢复提供了水量保证措施。

工程运行后拟替代黑河中游 19 座平原水库,将会对废弃的平原水库周边的陆生生态环境造成一定的不利影响。

2. 水生生态

本工程拦河大坝建成后,将对黑河干流上下游的水生态系统进行分割,致使河道阻隔,阻断鱼类上溯的自然通道,对鱼类觅食洄游和生殖洄游将会产生一定程度的影响。

水库蓄水后水生生物生境面积扩大、水文条件的改变引起水生生物及鱼类资源种类和分布的变化。

第 5 章　地表水环境影响研究

5.1　水文情势影响研究

5.1.1　研究断面及典型年选取

5.1.1.1　研究断面的提取

根据黄藏寺水利枢纽工程任务,本研究在坝址断面、莺落峡、正义峡、哨马营和狼心山共 5 个控制断面现状调查评价的基础上,对各控制断面水位、径流、泥沙等进行水文情势影响分析。

5.1.1.2　典型年的选取

本研究重点以黑河实施分水方案以来为研究时段,按照 $P=10\%$ 作为丰水年,$P=75\%$ 和 $P=90\%$ 分别作为枯水年和特枯水年,选取黑河实施分水方案近十年来多年平均(2000 年 7 月至 2012 年 6 月)、丰水年(2007 年 7 月至 2008 年 6 月)和枯水年(2000 年 7 月至 2001 年 6 月)、特枯水年(2000 年 7 月至 2001 年 6 月),分析项目建设前后不同典型年黑河干流水文情势变化状况。由于近十年黑河流域进入丰水期,本研究为了解分析项目建设前后黑河干流长系列年水文情势整体变化情况,还选取长系列多年平均(1960 年 7 月至 2012 年 6 月)作为典型时段。

其中枯水年和长系列多年平均条件下,正义峡断面来水量基本满足黑河干流分水方案的要求;近十年平均和丰水年条件下,正义峡断面来水不能满足黑河干流分水方案的要求,年均少下泄水 1.5 亿 m^3 左右。

5.1.2　分析计算条件

5.1.2.1　莺落峡以上河段

该河段耗用河川径流较少,主要耗水集中在黄藏寺以上的祁连县,耗水量约 0.12 亿 m^3,水库建成后的库区的渗漏蒸发损失量 0.1 亿 m^3。莺落峡断面来水量主要受黄藏寺下泄径流和黄莺区间来水的影响。由于黄藏寺至莺落峡河段为峡谷河段,分布有 7 级梯级电站(其中 4 座径流式电站和 3 座引水式电站),均为日调节电站,区间的社会经济生活和生产用水需求不大。黄莺区间近十年平均来水量为 3.5 亿 m^3。总体而言,建库前后不同典型年莺落峡断面年均来水量未发生明显变化,其变化幅度不超过 2%。

5.1.2.2　黑河中游

正义峡断面来水量受莺落峡下泄径流、莺正区间来水及张掖灌区经济社会用水等综合影响。黄藏寺水库对中游灌区供水范围内灌溉面积,采用《黑河流域近期治理规划》确定的灌溉面积 182.69 万亩,其中新增高效节水面积 64.48 万亩。设计水平年需水总量为

10.89 亿 m³。

黄藏寺水库建成后,通过替代平原水库和减少河道输水损失量使黑河干流地表水资源可利用量增加 6 753 万 m³。其中,利用生态关键期以相对较大流量集中下泄,结合对宽浅河道进行整治,可减少河道输水损失水量 4 600 万 m³。

5.1.2.3　黑河下游

黑河下游哨马营和狼心山断面来水主要受正义峡下泄水量及区间经济社会用水等影响。区间的鼎新灌区、东风场区用水需求量在 1.61 亿 m³ 左右,建库前后变化不大。

5.1.3　对黑河干流水资源影响

1997 年国务院批复了《黑河干流水量分配方案》,即当在莺落峡多年平均来水 15.8 亿 m³ 时,分配正义峡下泄水量 9.5 亿 m³;莺落峡 25% 保证率来水 17.1 亿 m³ 时,分配正义峡下泄水量 10.9 亿 m³。对于枯水年,其水量分配兼顾两省(区)的用水要求,也考虑甘肃省的节水力度,提出莺落峡 75% 保证率来水 14.2 亿 m³ 时,正义峡下泄水量 7.6 亿 m³;莺落峡 90% 保证率来水 12.9 亿 m³ 时,正义峡下泄水量 6.3 亿 m³。其他保证率来水时,分配正义峡下泄水量按以上保证率水量直线内插求得。

5.1.3.1　1945~1996 年系列

黑河九七分水方案采用的是 1945~1996 年水文系列,在此前提下多年平均流域水资源配置方案:黄藏寺坝址下泄水量 12.95 亿 m³,较黄藏寺建库前来水量减少 0.1 亿 m³,主要为水库蒸发渗漏所致。莺落峡来水为 15.8 亿 m³,其中黄莺区间来水 2.95 亿 m³。根据国务院要求,配置黑河中游地区总供水量为 10.89 亿 m³,其中地表水供水量 6.30 亿 m³,较中游灌区需水仍有 0.20 亿 m³ 的缺口,需要落实"以定供需"和加大"节水""控耕"措施。正义峡下泄水量 9.5 亿 m³,满足黑河干流分水方案相关要求。考虑中游废弃平原水库和落实"节水""控耕"的任务,工程建设后可望实现增加下游水资源生态配置水量的目标。

设计枯水年 $P=75\%$ 流域水资源配置方案:黄藏寺坝址下泄水量 11.78 亿 m³,较黄藏寺建库前来水量减少 0.1 亿 m³,主要为水库蒸发渗漏所致。莺落峡来水为 14.2 亿 m³,其中黄莺区间来水 2.43 亿 m³。黑河中游地区总供水量为 10.89 亿 m³,其中地表水供水量 6.6 亿 m³,中游灌区基本满足需要。正义峡下泄水量 7.6 亿 m³,满足黑河干流分水方案相关要求。

设计枯水年 $P=90\%$ 流域水资源配置方案:黄藏寺坝址下泄水量 10.71 亿 m³,较黄藏寺建库前来水量减少 0.1 亿 m³,主要为水库蒸发渗漏所致。莺落峡来水为 12.90 亿 m³,其中黄莺区间来水 2.20 亿 m³。黑河中游地区总供水量为 10.64 亿 m³,其中地表水供水量 6.6 亿 m³,中游灌区基本满足需要。正义峡下泄水量 6.3 亿 m³,满足黑河干流分水方案相关要求。

5.1.3.2　1960~2012 年系列

黄藏寺水利枢纽建成后,黑河干流黄藏寺以下河段均受水库运行调度影响。黄藏寺水利枢纽为年内调节水库,其建库前后基本不改变黄藏寺坝址径流量,坝址出库年均径流较建库前减少了 0.1 亿 m³,为库区的渗漏蒸发损失所致。黄藏寺至莺落峡河段为峡谷河段,受社会经济用水影响较小,莺落峡断面年均径流建库前后变化较小。

黄藏寺水利枢纽建成后,通过控制中游灌区面积和提高灌区节水效率,以及中游水资源优化配置,在莺落峡下泄水量不变的情况下,建库后正义峡断面及其以下河道年均来水均有明显增加,其中近十年平均和丰水年来水量较建库前增加了 1.25 亿 m³ 和 1.53 亿 m³,建库后不同典型年正义峡来水量均基本满足黑河干流分水方案的要求;建库后中游灌区供水量为 10.7 亿 m³,较建库前其供需差距大大减少,比其需水量仅少了 0.19 亿 m³,基本保障中游灌区经济社会用水需求。

建库后受正义峡下泄水量增加的影响,多年平均及丰水年条件下,哨马营和狼心山断面来水量较建库前分别多 1.2 亿 m³ 左右和 0.7 亿 m³;建库后正义峡及其下游河段来水条件好于建库前的来水情况,有利于黑河下游生态环境改善。

总体而言,黄藏寺水利枢纽建设以及中游灌区节水措施等综合措施实施,黑河干流水文情势受人为影响更为直接,也使得黑河干流在现状的基础上,其水资源得到进一步优化配置,一方面大大提高中游灌区的供水保障程度,另一方面增加了正义峡下泄径流,不仅对黑河干流分水方案的实施是有力的保障,也进一步促进黑河干流中下游生态环境逐步得到改善。

建库前后黑河干流主要控制断面年均径流具体情况见表 5-1。

表 5-1　建库前后黑河干流主要控制断面年均径流成果　　　　（单位:亿 m³）

典型时段		黄藏寺	莺落峡	正义峡	哨马营	狼心山
近十年平均 (2000~2012)	建库前	14.03	17.53	10.19	6.47	5.58
	建库后	13.93	17.63	11.44	7.66	6.29
丰水年 (2007~2008)	建库前	15.10	20.04	12.48	8.65	7.38
	建库后	15.00	19.84	14.01	9.96	8.10
特枯水年 (2000~2001)	建库前	10.80	12.63	6.72	4.49	2.87
	建库后	10.70	12.92	6.69	4.45	2.67

5.1.4　对库区水文情势影响

5.1.4.1　对库区水位影响

由于黄藏寺水利枢纽为年内调节,水库运行后,坝前水位在死水位和正常蓄水位(2 580~2 628 m)之间变化,其变化幅度为 48 m。7~9 月为黑河汛期,水库开始逐渐蓄水,10 月底水库蓄水至正常蓄水位,11 月至翌年 3 月水位维持在高水位运行,4 月上旬,水库向下游集中大流量输水,水位迅速降低,4 月下旬至 6 月下旬,为黑河中游灌溉用水高峰期,水库放水满足灌溉需求,水位逐年降低,至 6 月底水库降至死水位。水库 53 年长系列中有 32 年达到正常蓄水位,蓄满率为 61%。

水库多年平均逐旬水位变化和长系列逐年水位变化过程见图 5-1 和图 5-2。

水库运行后,水库水深从坝前至库尾均有不同程度的增加,库区黑河干流回水影响长度约 14 km;八宝河约 13.7 km;随着库区水位的改变,库区河段的水面、流速等均发生相

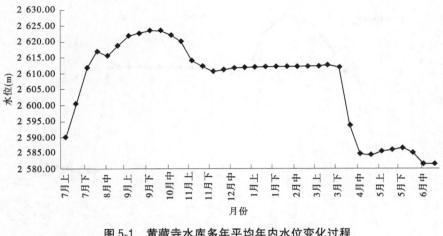

图 5-1　黄藏寺水库多年平均年内水位变化过程

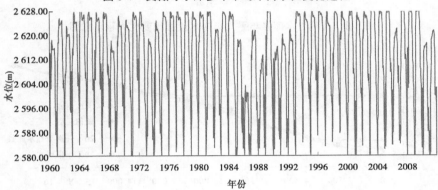

图 5-2　黄藏寺水库水位逐年水位变化过程

应变化。

建库后库区水面较建库前明显增大,库区由现状年的平均 0.41 km² 增加蓄水至正常蓄水位后的 11.01 km² 左右,增加了 10 km² 左右。水库运行后,随着库区水位的变化,水面面积亦将在 3.4~11.01 km² 范围内变化,水面面积从坝前至库尾逐渐减小;库区流速从黑河扎马什克及八宝河祁连到坝址迅速减少,坝前断面变化最大。水库蓄水将会对库区淹没区的移民、占地和库区渗漏、库区生态环境等造成影响。

黄藏寺水库多年平均水面面积变化状况见图 5-3,黄藏寺水库干支流 20 年一遇和 50 年一遇洪水回水情况见图 5-4 和图 5-5。

5.1.4.2　对库区泥沙影响

根据黄藏寺水库运用方式,水库每年 4 月上中旬、7 月中旬、8 月中旬和 9 月中旬以 110 m³/s 或 300~500 m³/s 流量集中下泄,其余时间按照中游灌区用水要求或生态基流下泄。水库排沙主要发生在汛期以及大流量集中下泄时期。黄藏寺水库运行 50 年总入库沙量为 0.656 亿 m³,水库 50 年累积悬移质淤积量为 0.516 亿 m³,则悬移质多年平均排沙比为 21.3%。

黄藏寺水库累计冲淤过程见图 5-6。

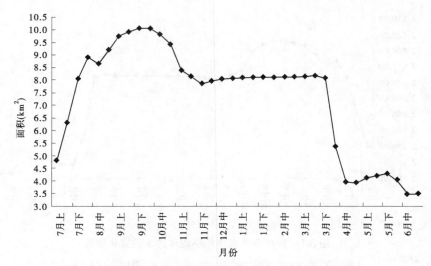

图 5-3　黄藏寺水库多年平均年内水面面积变化过程示意图

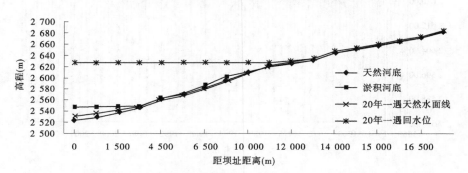

图 5-4　黑河黄藏寺水库干支流 20 年一遇洪水回水曲线

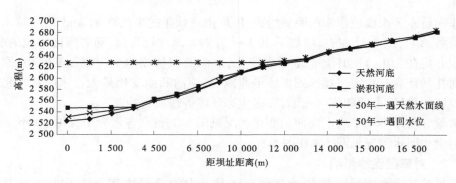

图 5-5　黑河黄藏寺水库干支流 50 年一遇洪水回水曲线

黑河干流和八宝河淤积长度分别为 12.97 km 和 11.78 km,淤积末端高程分别为 2 623.68 m 和 2 631.9 m。从淤积分布情况来看(见图 5-7、图 5-8),尾部段、坝前淤积占总淤积量的 67.4%、20.5%,沿程段占总淤积量的 12.1%。

总体而言,根据坝址上游祁连、扎马什克等来沙情况,黄藏寺库沙比 310,属泥沙淤积问题不严重水库,水库淤积速度相对较慢。

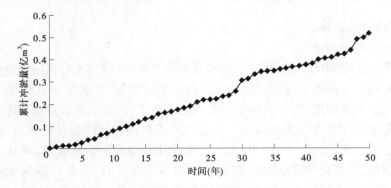

图 5-6　黄藏寺水库累计冲淤过程

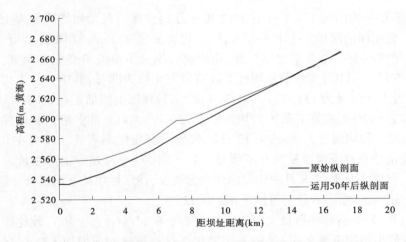

图 5-7　黄藏寺水库运用 50 年后淤积纵剖面(黑河干流)

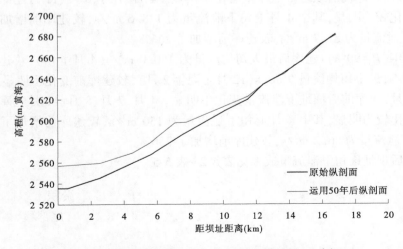

图 5-8　黄藏寺水库运用 50 年后淤积纵剖面(八宝河)

5.1.5　坝址下游水文情势影响

5.1.5.1　对径流的影响

1. 对坝址径流的影响

考虑水库的生态调度、灌溉调度及兼顾发电等因素,黄藏寺水利枢纽建设前后年内旬均流量变化明显。年内最大旬均流量较建库前有明显增加,主要集中在建库后 4 月上旬或 8 月中旬等生态关键期,考虑下游生态环境需水要求,坝址下泄水量较建库前有显著增加;7~9 月(除 8 月中旬等生态关键期),考虑到水库利用黑河汛期径流蓄水,建库后坝址出库流量小于入库流量。5~6 月、10~11 月,考虑到中游灌区需水要求,坝址下泄流量较建库前有所增加,其变化幅度在 20% 左右。12 月至翌年 3 月,为非灌溉期和生态非关键期,主要考虑到下游水电站发电需求,坝址以生态基流下泄,建库前后坝址下泄流量变化不明显。

长系列多年平均(1960 年 7 月至 2012 年 6 月):建库后最大旬均流量为 151.0 m³/s (4 月上旬),较建库前增加了 131.6 m³/s;最小旬均流量 9.0 m³/s(12 月上旬、中旬),和建库前基本保持不变。12 月至翌年 3 月,建库前后坝址下泄流量变化不明显,以生态基流下泄。4~6 月、7~11 月建库前后坝址下泄流量变化较为明显,其中 4 月上旬和 8 月中旬建库后坝址下泄流量为 151.0 m³/s、113.4 m³/s,较建库前增加了 678% 和 15%。

丰水年(P=10%):建库后最大旬均流量为 250.0 m³/s(8 月中旬),较建库前增加了 162.3 m³/s;最小旬均流量为 9 m³/s(12 月),较建库前变化不明显。11 月中旬至翌年 3 月下旬,建库前后坝址下泄流量变化不明显。4~5 月、7~9 月建库前后坝址人工调节径流较为明显,其中 4 月上旬、8 月中旬考虑到生态调度,建库后坝址下泄流量分别为 147.6 m³/s、250.0 m³/s,较建库前分别增加了 422%、185%。

枯水年(P=75%):建库后最大旬均流量为 148.6 m³/s(4 月上旬),较建库前增加了 123.6 m³/s;最小旬均流量 9 m³/s(12 月至翌年 2 月),较建库前增加了 2 m³/s。12 月中旬至翌年 3 月,建库前后坝址下泄流量变化不明显。4 月、7 月、8 月、11 月建库前后坝址下泄流量变化较为明显,其中 4 月上旬下泄流量为 148.6 m³/s,较建库前增加了 494%。11 月上旬下泄流量为 81.7 m³/s,较建库前增加了 266%。

特枯水年(P=90%):建库后最大旬均流量为 150.0 m³/s(4 月上旬),较建库前增加了 134.7 m³/s;最小旬均流量 9 m³/s(12 月至翌年 2 月),较建库前变化不明显。12 月中旬至翌年 3 月,建库前后坝址下泄流量变化不明显。4 月、7 月、8 月、11 月建库前后坝址下泄流量变化较为明显,其中 4 月上旬下泄流量为 150 m³/s,较建库前增加了 880.0%。11 月上旬下泄流量为 86.2 m³/s,较建库前增加了 256%。

建库前后坝址逐旬下泄流量成果见表 5-2~表 5-5。

表 5-2　建库前后坝址逐旬下泄流量成果[长系列多年平均(1960~2012 年)]

项目	流量(m³/s)																		
	7月上旬	7月中旬	7月下旬	8月上旬	8月中旬	8月下旬	9月上旬	9月中旬	9月下旬	10月上旬	10月中旬	10月下旬	11月上旬	11月中旬	11月下旬	12月上旬	12月中旬	12月下旬	1月上旬
建库前	99.5	101.6	98.5	94.8	98.7	86.3	79.8	70.2	55.3	43.5	34.1	27.7	22.6	19.2	17.0	14.6	13.2	11.1	9.4
建库后	48.1	35.2	11.0	47.1	113.4	53.1	47.7	60.0	46.1	43.5	50.1	50.2	83.8	32.1	32.4	9.0	9.0	9.2	9.0
变化量	-51.4	-66.4	-87.5	-47.7	14.7	-33.2	-32.1	-10.2	-9.2	0	16.0	22.5	61.2	12.9	15.4	-5.6	-4.2	-1.9	-0.4
变化比例(%)	-52	-65	-89	-50	15	-38	-40	-15	-17	0	47	81	271	67	91	-38	-32	-17	-4

项目	流量(m³/s)																		年径流量(亿m³)
	1月中旬	1月下旬	2月上旬	2月中旬	2月下旬	3月上旬	3月中旬	3月下旬	4月上旬	4月中旬	4月下旬	5月上旬	5月中旬	5月下旬	6月上旬	6月中旬	6月下旬	年均流量	
建库前	9.5	9.1	9.4	9.7	10.2	10.6	12.7	15.1	19.4	25.1	28.6	34.0	34.0	42.7	48.8	55.9	73.8	40.2	12.7
建库后	9.3	9.1	9.3	9.4	9.2	9.4	9.8	21.3	151.0	80.6	30.3	26.6	31.3	38.8	58.4	75.4	74.2	39.9	12.6
变化量	-0.2	0	-0.1	-0.3	-1.0	-1.2	-2.9	6.2	131.6	55.5	1.7	-7.4	-2.7	-3.9	9.6	19.5	0.4	-0.3	-0.1
变化比例(%)	-2	0	-1	-3	-10	-11	-23	41	678	221	6	-22	-8	-9	20	35	1	-1	-1

表 5-3　建库前后坝址逐旬下泄流量成果[丰水年(P=10%)]

项目	流量(m³/s)																		
	7月上旬	7月中旬	7月下旬	8月上旬	8月中旬	8月下旬	9月上旬	9月中旬	9月下旬	10月上旬	10月中旬	10月下旬	11月上旬	11月中旬	11月下旬	12月上旬	12月中旬	12月下旬	1月上旬
建库前	106.0	122.0	87.4	81.4	87.7	124.8	97.4	100.8	80.2	74.6	59.7	49.2	29.5	25.6	22.9	17.6	15.4	12.8	13.3
建库后	40.8	100.0	9.0	37.3	250.0	11.2	9.0	22.4	79.6	74.1	59.2	48.9	80.6	29.1	30.1	9.0	9.0	9.0	9.0
变化量	-65.2	-22.0	-78.4	-44.1	162.3	-113.6	-88.4	-78.4	-0.6	-0.5	-0.5	-0.3	51.1	3.5	7.2	-8.6	-6.4	-3.8	-4.3
变化比例(%)	-62	-18	-90	-54	185	-91	-91	-78	-1	-1	-1	-1	173	14	31	-49	-42	-30	-32

项目	流量(m³/s)																		年径流量(亿m³)
	1月中旬	1月下旬	2月上旬	2月中旬	2月下旬	3月上旬	3月中旬	3月下旬	4月上旬	4月中旬	4月下旬	5月上旬	5月中旬	5月下旬	6月上旬	6月中旬	6月下旬	年均流量	
建库前	12.9	12.7	12.3	13.0	13.8	13.8	15.9	19.2	28.3	34.9	39.7	48.0	41.4	50.6	36.1	48.4	58.4	47.7	15.1
建库后	13.4	16.2	15.4	16.8	18.4	18.4	22.6	20.5	147.6	101.6	45.0	78.6	55.2	80.6	36.1	50.7	58.0	47.4	15.0
变化量	0.5	3.5	3.1	3.8	4.6	4.6	6.7	1.3	119.3	66.7	5.3	30.6	13.8	30.0	0	2.3	-0.4	-0.3	-0.1
变化比例(%)	4	28	25	29	33	33	42	7	422	191	13	64	33	59	0	5	-1	-1	-1

表 5-4　建库前后坝址逐旬下泄流量成果[枯水年(P=75%)]

项目	流量(m³/s)																		
	7月上旬	7月中旬	7月下旬	8月上旬	8月中旬	8月下旬	9月上旬	9月中旬	9月下旬	10月上旬	10月中旬	10月下旬	11月上旬	11月中旬	11月下旬	12月上旬	12月中旬	12月下旬	1月上旬
建库前	73.6	54.1	85.9	83.9	92.1	77.8	83.4	68.6	63.3	46.4	37.4	29.7	22.3	16.6	17.7	15.1	15.1	11.5	7.4
建库后	73.0	9.0	26.4	36.5	9.0	41.7	23.6	62.9	62.7	46.0	54.5	52.8	81.7	25.5	31.5	9.0	9.0	9.0	9.0
变化量	-0.6	-45.1	-59.5	-47.4	-83.1	-36.1	-59.8	-5.7	-0.6	-0.4	17.1	23.1	59.4	8.9	13.8	-6.1	-6.1	-2.5	1.6
变化比例(%)	-1	-83	-69	-56	-90	-46	-72	-8	-1	-1	46	78	266	54	78	-40	-40	-22	22

项目	流量(m³/s)																		年径流量(亿m³)
	1月中旬	1月下旬	2月上旬	2月中旬	2月下旬	3月上旬	3月中旬	3月下旬	4月上旬	4月中旬	4月下旬	5月上旬	5月中旬	5月下旬	6月上旬	6月中旬	6月下旬	年均流量	
建库前	7.2	7.0	8.2	8.6	9.1	10.4	12.1	14.6	25.0	31.0	35.5	34.5	33.7	42.0	40.5	46.6	82.2	37.5	11.9
建库后	9.0	9.0	9.0	9.0	9.0	9.0	9.0	21.7	148.6	102.9	35.2	27.7	37.6	60.7	44.6	46.5	81.5	37.3	11.8
变化量	1.8	2.0	0.8	0.4	-0.1	-1.4	-3.1	7.1	123.6	71.9	-0.3	-6.8	3.9	18.7	4.1	-0.1	-0.7	-0.2	-0.1
变化比例(%)	25	29	10	5	-1	-13	-26	49	494	232	-1	-20	12	45	10	0	-1	-1	-1

表 5-5　建库前后坝址逐旬下泄流量成果[特枯水年(P=90%)]

项目	流量(m³/s)																		
	7月上旬	7月中旬	7月下旬	8月上旬	8月中旬	8月下旬	9月上旬	9月中旬	9月下旬	10月上旬	10月中旬	10月下旬	11月上旬	11月中旬	11月下旬	12月上旬	12月中旬	12月下旬	1月上旬
建库前	80.8	58.2	92.9	68.6	74.3	93.2	67.1	61.1	55.2	49.7	41.6	30.3	24.2	23.2	20.0	20.7	16.3	11.1	9.6
建库后	51.9	9.0	19.8	51.2	9.0	19.2	43.2	60.5	54.7	49.2	55.9	52.4	86.2	37.9	37.9	9.0	9.0	9.0	9.0
变化量	-28.9	-49.2	-73.1	-17.4	-65.3	-74.0	-23.9	-0.6	-0.5	-0.5	14.3	22.1	62.0	14.7	17.9	-11.7	-7.3	-2.1	-0.6
变化比例(%)	-36	-85	-79	-25	-88	-79	-36	-1	-1	-1	34	73	256	63	90	-57	-45	-19	-6

项目	流量(m³/s)																		年径流量(亿m³)
	1月中旬	1月下旬	2月上旬	2月中旬	2月下旬	3月上旬	3月中旬	3月下旬	4月上旬	4月中旬	4月下旬	5月上旬	5月中旬	5月下旬	6月上旬	6月中旬	6月下旬	年均流量	
建库前	9.1	8.6	8.3	9.4	10.0	9.0	10.0	11.7	15.3	26.1	26.3	24.6	25.9	26.0	32.4	32.6	43.3	34.4	10.8
建库后	9.0	9.0	9.0	9.0	9.0	9.0	9.0	19.4	150.0	109.7	27.6	24.4	25.6	25.7	32.1	32.3	42.9	34.1	10.7
变化量	-0.1	0.4	0.7	-0.4	-1.0		-1.0	7.7	134.7	83.6	1.3	-0.2	-0.3	-0.3	-0.3	-0.3	-0.4	-0.3	-0.1
变化比例(%)	-1	5	8	-4	-10	0	-10	66	880	320	5	-1	-1	-1	-1	-1	-1	-1	-1

2. 对莺落峡径流的影响

莺落峡断面年内旬均流量过程变化与黄藏寺断面的较为相似,由于受黄藏寺水利枢纽运行调度影响,12 月至翌年 3 月,建库前后莺落峡断面来水流量变化不明显。4~6 月、7~11 月,由于受黄藏寺水利枢纽坝址径流调节影响以及中游灌区和下游生态需水要求,建库前后莺落峡断面来水流量变化较为明显。

其中,7~9 月,建库后莺落峡来水量少于建库前的,减少幅度在 30% 左右,主要是受黄藏寺水利枢纽水库调蓄影响。

4 月上旬和 8 月中旬等生态关键期,考虑黑河干流下游河道生态需水要求,建库后不同典型年莺落峡下泄流量较建库前有显著提高,以近十年平均为例,莺落峡旬均下泄流量为 152.3 m³/s、175.7 m³/s,较建库前分别增加了 509.4% 和 27%。

4~6 月,建库后莺落峡来水量多于建库前的,尤其是 4 月生态关键期建库后莺落峡来水明显大于建库前的,5 月和 6 月,在保持近十年黑河现状径流过程的基础上,建库后莺落峡来水略高于建库前的,基本保证中游灌区用水要求。

10 月和 11 月,为了保障中游灌区灌溉需求,在保持近十年黑河现状径流过程的基础上,建库后莺落峡来水略高于建库前的,以近十年平均为例,莺落峡旬均下泄流量较建库前总体增加了 35% 左右,其中 11 月上旬的下泄流量较建库前增加了 155%。

综合以上分析,在不同典型年莺落峡年均来水基本不变的情况下,由于受黄藏寺水利枢纽运行调度及黄莺区间来水影响,其年内流量过程趋势与近十年年内流量过程总体趋势基本相似。其中,在 4~6 月、8 月、10~11 月等关键时段,建库后莺落峡下泄流量总体上均大于建库前的,这将对中游灌区及下游生态用水极为有利。

建库前后莺落峡逐旬下泄流量成果见表 5-6～表 5-10。

表 5-6　建库前后莺落峡逐旬下泄流量成果[多年平均(1960~2012 年)]

项目	流量(m³/s)																		
	7月上旬	7月中旬	7月下旬	8月上旬	8月中旬	8月下旬	9月上旬	9月中旬	9月下旬	10月上旬	10月中旬	10月下旬	11月上旬	11月中旬	11月下旬	12月上旬	12月中旬	12月下旬	1月上旬
建库前	125.8	129.1	126.1	121.3	120.9	108.7	104.1	87.9	69.6	55.3	40.9	33.0	27.3	24.6	22.2	18.2	15.9	13.6	12.1
建库后	75.0	63.3	40.8	75.1	138.9	76.4	72.6	78.4	60.9	54.0	57.2	55.9	89.0	37.3	37.3	12.2	12.1	11.8	11.4
变化量	-50.8	-65.8	-85.3	-46.2	18	-32.3	-31.5	-9.5	-8.7	-1.3	16.3	22.9	61.7	12.7	15.1	-6.0	-3.8	-1.8	-0.7
变化比例(%)	-40	-51	-68	-38	15	-30	-30	-11	-13	-2	40	69	226	52	68	-33	-24	-13	-6

项目	流量(m³/s)																	年均流量	年径流量(亿m³)
	1月中旬	1月下旬	2月上旬	2月中旬	2月下旬	3月上旬	3月中旬	3月下旬	4月上旬	4月中旬	4月下旬	5月上旬	5月中旬	5月下旬	6月上旬	6月中旬	6月下旬		
建库前	13.1	13.7	14.7	14.6	13.8	14.5	16.2	18.7	21.4	26.9	32.5	39.7	39.6	52.5	62.4	72.1	95.5	50.5	15.9
建库后	13.0	13.6	14.6	14.2	13.2	13.3	13.2	24.9	153.6	85.1	35.6	33.3	38.9	50.3	73.5	92.9	95.4	51.1	16.1
变化量	-0.1	-0.2	-0.1	-0.4	-0.6	-1.2	-3.0	6.1	132.2	58.2	3.1	-6.4	-0.7	-2.2	11.1	20.8	-0.1	0.6	0.2
变化比例(%)	-1	-1	-1	-3	-4	-8	-19	33	618	216	10	-16	-2	-4	18	29	0	1	1

表 5-7　建库前后莺落峡逐旬下泄流量成果[近十年平均(2000~2012年)]

项目	流量(m³/s)																		
	7月上旬	7月中旬	7月下旬	8月上旬	8月中旬	8月下旬	9月上旬	9月中旬	9月下旬	10月上旬	10月中旬	10月下旬	11月上旬	11月中旬	11月下旬	12月上旬	12月中旬	12月下旬	1月上旬
建库前	117.7	127.8	121.9	117.9	138.7	121.8	109.7	110.1	101.7	80.7	54.7	44.0	34.4	32.8	28.3	19.2	17.7	15.3	13.6
建库后	74.5	74.5	38.7	77.5	175.7	78.3	66.0	94.0	87.5	69.4	60.5	55.6	87.8	36.9	36.9	11.5	13.1	12.7	12.0
变化量	-43.3	-53.3	-83.2	-40.4	37.0	-43.5	-43.7	-16.1	-14.2	-11.3	5.8	11.6	53.4	4.1	8.6	-7.7	-4.6	-2.6	-1.6
变化比例(%)	-37	-42	-68	-34	27	-36	-40	-15	-14	-14	11	26	155	13	31	-40	-26	-17	-12

项目	流量(m³/s)																		年径流量(亿m³)
	1月中旬	1月下旬	2月上旬	2月中旬	2月下旬	3月上旬	3月中旬	3月下旬	4月上旬	4月中旬	4月下旬	5月上旬	5月中旬	5月下旬	6月上旬	6月中旬	6月下旬	年均流量	
建库前	14.05	13.46	16.22	16.80	12.70	14.51	19.42	23.73	24.99	29.50	39.38	41.97	40.35	54.31	64.51	72.92	94.68	55.60	17.53
建库后	14.29	13.13	15.79	16.12	13.45	14.11	16.64	25.13	152.31	100.47	42.69	42.97	43.87	69.81	80.74	98.63	92.64	55.99	17.63
变化量	0.24	-0.33	-0.43	-0.68	0.75	-0.40	-2.78	1.4	127.32	70.97	3.31	1.00	3.52	15.50	16.23	25.71	-2.04	0.39	0.10
变化比例(%)	2	-2	-3	-4	6	-3	-14	6	509	241	8	2	9	29	25	35	-2	1	1

表 5-8　建库前后莺落峡逐旬下泄流量成果[丰水年($P=10\%$)]

项目	流量(m³/s)																		
	7月上旬	7月中旬	7月下旬	8月上旬	8月中旬	8月下旬	9月上旬	9月中旬	9月下旬	10月上旬	10月中旬	10月下旬	11月上旬	11月中旬	11月下旬	12月上旬	12月中旬	12月下旬	1月上旬
建库前	142.7	167.1	144.2	103.9	100.9	163.0	132.5	134.8	109.3	117.7	85.8	60.4	46.6	52.2	42.3	36.3	0	10.2	22.1
建库后	78.6	143.3	40.4	66.6	281.5	55.4	43.8	58.4	108.5	99.7	79.7	65.8	90.7	37.9	37.9	15.1	14.3	13.4	12.1
变化量	-64.1	-23.8	-103.8	-37.3	180.6	-107.6	-88.7	-76.4	-0.8	-18.0	-6.1	5.4	44.1	-14.3	-4.4	-21.2	14.3	3.2	-10.0
变化比例(%)	-45	-14	-72	-36	179	-66	-67	-57	-1	-15	-7	9	95	-27	-10	-58	100	31	-45

项目	流量(m³/s)																		年径流量(亿m³)
	1月中旬	1月下旬	2月上旬	2月中旬	2月下旬	3月上旬	3月中旬	3月下旬	4月上旬	4月中旬	4月下旬	5月上旬	5月中旬	5月下旬	6月上旬	6月中旬	6月下旬	年均流量	
建库前	17.1	19.8	12.0	12.5	14.4	15.5	34.9	24.4	31.4	37.2	43.0	69.8	47.8	59.4	43.7	58.5	74.1	63.5	20.0
建库后	16.4	19.1	18.3	19.8	21.6	21.6	26.2	24.9	154.1	111.1	55.6	91.1	66.2	93.7	45.9	63.3	72.9	62.9	19.8
变化量	-0.7	-0.7	6.3	7.3	7.2	6.1	-8.7	0.5	122.7	73.9	12.6	21.3	18.4	34.3	2.2	4.8	-1.2	-0.6	-0.2
变化比例(%)	-4	-4	53	58	50	39	-25	2	391	199	29	31	38	58	5	8	-2	-1	-1

表 5-9　建库前后莺落峡逐旬下泄流量成果[枯水年(P=75%)]

项目	流量(m³/s)																		
	7月上旬	7月中旬	7月下旬	8月上旬	8月中旬	8月下旬	9月上旬	9月中旬	9月下旬	10月上旬	10月中旬	10月下旬	11月上旬	11月中旬	11月下旬	12月上旬	12月中旬	12月下旬	1月上旬
建库前	76.90	77.54	88.26	113.55	129.50	90.78	87.19	79.69	71.57	50.22	40.12	34.00	31.60	29.23	24.27	15.07	15.82	11.85	11.34
建库后	76.90	33.20	29.40	66.60	46.90	55.40	28.00	74.60	71.80	49.30	56.80	56.80	90.70	37.90	37.90	9.00	9.60	9.20	10.60
变化量	0	-44.3	-58.9	-47.0	-82.6	-35.4	-59.2	-5.1	0.2	-0.9	16.7	22.8	59.1	8.7	13.6	-6.1	-6.2	-2.6	-0.7
变化比例(%)	0	-57	-67	-41	-64	-39	-68	-6	0	-2	42	67	187	30	56	-40	-39	-22	-7

项目	流量(m³/s)																	年均流量	年径流量(亿m³)
	1月中旬	1月下旬	2月上旬	2月中旬	2月下旬	3月上旬	3月中旬	3月下旬	4月上旬	4月中旬	4月下旬	5月上旬	5月中旬	5月下旬	6月上旬	6月中旬	6月下旬		
建库前	11.76	11.39	11.98	13.76	14.05	14.18	14.28	20.57	24.54	23.75	61.11	48.31	35.88	51.19	56.41	58.19	111.24	46.14	14.55
建库后	10.60	10.50	10.80	10.90	11.00	11.30	11.60	24.90	154.10	111.10	44.30	36.60	40.70	71.20	54.80	58.10	100.90	45.27	14.28
变化量	-1.2	-0.9	-1.2	-2.9	-3.1	-2.9	-2.7	4.3	129.6	87.4	-16.8	-11.7	10.5	20.0	-1.6	-0.1	-10.3	-0.9	-0.3
变化比例(%)	-10	-8	-10	-21	-22	-20	-19	21	528	368	-28	-24	29	39	-3	0	-9	-2	-2

表 5-10　建库前后莺落峡逐旬下泄流量成果[特枯水年(P=90%)]

项目	流量(m³/s)																		
	7月上旬	7月中旬	7月下旬	8月上旬	8月中旬	8月下旬	9月上旬	9月中旬	9月下旬	10月上旬	10月中旬	10月下旬	11月上旬	11月中旬	11月下旬	12月上旬	12月中旬	12月下旬	1月上旬
建库前	106.7	62.9	102.4	83.5	86.8	117.0	78.2	79.7	67.0	57.6	42.9	35.1	29.0	21.9	19.8	17.7	15.1	14.0	11.6
建库后	78.6	14.4	29.4	66.6	22.0	55.4	54.8	79.8	67.2	56.6	56.8	56.8	90.7	37.9	37.9	9.0	9.0	11.7	10.9
变化量	-28.1	-48.5	-73.0	-16.9	-64.8	-61.6	-23.4	0.1	0.2	-1.0	13.9	21.7	61.7	16.0	18.1	-8.7	-6.1	-2.3	-0.7
变化比例(%)	-26	-77	-71	-20	-75	-53	-30	0	0	-2	32	62	212	73	91	-49	-40	-16	-6

项目	流量(m³/s)																	年均流量	年径流量(亿m³)
	1月中旬	1月下旬	2月上旬	2月中旬	2月下旬	3月上旬	3月中旬	3月下旬	4月上旬	4月中旬	4月下旬	5月上旬	5月中旬	5月下旬	6月上旬	6月中旬	6月下旬		
建库前	12.3	15.3	16.0	17.8	13.8	13.9	16.8	17.4	19.6	23.8	25.7	25.0	24.6	27.4	36.4	43.7	43.1	40.0	12.6
建库后	12.1	15.6	16.6	17.3	12.6	13.8	15.7	24.9	154.1	111.1	29.0	25.9	27.0	28.3	37.1	44.4	44.3	41.0	12.9
变化量	-0.2	0.3	0.6	-0.5	-1.2	-0.1	-1.1	7.5	134.5	87.3	3.3	0.9	2.4	0.9	0.7	0.7	1.2	1	0.3
变化比例(%)	-2	2	4	-3	-9	-1	-7	43	686	367	13	4	10	3	2	2	3	3	2

3. 对正义峡径流的影响

由于莺落峡至正义峡河段为黑河中游河谷地带,中游灌区主要分布在黑河干流沿岸,社会经济生活和生产用水需求较大。同时,该河段地表水和地下水转换频繁,因此正义峡断面年均径流量与年内旬均流量受莺落峡来水量、中游灌区生活和生产用水等因素影响较大。

总体来说,通过黄藏寺水利枢纽运行调度以及中游灌区节水等措施后,建库后不同典型年正义峡断面年径流量较建库前有所增加,基本能满足黑河干流分水方案的要求。正义峡年内旬均流量变化趋势与 2000 年以后黑河实施分水方案后的趋势基本一致,整体变化幅度不大,其中 4 月、8 月等生态关键期较建库前径流量有明显增加,其中近十年平均:4 月上旬和 8 月中旬正义峡下泄流量分别为 59.9 m^3/s、143.8 m^3/s,较建库前分别增加了162%、114%。枯水年($P=75\%$ 和 $P=90\%$):4 月上旬正义峡 $P=75\%$ 时的流量为 59.7 m^3/s,较建库前增加了 148%;$P=90\%$ 时的流量为 59.6 m^3/s,较建库前增加了 817%。这将有利于黑河干流下游生态环境的恢复。

建库前后正义峡逐旬下泄流量成果见表 5-11～表 5-15。

表 5-11　建库前后正义峡逐旬下泄流量成果[多年平均(1960～2012 年)]

项目	流量(m^3/s)																		
	7月上旬	7月中旬	7月下旬	8月上旬	8月中旬	8月下旬	9月上旬	9月中旬	9月下旬	10月上旬	10月中旬	10月下旬	11月上旬	11月中旬	11月下旬	12月上旬	12月中旬	12月下旬	1月上旬
建库前	34.1	52.2	40.2	36.4	45.2	35.8	47.5	55.8	51.8	51.1	37.5	20.2	6.8	11.8	33.0	42.1	41.6	38.9	36.7
建库后	10.4	40.9	26.8	33.0	110.6	35.9	57.9	69.0	51.3	30.5	22.6	18.1	16.0	17.2	16.4	39.1	39.5	37.5	25.4
变化量	-23.7	-11.4	-13.4	-3.4	65.4	0.1	10.4	13.2	-0.5	-20.6	-14.9	-2.1	9.2	5.4	-16.6	-3.0	-2.1	-1.4	-11.3
变化比例(%)	-69	-22	-33	-9	145	0	22	24	-1	-40	-40	-10	135	46	-50	-7	-5	-4	-31

项目	流量(m^3/s)																		年径流量(亿m^3)
	1月中旬	1月下旬	2月上旬	2月中旬	2月下旬	3月上旬	3月中旬	3月下旬	4月上旬	4月中旬	4月下旬	5月上旬	5月中旬	5月下旬	6月上旬	6月中旬	6月下旬	年均流量	
建库前	37.3	37.8	39.2	41.4	41.3	42.5	39.1	32.8	27.4	16.5	10.5	5.9	3.8	3.7	12.6	6.8	18.1	31.5	9.9
建库后	25.5	24.9	34.2	32.1	30.4	29.7	29.8	25.4	60.1	27.2	2.7	6.1	5.1	14.2	20.2	24.4	44.6	31.5	9.9
变化量	-11.8	-12.9	-5.0	-9.2	-10.9	-12.8	-9.2	-7.4	32.7	10.7	-7.8	0.2	1.3	10.5	7.6	17.6	26.5	0	0
变化比例(%)	-32	-34	-13	-23	-26	-30	-24	-22	119	65	-74	3	34	284	60	259	146	0	0

表 5-12　建库前后正义峡逐旬下泄流量成果[近十年平均(2000~2012 年)]

项目	流量(m³/s)																		
	7月上旬	7月中旬	7月下旬	8月上旬	8月中旬	8月下旬	9月上旬	9月中旬	9月下旬	10月上旬	10月中旬	10月下旬	11月上旬	11月中旬	11月下旬	12月上旬	12月中旬	12月下旬	1月上旬
建库前	13.4	67.1	25.9	15.1	67.2	33.6	46.1	94.8	87.7	75.5	49.9	21.2	2.2	3.7	6.4	32.3	39.8	38.7	37.1
建库后	10.9	48.8	26.1	36.1	143.8	41.1	59.5	83.8	72.7	43.4	27.4	20.2	17.0	18.6	18.1	40.9	42.7	39.5	26.4
变化量	-2.5	-18.2	0.2	21.0	76.6	7.5	13.4	-11.0	-15	-32.1	-22.5	-1.0	14.8	14.9	11.7	8.6	2.9	0.8	-10.7
变化比例(%)	-19	-27	1	139	114	22	29	-12	-17	-42	-45	-5	663	403	183	27	7	2	-29

项目	流量(m³/s)																		年径流量(亿m³)
	1月中旬	1月下旬	2月上旬	2月中旬	2月下旬	3月上旬	3月中旬	3月下旬	4月上旬	4月中旬	4月下旬	5月上旬	5月中旬	5月下旬	6月上旬	6月中旬	6月下旬	年均流量	
建库前	40.2	39.7	40.7	42.4	41.3	38.8	31.6	22.8	22.9	23.2	17.6	13.2	12.5	3.3	6.6	3.8	5.1	32.3	10.2
建库后	27.9	25.7	36.5	34.2	31.5	31.7	33.2	27.5	59.9	30.5	6.3	12.3	8.3	26.2	24.8	29.9	50.1	36.5	11.4
变化量	-12.3	-14.0	-4.2	-8.2	-9.8	-7.1	1.6	4.7	37.0	7.3	-11.3	-0.9	-4.2	22.9	18.2	26.1	45.0	4.2	1.2
变化比例(%)	-31	-35	-10	-19	-24	-18	5	21	162	31	-64	-7	-34	694	276	682	882	13	12

表 5-13　建库前后正义峡逐旬下泄流量成果[丰水年($P=10\%$)]

项目	流量(m³/s)																		
	7月上旬	7月中旬	7月下旬	8月上旬	8月中旬	8月下旬	9月上旬	9月中旬	9月下旬	10月上旬	10月中旬	10月下旬	11月上旬	11月中旬	11月下旬	12月上旬	12月中旬	12月下旬	1月上旬
建库前	22.3	93.2	80.6	0.7	52.5	22.4	55.2	110.9	92.9	108.7	75.8	37.9	6.0	3.6	12.5	60.8	39.9	38.0	49.9
建库后	12.9	120.9	32.5	28.9	235.9	39.4	48.8	68.3	84.9	68.8	46.5	33.7	21.4	24.1	23.4	49.7	53.1	47.2	31.7
变化量	-9.4	27.7	-48.1	28.2	183.4	17.0	-6.4	-42.6	-8.0	-39.9	-29.3	-4.2	15.4	20.5	10.9	-11.1	13.2	9.2	-18.2
变化比例(%)	-42	30	-60	—	349	76	-12	-38	-9	-37	-39	-11	257	569	87	-18	33	24	-36

项目	流量(m³/s)																		年径流量(亿m³)
	1月中旬	1月下旬	2月上旬	2月中旬	2月下旬	3月上旬	3月中旬	3月下旬	4月上旬	4月中旬	4月下旬	5月上旬	5月中旬	5月下旬	6月上旬	6月中旬	6月下旬	年均流量	
建库前	48.3	44.1	38.0	40.8	47.3	53.4	42.4	16.1	28.2	39.3	18.2	19.0	21.5	0.3	2.3	0.8	0.7	39.6	12.5
建库后	31.9	33.6	40.0	42.9	35.9	40.9	45.6	32.4	60.2	32.4	11.7	36.0	18.4	35.7	3.2	6.0	20.4	44.4	14.0
变化量	-16.4	-10.5	2.0	2.1	-11.4	-12.5	3.2	16.3	32.0	-6.9	-6.5	17.0	-3.1	35.4	0.9	5.2	19.7	4.8	1.5
变化比例(%)	-34	-24	5	5	-24	-23	8	101	113	-18	-36	89	-14	11 800	39	650	2 662	12	12

表 5-14　建库前后正义峡逐旬下泄流量成果[枯水年(P=75%)]

项目	流量(m³/s)																		
	7月上旬	7月中旬	7月下旬	8月上旬	8月中旬	8月下旬	9月上旬	9月中旬	9月下旬	10月上旬	10月中旬	10月下旬	11月上旬	11月中旬	11月下旬	12月上旬	12月中旬	12月下旬	1月上旬
建库前	0.1	33.3	2.5	4.3	100.1	25.6	2.3	75.4	65.2	55.6	48.6	26.4	0.5	0.5	0.3	1.1	19.3	26.6	36.0
建库后	9.9	9.7	10.3	26.8	32.5	26.4	30.8	62.7	54.2	26.8	20.9	17.3	14.6	15.8	16.2	35.8	36.3	32.2	24.4
变化量	9.8	-23.6	7.8	22.5	-67.6	0.8	28.5	-12.7	-11.0	-28.8	-27.7	-9.1	14.1	15.3	15.9	34.7	17.0	5.6	-11.6
变化比例(%)	9 800	-71	312	523	-68	3	1 239	-17	-17	-52	-57	-34	2 820	3 060	5 300	3 155	88	21	-32

项目	流量(m³/s)																		年径流量(亿m³)
	1月中旬	1月下旬	2月上旬	2月中旬	2月下旬	3月上旬	3月中旬	3月下旬	4月上旬	4月中旬	4月下旬	5月上旬	5月中旬	5月下旬	6月上旬	6月中旬	6月下旬	年均流量	
建库前	49.8	48.3	44.9	43.5	41.4	37.0	24.7	24.6	24.1	17.5	12.7	11.9	1.6	2.0	3.2	0.2	0.8	25.3	7.99
建库后	23.4	21.8	33.1	28.9	27.5	30.0	28.1	25.7	59.7	31.2	5.2	6.6	7.7	22.3	7.3	2.9	52.7	25.5	8.02
变化量	-26.4	-26.5	-11.8	-14.6	-13.9	-7.0	3.4	1.1	35.6	13.6	-7.5	-5.3	6.1	20.3	4.1	2.7	51.9	0.2	0
变化比例(%)	-53	-55	-26	-34	-34	-19	14	4	148	77	-59	-45	381	1 015	128	1 350	6 488	1	0

表 5-15　建库前后正义峡逐旬下泄流量成果[特枯水年(P=90%)]

项目	流量(m³/s)																		
	7月上旬	7月中旬	7月下旬	8月上旬	8月中旬	8月下旬	9月上旬	9月中旬	9月下旬	10月上旬	10月中旬	10月下旬	11月上旬	11月中旬	11月下旬	12月上旬	12月中旬	12月下旬	1月上旬
建库前	33.5	4.3	0.03	0.01	0	46.9	27.5	50.1	46.7	39.9	11.4	2.3	0.2	32.4	17.9	42.8	42.2	40.6	37.0
建库后	9.2	4.2	23.8	19.1	13.9	26.3	38.1	64.1	50.5	29.7	19.3	14.9	11.9	16.0	14.3	32.4	29.8	30.4	19.9
变化量	-24.3	-0.1	23.8	19.1	13.9	-20.6	10.6	14.0	3.8	-10.2	7.9	12.6	11.7	-16.4	-3.6	-10.4	-12.4	-10.2	-17.1
变化比例(%)	-73	-3	—	—	—	-44	39	28	8	-26	69	548	—	-51	-20	-24	-29	-25	-46

项目	流量(m³/s)																		年径流量(亿m³)
	1月中旬	1月下旬	2月上旬	2月中旬	2月下旬	3月上旬	3月中旬	3月下旬	4月上旬	4月中旬	4月下旬	5月上旬	5月中旬	5月下旬	6月上旬	6月中旬	6月下旬	年均流量	
建库前	38.8	40.0	40.2	43.3	43.2	29.2	22.3	22.9	6.5	1.5	1.5	0.6	0.04	0.2	1.4	0	0	21.3	6.72
建库后	22.9	22.0	31.0	28.6	29.0	23.4	27.6	19.6	59.6	30.4	0	1.3	0	0.4	0	0	0	21.2	6.69
变化量	-15.9	-18.0	-9.2	-14.7	-14.2	-5.8	5.3	-3.3	53.1	28.9	-1.5	0.7	-0.04	0.2	-1.4	0	0	-0.1	-0.03
变化比例(%)	-41	-45	-23	-34	-33	-20	24	-14	817	1 927	-100	117	-100	100	-100	—	—	0	0

4. 对哨马营月均流量的影响

下游哨马营断面来水情况受正义峡断面下泄流量影响较大,在建库后哨马营年均来水量较建库前有所增加的基础上,其年内月均径流过程与正义峡断面的变化较为一致。其中,建库后哨马营最大月均流量较建库前变化不明显,但年内月均流量过程发生了变化,主要集中在 4 月、7 月、8 月和 9 月等生态关键期,其月均流量较建库前有明显增加,以近十年平均为例,建库后 4 月和 8 月月均流量分别为 20.96 m³/s 和 52.56 m³/s,较建库前分别增加了 13.22 m³/s 和 28.4 m³/s;除特枯年 5 月和 6 月外,其他不同典型年条件下哨马营最枯月均流量有明显提高,以枯水年($P=75\%$)为例,建库后 5 月和 6 月月均流量为 7.07 m³/s 和 13.93 m³/s,较建库前几乎断流状况下有了显著提高。总体而言,这对于下游生态恢复均较为有利。

建库前后哨马营逐月下泄流量成果见表 5-16。

表 5-16　建库前后哨马营逐月下泄流量成果

典型年		流量(m³/s)												全年平均	年径流量(亿m³)
		7 月	8 月	9 月	10 月	11 月	12 月	1 月	2 月	3 月	4 月	5 月	6 月		
近十年平均(2000~2012 年)	建库前	19.06	24.16	56.16	37.06	0.99	16.50	23.12	27.28	30.48	7.74	3.30	0.50	20.53	6.47
	建库后	18.28	52.56	51.22	19.82	10.22	27.54	16.75	22.30	19.90	20.96	8.86	23.13	24.30	7.66
	变化量	-0.78	28.4	-4.94	-17.24	9.23	11.04	-6.37	-4.98	-10.58	13.22	5.56	22.63	3.77	1.19
	变化比例(%)	-4	118	-9	-47	932	67	-28	-18	-35	171	168	4 526	18	18
丰水年($P=10\%$)	建库前	48.00	7.61	65.90	59.90	0	17.90	34.30	36.30	38.70	13.10	7.25	0	27.41	8.65
	建库后	40.69	78.69	50.52	35.92	13.85	36.20	21.65	27.60	27.63	23.60	19.69	3.02	31.59	9.96
	变化量	-7.31	71.08	-15.38	-23.98	13.85	18.30	-12.65	-8.70	-11.07	10.50	12.44	3.02	4.18	1.31
	变化比例(%)	-15	934	-23	-40	—	102	-37	-24	-29	80	172	—	15	15
枯水年($P=75\%$)	建库前	5.30	31.02	34.78	29.03	0	10.05	32.59	31.49	19.91	11.69	1.48	0	17.28	5.45
	建库后	5.32	19.88	36.06	14.48	9.68	24.74	15.68	20.87	19.39	22.60	7.07	13.93	17.48	5.51
	变化量	0.02	-11.14	1.28	-14.55	9.68	14.69	-16.91	-10.62	-0.52	10.91	5.59	13.93	0.20	0.06
	变化比例(%)	0	-36	4	-50	—	146	-52	-34	-3	93	—	—	1	1
特枯水年($P=90\%$)	建库前	1.10	2.19	22.70	10.50	12.00	32.10	28.40	35.10	25.40	1.24	0	0	14.23	4.49
	建库后	5.20	12.99	37.36	14.19	8.53	21.68	14.43	20.64	15.94	18.52	0	0	14.13	4.45
	变化量	4.10	10.80	14.66	3.69	-3.47	-10.42	-13.97	-14.46	-9.46	17.28	0	0	-0.10	-0.04
	变化比例(%)	373	493	65	35	-29	-32	-49	-41	-37	1 394	—	—	-1	-1

5. 对狼心山径流的影响

哨马营至狼心山区间受河道外用水影响较小,建库前后,狼心山断面水文情势变化与哨马营断面的几乎保持一致。总体而言,建库前后狼心山断面月均流量变化趋势基本一致,其中建库后4月和8月较建库前有明显增加,以近十年平均为例,狼心山4月和8月均流量分别为13.56 m³/s和60.58 m³/s,较建库前分别增加了7.25 m³/s和40.74 m³/s,其余时段变化较小。

狼心山断面作为东居延海入海水量的控制断面,其来水情况对居延海影响较大。近十年平均和丰水年、枯水年等不同典型年狼心山断面年均来水量均较建库前有所增加,其中多年平均增加0.71亿 m³,东居延海入海水量应较建库前有明显增加。

建库前后狼心山逐月下泄流量成果见表5-17。

表 5-17　建库前后狼心山逐月下泄流量成果

典型年		流量(m³/s)												年径流量(亿m³)
		7月	8月	9月	10月	11月	12月	1月	2月	3月	4月	5月	6月	全年平均	
近十年平均(2000~2012)	建库前	18.34	19.84	51.08	36.85	0.44	10.29	18.14	21.10	26.43	6.31	2.83	0.87	17.71	5.58
	建库后	11.33	60.58	57.94	12.73	5.27	20.89	10.22	15.33	12.94	13.56	3.57	15.04	19.95	6.29
	变化量	−7.00	40.74	6.86	−24.12	4.83	10.60	−7.92	−5.77	−13.49	7.25	0.74	14.17	2.24	0.71
	变化比例(%)	−38	205	13	−65	1 198	103	−44	−27	−51	115	26	1 629	13	13
丰水年(P=10%)	建库前	0	7.61	65.90	59.90	0	17.90	34.30	36.30	38.70	13.10	7.25	0	23.41	7.38
	建库后	32.94	63.24	40.79	29.14	11.55	29.36	17.76	22.51	22.53	19.32	16.20	2.91	25.69	8.10
	变化量	32.94	55.63	−25.11	−30.76	11.55	11.46	−16.54	−13.79	−16.17	6.22	8.95	2.91	2.28	0.72
	变化比例(%)	—	731	−38	−51		64	−48	−38	−42	47	123	—	10	10
枯水年(P=75%)	建库前	0.01	20.00	21.70	30.40	0.44	0.21	9.99	11.20	19.80	3.11	0.34	0	9.77	3.08
	建库后	2.13	11.17	28.52	7.09	4.18	15.57	7.92	12.01	10.76	13.54	2.89	6.72	10.21	3.22
	变化量	2.12	−8.83	6.82	−23.31	3.74	15.36	−2.07	0.81	−9.04	10.44	2.55	6.72	0.44	0.14
	变化比例(%)	21 200	−44	31	−77	850	7 314	−21	7	−46	335	750	—	5	5
特枯水年(P=90%)	建库前	0	0	22.79	6.39	4.36	15.61	20.60	23.27	14.00	2.20	0	0	9.10	2.87
	建库后	2.96	6.12	30.25	6.90	3.59	12.72	7.06	11.81	8.11	12.13	0	0	8.47	2.67
	变化量	2.96	6.12	7.46	0.51	−0.77	−2.89	−13.54	−11.46	−5.89	9.93	0	0	−0.63	−0.20
	变化比例(%)	—	—	33	8	−18	−19	−66	−49	−42	451	—	—	−7	−7

5.1.5.2　对水位影响

1. 莺落峡水位变化

根据建库前后莺落峡旬均水位过程(见表 5-18~表 5-20),建库前后莺落峡旬均水位过程与其旬均流量过程基本保持一致。11 月至翌年的 2 月,建库前后莺落峡断面来水流量较小且变化不明显,由于受龙首电站引水影响,其河道水位基本保持河干或部分河干。3~6 月、7~10 月,建库前后莺落峡断面来水流量变化较为明显,其水位过程变化也较为明显。

表 5-18　建库前后莺落峡不同频率旬均水位过程[长系列多年平均(1960~2012 年)]　(单位:m)

项目	7月上旬	7月中旬	7月下旬	8月上旬	8月中旬	8月下旬	9月上旬	9月中旬	9月下旬	10月上旬	10月中旬	10月下旬	11月上旬	11月中旬	11月下旬	12月上旬	12月中旬	12月下旬
建库前	2.5	2.5	2.5	2.5	2.5	2.4	2.4	2.0	1.9	1.7	1.5	1.5	1.5	1.5	1.5	1.5	1.5	1.5
建库后	2.2	2.2	2.2	2.2	2.6	2.1	1.7	1.5	1.5	1.5	1.5	1.5	1.5	1.5	1.5	1.5	1.5	1.5
变化量	-0.3	-0.3	-0.3	-0.3	0.1	-0.3	-0.7	-0.5	-0.4	-0.2	0	0	0	0	0	0	0	0
变化比例(%)	-12	-12	-12	-12	4	-13	-29	-25	-21	-12	0	0	0	0	0	0	0	0

项目	1月上旬	1月中旬	1月下旬	2月上旬	2月中旬	2月下旬	3月上旬	3月中旬	3月下旬	4月上旬	4月中旬	4月下旬	5月上旬	5月中旬	5月下旬	6月上旬	6月中旬	6月下旬
建库前	1.5	1.5	1.5	1.5	1.5	1.5	1.5	1.5	1.5	1.5	1.5	1.5	1.5	1.5	1.7	1.8	1.9	2.1
建库后	1.5	1.5	1.5	1.5	1.5	1.5	1.5	1.5	1.5	2.4	1.8	1.5	1.5	1.7	1.8	2.2	2.4	2.4
变化量	0	0	0	0	0	0	0	0	0	0.9	0.3	0	0	0.2	0.1	0.4	0.5	0.3
变化比例(%)	0	0	0	0	0	0	0	0	0	60	20	0	0	13	6	22	26	14

表 5-19　建库前后莺落峡不同频率旬均水位过程[丰水年(2007~2008 年)]　(单位:m)

项目	7月上旬	7月中旬	7月下旬	8月上旬	8月中旬	8月下旬	9月上旬	9月中旬	9月下旬	10月上旬	10月中旬	10月下旬	11月上旬	11月中旬	11月下旬	12月上旬	12月中旬	12月下旬
建库前	2.6	2.7	2.5	2.2	2.2	2.6	2.6	2.6	2.4	2.5	2.2	1.8	1.5	1.5	1.5	1.5	1.5	1.5
建库后	2.2	3.3	2.2	2.2	2.7	2.2	1.5	2.6	1.5	1.5	1.5	1.5	1.5	1.5	1.5	1.5	1.5	1.5
变化量	-0.4	0.6	-0.3	0	0.5	-0.4	-1.1	0	-0.9	-1.0	-0.7	-0.3	0	0	0	0	0	0
变化比例(%)	-15	22	-12	0	23	-15	-42	0	-38	-40	-32	-17	0	0	0	0	0	0

项目	1月上旬	1月中旬	1月下旬	2月上旬	2月中旬	2月下旬	3月上旬	3月中旬	3月下旬	4月上旬	4月中旬	4月下旬	5月上旬	5月中旬	5月下旬	6月上旬	6月中旬	6月下旬
建库前	1.5	1.5	1.5	1.5	1.5	1.5	1.5	1.5	1.5	1.5	1.5	1.5	1.5	1.5	1.8	1.5	1.8	1.9
建库后	1.5	1.5	1.5	1.5	1.5	1.5	1.5	1.5	1.5	2.4	1.5	1.5	2.0	1.5	2.2	2.2	2.5	2.5
变化量	0	0	0	0	0	0	0	0	0	0.9	0	0	0.5	0	0.4	0.7	0.7	0.6
变化比例(%)	0	0	0	0	0	0	0	0	0	60	0	0	33	0	22	47	39	32

表 5-20　建库前后莺落峡不同频率旬均水位过程[枯水年(2000~2001年)]　(单位:m)

项目	7月上旬	7月中旬	7月下旬	8月上旬	8月中旬	8月下旬	9月上旬	9月中旬	9月下旬	10月上旬	10月中旬	10月下旬	11月上旬	11月中旬	11月下旬	12月上旬	12月中旬	12月下旬
建库前	2.2	1.8	2.2	2.0	2.0	2.5	1.9	2.0	1.9	1.8	1.5	1.5	1.5	1.5	1.5	1.5	1.5	1.5
建库后	2.1	1.5	2.1	2.1	1.5	2.1	1.5	1.5	1.5	1.5	1.5	1.5	1.5	1.5	1.5	1.5	1.5	1.5
变化量	-0.1	-0.3	-0.1	0.1	-0.5	-0.4	-0.4	-0.5	-0.4	-0.3	0	0	0	0	0	0	0	0
变化比例(%)	-5	-17	-5	5	-25	-16	-21	-25	-21	-17	0	0	0	0	0	0	0	0
项目	1月上旬	1月中旬	1月下旬	2月上旬	2月中旬	2月下旬	3月上旬	3月中旬	3月下旬	4月上旬	4月中旬	4月下旬	5月上旬	5月中旬	5月下旬	6月上旬	6月中旬	6月下旬
建库前	1.5	1.5	1.5	1.5	1.5	1.5	1.5	1.5	1.5	1.5	1.5	1.5	1.5	1.5	1.5	1.5	1.5	1.5
建库后	1.5	1.5	1.5	1.5	1.5	1.5	1.5	1.5	1.5	2.4	1.8	1.5	1.5	1.7	1.5	2.0	2.4	1.7
变化量	0	0	0	0	0	0	0	0	0	0.9	0.3	0	0	0.2	0	0.5	0.9	0.2
变化比例(%)	0	0	0	0	0	0	0	0	0	60	20	0	0	13	0	33	60	13

多年平均(1960年7月至2012年6月):建库前后最大旬均水位分别为2.5m(7月中旬)、2.5m(8月中旬),最小旬均水位分别为1.5m(河干,第一年10月中旬至翌年5月中旬)和1.5m(河干,第一年9月中旬至翌年3月下旬)。第一年的10月至翌年的3月,建库前后莺落峡断面水位过程基本没有变化,河道保持河干状态。4月上旬建库后莺落峡断面水位为2.4m,较建库前升高了0.9m,变化幅度较大,其余月份建库前后莺落峡断面水位变化幅度较小,均保持在0.5m以内。

丰水年(2007年7月至2008年6月):建库前后最大旬均水位分别为2.7m(7月中旬)、3.3m(7月中旬),最小旬均水位分别为1.5m(河干,第一年11月上旬至翌年5月中旬)和1.5m(河干,第一年9月下旬至翌年3月下旬)。年内河道水位变化较大的月主要为4~6月和7~10月,其中9月上旬、9月下旬、10月上旬和4月上旬,建库前后河道水位变化幅度在1m左右,7月中旬、10月中旬、6月上中旬,建库前后河道水位变化幅度在0.7m左右,其余时段河道水位建库前后变幅在0.5m以内。

枯水年(2000年7月至2001年6月):建库前后最大旬均水位分别为2.5m(8月下旬)、2.4m(4月上旬),最小旬均水位分别为1.5m(河干,第一年10月中旬至翌年6月下旬)和1.5m(河干,第一年9月上旬至翌年3月下旬)。年内河道水位变化较大的月主要为3~6月和7~9月,其中4月上旬、6月上中旬,建库前后河道水位变化幅度在0.9m左右,8月上旬、9月中下旬,建库前后河道水位变化幅度在0.5m左右,其余时段河道水位建库前后变化幅度不明显,在0.5m以内。

2. 正义峡水位变化

根据建库前后正义峡旬均水位过程(见表5-21~表5-23),总体而言,建库前后正义峡旬均水位过程与其旬均流量过程基本保持一致。10月至翌年3月,建库前后正义峡断面水位变化不明显。4~6月、7~9月,建库前后正义峡断面来水流量变化较为明显,其水位过程变化也较为明显。

多年平均(1960 年 7 月至 2012 年 6 月):建库前后最大旬均水位分别为 3.2 m(9 月中旬)、4.2 m(8 月中旬),最小旬均水位分别为 2.6 m(5 月上、中、下旬)和 2.6 m(5 月中旬)。总体而言,除 8 月中旬建库后河道水位较建库前水位升高了 1.1 m,其余时段河段水位变化幅度不明显。

丰水年(2007 年 7 月至 2008 年 6 月):建库前后最大旬均水位分别为 3.9 m(9 月中旬、10 月上旬)、5.1 m(7 月中旬),最小旬均水位分别为 1.9 m(河干,5 月下旬)和 2.6 m(5 月中旬,6 月上、下旬)。年内河道水位变化较大的月主要为 5 月中旬、7 至 10 月中旬,其中 7 月中旬、8 月中旬、5 月下旬,建库后河道水位较建库前河道水位升高了近 1.5 m,变化幅度较大。其余时段河道水位建库前后变化幅度不明显,基本在 0.5 m 以内。

枯水年(2000 年 7 月至 2001 年 6 月):建库前后最大旬均水位分别为 3.1 m(8 月下旬)、3.3 m(4 月上旬),最小旬均水位分别为 2.0 m(部分河干,8 月中旬、6 月中下旬)和 2.0 m(部分河干,6 月下旬)。总体而言,年内旬均河道水位变化不明显。4 月上旬、7 月下旬、8 月上中旬,建库后河道水位较建库前升高了 0.7 m 左右,其余时段河道水位建库前后变化幅度不明显,基本在 0.5 m 以内。

表 5-21　建库前后正义峡不同频率旬均水位过程[长系列多年平均(1960~2012 年)]

(单位:m)

项目	7月上旬	7月中旬	7月下旬	8月上旬	8月中旬	8月下旬	9月上旬	9月中旬	9月下旬	10月上旬	10月中旬	10月下旬	11月上旬	11月中旬	11月下旬	12月上旬	12月中旬	12月下旬
建库前	3.0	3.2	3.1	3.0	3.1	3.0	3.1	3.2	3.2	3.2	3.0	2.8	2.7	2.7	3.0	3.1	3.1	3.0
建库后	2.7	3.5	2.8	2.9	4.2	2.9	3.0	3.3	3.1	3.0	2.9	2.8	2.8	2.8	2.8	3.0	3.0	3.0
变化量	-0.3	0.3	-0.3	-0.1	1.1	-0.1	-0.1	0.1	-0.1	-0.2	-0.1	0	0.1	0.1	-0.2	0.1	0.1	0
变化比例(%)	-10	9	-10	-3	35	-3	-3	3	-3	-6	-3	0	4	4	-7	-3	-3	0
项目	1月上旬	1月中旬	1月下旬	2月上旬	2月中旬	2月下旬	3月上旬	3月中旬	3月下旬	4月上旬	4月中旬	4月下旬	5月上旬	5月中旬	5月下旬	6月上旬	6月中旬	6月下旬
建库前	3.0	3.0	3.0	3.0	3.1	3.1	3.1	3.0	3.0	2.9	2.8	2.7	2.6	2.6	2.6	2.7	2.7	2.8
建库后	2.9	2.9	2.9	3.0	3.0	2.9	2.9	2.9	2.9	3.3	2.9	2.7	2.7	2.6	2.8	2.7	2.6	2.9
变化量	-0.1	-0.1	-0.1	0	-0.1	-0.2	-0.2	-0.1	-0.1	0.4	0.1	0	0.1	0	0.2	0	-0.1	0.1
变化比例(%)	-3	-3	-3	0	-3	-6	-6	-3	-3	14	4	0	4	0	8	0	-4	4

表 5-22　建库前后正义峡不同频率旬均水位过程［丰水年（2007~2008 年）］　（单位：m）

项目	7月上旬	7月中旬	7月下旬	8月上旬	8月中旬	8月下旬	9月上旬	9月中旬	9月下旬	10月上旬	10月中旬	10月下旬	11月上旬	11月中旬	11月下旬	12月上旬	12月中旬	12月下旬
建库前	2.8	3.7	3.5	2.5	3.2	2.8	3.2	3.9	3.7	3.9	3.5	3.0	2.6	2.6	2.7	3.3	3.0	3.0
建库后	2.7	5.1	2.9	2.9	4.6	3.0	3.1	4.0	3.3	3.2	3.1	3.1	2.9	2.9	2.9	3.2	3.2	3.2
变化量	-0.1	1.4	-0.6	0.4	1.4	0.2	-0.1	0.1	-0.4	-0.7	-0.4	0.1	0.3	0.3	0.2	-0.1	0.2	0.2
变化比例（%）	-4	38	-17	16	44	7	-3	3	-11	-18	-11	3	12	12	7	-3	7	7

项目	1月上旬	1月中旬	1月下旬	2月上旬	2月中旬	2月下旬	3月上旬	3月中旬	3月下旬	4月上旬	4月中旬	4月下旬	5月上旬	5月中旬	5月下旬	6月上旬	6月中旬	6月下旬
建库前	3.2	3.1	3.1	3.0	3.1	3.1	3.2	3.1	2.8	2.9	3.0	2.8	2.8	2.8	1.9	2.6	2.5	2.5
建库后	3.0	2.9	2.9	3.1	3.0	3.0	2.9	2.9	3.0	3.3	3.0	2.7	3.0	2.6	3.0	2.6	2.6	2.7
变化量	-0.2	-0.2	-0.2	0.1	-0.1	-0.1	-0.3	-0.2	0.2	0.4	0	-0.1	0.2	-0.2	1.1	0	0.1	0.2
变化比例（%）	-6	-6	-6	3	-3	-3	-9	-6	7	14	0	-4	7	-7	58	0	4	8

表 5-23　建库前后正义峡不同频率旬均水位过程［枯水年（2000~2001 年）］　（单位：m）

项目	7月上旬	7月中旬	7月下旬	8月上旬	8月中旬	8月下旬	9月上旬	9月中旬	9月下旬	10月上旬	10月中旬	10月下旬	11月上旬	11月中旬	11月下旬	12月上旬	12月中旬	12月下旬
建库前	3.0	2.6	2.1	2.1	2.0	3.1	2.9	3.2	3.1	3.0	2.7	2.6	2.1	3.0	2.8	3.1	3.1	3.1
建库后	2.7	2.8	2.9	2.8	3.0	2.9	2.9	3.1	3.0	2.9	3.0	2.8	2.7	2.7	2.7	2.9	2.9	2.9
变化量	-0.3	0.2	0.8	0.7	1.0	-0.2	0	-0.1	-0.1	-0.1	0.3	0.2	0.6	-0.3	-0.1	-0.2	-0.2	-0.2
变化比例（%）	-10	8	38	33	50	-6	0	-3	-3	-3	11	8	29	-10	-4	-6	-6	-6

项目	1月上旬	1月中旬	1月下旬	2月上旬	2月中旬	2月下旬	3月上旬	3月中旬	3月下旬	4月上旬	4月中旬	4月下旬	5月上旬	5月中旬	5月下旬	6月上旬	6月中旬	6月下旬
建库前	3.0	3.0	3.1	3.1	3.1	3.1	2.9	2.8	2.8	2.6	2.6	2.6	2.4	2.1	2.1	2.6	2.0	2.0
建库后	2.8	2.8	2.8	3.0	2.9	2.9	2.8	2.9	2.8	3.3	2.9	2.6	2.6	2.6	2.6	2.6	2.6	2.0
变化量	-0.2	-0.2	-0.3	-0.1	-0.2	-0.2	-0.1	0.1	0	0.7	0.3	0	0.2	0.5	0.5	0	0.6	0
变化比例（%）	-7	-7	-10	-3	-6	-6	-3	4	0	27	12	0	8	24	24	0	30	0

3.哨马营水位影响

根据建库前后哨马营月均水位过程（见表 5-24），总体而言，建库前后哨马营月均水位过程与其月均流量过程基本保持一致。建库前后哨马营断面水位变化不明显，其水位变化幅度均在 0.5 m 以内。

表 5-24　建库前后哨马营不同频率月均水位过程　　　　　　（单位:m）

典型年		7月	8月	9月	10月	11月	12月	1月	2月	3月	4月	5月	6月
近十年平均 (2000~2012)	建库前	97.18	97.21	97.41	97.29	97.08	97.17	97.21	97.23	97.25	97.12	97.09	97.02
	建库后	97.25	97.39	97.32	97.21	97.14	97.25	97.18	97.21	97.18	97.22	97.13	97.12
	变化量	0.07	0.18	-0.09	-0.08	0.06	0.08	-0.03	-0.02	-0.07	0.10	0.04	0.10
丰水年 (2007~2008)	建库前	97.36	97.12	97.47	97.43	96.60	97.18	97.28	97.29	97.30	97.15	97.11	96.60
	建库后	97.44	97.41	97.40	97.27	97.03	97.30	97.20	97.24	97.19	97.21	97.17	96.77
	变化量	0.08	0.29	-0.07	-0.16	0.43	0.12	-0.08	-0.05	-0.11	0.06	0.06	0.17
枯水年 (2000~2001)	建库前	97.08	97.08	97.21	97.13	97.14	97.26	97.24	97.28	97.22	97.08	96.60	96.60
	建库后	97.14	97.17	97.21	97.17	97.11	97.19	97.15	97.18	97.20	97.20	96.60	96.60
	变化量	0.06	0.09	0	0.04	-0.03	-0.07	-0.09	-0.10	-0.07	0.12	0	0

近十年平均(2000~2012 年):建库前后最大月均水位分别为 97.41 m(9 月)、97.39 m(8 月),最小月均水位分别为 97.02 m(6 月)和 97.12 m(6 月)。总体而言,建库前后河道水位变化幅度不明显,变化幅度均在 0.2 m 以内。

丰水年(2007 年 7 月至 2008 年 6 月):建库前后最大月均水位分别为 97.47(9 月)、97.44 m(7 月),最小月均水位分别为 96.60 m(6 月、11 月,河干)和 96.77 m(6 月)。年内河道水位变化较大的月份主要为 8 月、11 月,其中 8 月、11 月建库后河道水位较建库前河道水位升高了近 0.30 m 和 0.43 m。其余时段河道水位建库前后变化幅度不明显,基本在 0.2 m 以内。

枯水年(2000 年 7 月至 2001 年 6 月):建库前后最大月均水位分别为 97.28 m(2 月)、97.21 m(9 月),最小月均水位分别为 96.60 m(河干,5 月、6 月)和 96.60 m(河干,5 月、6 月)。总体而言,年内月均河道水位变化不明显。河道水位变化幅度在 0.2 m 以内。

4. 狼心山水位变化

建库前后狼心山断面月均流量在 0~60.0 m³/s,由于建库前后狼心山断面水文情势变化与哨马营断面的几乎保持一致,哨马营断面建库前后月均水位变化不明显,因此,建库前后狼心山断面月均水位变化不明显,其变化范围应在建库前多年(2000~2012 年)月均水位 97.1~98.2 m。

5.1.5.3　对泥沙影响

黄藏寺水库运行 50 年总入库沙量为 0.656 亿 m³,水库 50 年累计悬移质淤积量为 0.52 亿 m³,则悬移质多年平均排沙比为 21.3%,建库后黄藏寺下泄泥沙含量将比建库前减少约 80% 以上。总体而言,黄藏寺建库后下游河道泥沙将较建库前有所减少,根据黑河泥沙资料分析,莺落峡断面多年平均含沙量 1.30 kg/m³,最大值为 140 kg/m³(1992 年 7 月 15 日),黑河总体上属于清水河流,其坝下河流泥沙减少相对不明显。

5.2　生态需水分析

根据黑河流域水资源及环境特点,本次研究认为工程生态需水量包括四个方面:

一是工程建成后黑河水资源配置能否满足下游生态用水量,即当莺落峡多年平均来水 15.8 亿 m^3 时,分配正义峡下泄水量 9.5 亿 m^3。对于西北内陆河来说,总水量是否满足生态用水是最首要的目标。

二是工程运行后,坝下河段生态基流能否得到满足。黄藏寺坝址到莺落峡河段属于峡谷河段,长 80 km,分布有宝瓶河、三道湾等 7 座梯级电站,没有敏感环境保护目标,因此本次研究以莺落峡断面作为生态基流控制断面,再反推至黄藏寺断面,确定工程需下泄的生态基流。

三是工程运行后中游河谷湿地的关键期生态需水过程能否得到满足。黑河草滩庄以下,沿河谷分布有湿地,根据调查,湿地内沿河植被的生态关键期(一般为 4 月上中旬、7 月下旬到 8 月下旬)分别需要一个浸润和漫滩的洪峰过程,本次研究重点针对此过程的满足程度进行分析。

四是位于张掖黑河湿地保护区内,拟替代的 9 座平原水库的生态需水量。本次研究以维持 9 座平原水库的生态功能为基础,分别计算给出了 9 座平原水库的生态需水量,并纳入当地的水资源分配总量。

5.2.1　黑河下游生态需水量及满足程度分析

无黄藏寺水库调节情况下,正义峡断面多年平均下泄水量为 9.34 亿 m^3,比国务院分水方案少 0.16 亿 m^3。黄藏寺水库建成后,通过对中游灌区的水资源优化配置,正义峡断面多年平均年水量为 9.82 亿 m^3,比无黄藏寺水库调节情况下增加了 0.48 亿 m^3,比国务院分水方案多 0.32 亿 m^3;其中下游额济纳绿洲关键需水期 4~6 月、7~9 月下泄水量分别为 1.52 亿 m^3、3.91 亿 m^3。促进了国务院分水指标的落实,也保证了黑河下游生态关键期的径流过程,对流域水资源配置具有积极有利影响。

根据水文情势调节计算,在近十年平均、丰水年、枯水年等不同典型年的条件下,建库前后黑河干流莺落峡、正义峡断面年均径流具体情况见表 5-25。

表 5-25　库前后黑河干流莺落峡和正义峡断面年均径流成果　　(单位:亿 m^3)

典型时段	近十年平均(2000~2012)		丰水年(2007~2008)		枯水年(2000~2001)	
	建库前	建库后	建库前	建库后	建库前	建库后
莺落峡	17.53	17.66	20.04	19.84	12.63	12.92
正义峡	10.19	11.44	12.48	14.01	6.72	6.69

由表 5-25 可知,建库后不同典型年正义峡来水量均满足黑河干流分水方案的要求。

5.2.2　生态基流下泄及保证程度分析

5.2.2.1　生态基流分析

莺落峡断面正义峡河段,地势平坦,河床形状稳定,多为宽浅河道,沿河湿地多处于河道浅滩及周边区域,重点保护目标位于沿河湿地植物群落所生成的生物栖息地,以及河道内基本水生生态功能,生态基流计算采用 Tennant 法比较适宜,本研究采用莺落峡断面多年平均流量的 20% 作为该断面的生态基流量。根据 1964～2013 年莺落峡水文资料统计,该断面多年平均流量的 20% 为 10.43 m^3/s。

本次研究对回顾性评价河段的莺落峡断面 1964～2013 年日均最小流量进行了统计分析,50 年间莺落峡断面日均最小流量的上限值为 7.7 m^3/s;因此,坝下 10.43 m^3/s 的流量能够满足莺落峡以下河段的基本生态用水需求。

依据 1964～2013 年黄藏寺及莺落峡断面流量作散点图并进行线性相关分析,具体见图 5-9。

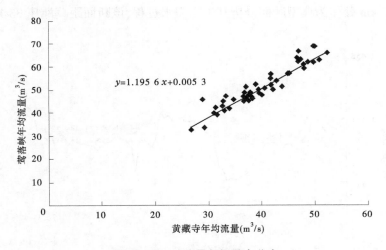

图 5-9　两站流量数据散点分布

从图 5-9 可以看出,两个断面流量具有较好相关性。当莺落峡下泄流量为 10.43 m^3/s 时,黄藏寺下泄流量应为 8.72 m^3/s,因此确定 12 月至翌年 3 月黄藏寺断面下泄生态基流为 9.0 m^3/s,约占坝址处多年平均流量的 22.4%。

5.2.2.2　生态基流流量保证程度分析

在本次研究工作过程中,项目组就坝下生态基流与设计单位进行了充分的沟通,设计单位采用了 12 月至翌年 3 月坝下生态基流按照 9.0 m^3/s 来泄放,并在蓄水初期和水库运行期都采取了保障措施来确保生态基流下泄。

依据可研报告,在水库初期蓄水期,本次研究要求在导流洞埋设钢管下泄 9.0 m^3/s 的生态流量,运行期间,黄藏寺水利枢纽拟通过采取基荷发电的形式向下游泄放最小生态流量,单台小机组最小发电流量为 9.0 m^3/s,能够满足下泄生态基流要求。

正常情况下,本次工程生态调度的小底孔能够保证 4 台机组全部检修时生态基流正常下泄;为了进一步保障生态基流泄放措施,主体工程可研在本阶段拟选定在最左边的一台 8 MW 小机组前的发电岔管上设立旁通管,管径采用 1.2 m,旁通管上设置电控闸门和减压阀,旁通管尾接尾水洞,长 5.2 m;以进一步保证 4 台机组全部检修时生态流量的正常下泄,消能采用减压阀。

综合以上分析,水库蓄水期间和运行期下泄生态流量不低于 9 m³/s。工程 12 月至翌年 3 月水库泄放生态基流为 9.0 m³/s,约占坝址处多年平均流量的 22.4%。4 月下旬至 6 月、7 月、8 月、9 月上下旬、10~11 月,下泄流量在 11.0~83.5 m³/s,4 月上旬持续 15 d 左右下泄生态流量不低于 110 m³/s,7 月、8 月中旬,分别持续 3~5 d 下泄生态流量按 300~500 m³/s 进行;9 月中旬,根据当年正义峡来水量满足分水线控制指标情况,进行相机调水。

5.2.3　中游湿地生态关键期需水过程及满足程度分析

5.2.3.1　典型断面选取

根据本次研究调查,张掖黑河湿地自然保护区起始于黑河草滩庄,本次研究选取黑河大桥以下约 5 km 处作为典型断面分析其生态需水过程,该断面距草滩庄 33 km。大断面图见图 5-10。

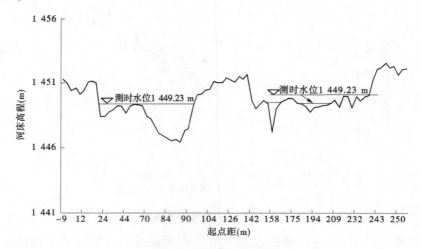

图 5-10　黑河中游湿地典型断面图

5.2.3.2　关键期生态需水过程分析

本书研究以中游湿地最常见的芦苇作为代表植被,分析其生态关键期生态需水过程。根据湿地断面测绘、周边湿地植物群落分布状况,以及资料查阅和走访调查,黑河中游沿河湿地的芦苇发芽期(一般为 4 月上中旬)需要保证 7~15 d 的浸润洪水,经调查计算分析,当断面水位为 1 447.93 m 时,能够满足黑河中游湿地植物芽期生长需求。在芦苇孕穗期、抽穗期(一般为 7 月下旬到 8 月下旬)需求 3~5 d 的漫滩洪水,当断面水位为 1 449.60 m 时,能够淹没沿河湿地植被群落的大部分区域。依据典型断面实测水位流量关系,该断面水位 1 447.93 m 和 1 449.60 m 对应流量分别为 98.79 m³/s 和 397.21 m³/s。

5.2.3.3　生态需水保证程度分析

黄藏寺水利枢纽建成后,4 月上中旬采用 110 m³/s 的输水流量向下游输水 15 d,7

月、8 月采用 300 ~ 500 m³/s 的输水流量向下游输水 3 ~ 6 d。经调算黑河湿地代表断面在 4 月上中旬对应流量 100.03 m³/s;7 月、8 月对应流量 401.31 m³/s,基本能够保证中游沿河湿地关键时段生态用水。

另外,黄藏寺工程建成后,由于人工调控的下泄时间可控性,水库下泄大流量可以保证沿河湿地植物在生态需水关键期的用水,来水保证率得到提高。研究建议工程运行后深入开展水库生态调度研究,根据水库来水情况,适时塑造洪峰,向湿地补水。

5.2.4　自然保护区内拟替代的平原水库区生态需水分析

工程拟替代的 19 座平原水库是黄藏寺水利枢纽建设的前提,可以减少现有平原水库的蒸发渗漏量,节约黑河有限的水资源,同时可以促进中游节水灌溉的措施进一步落实,但 19 座平原水库中有 9 座位于黑河张掖国家级湿地保护区内,水库周边已形成了比较完善的生态系统,因此研究认为需要保证该 9 座水库的生态水量,维系其现有的生态功能,不影响张掖黑河湿地自然保护区功能的发挥。

湿地生态需水量包括两部分水量,一部分是湿地内合理的蓄存水量,以保障湿地基本功能,即生态贮水量;另一部分是每年需要补充的水量,以维持湿地功能不受破坏,这两部分水量都是湿地所必需的。生态系统贮水量是指其所处的特定时空范围内贮存的或可获取的天然存在的水,据此,湿地生态系统内蓄存的水量称为湿地贮水量,贮水量在一定的范围内,湿地生态系统处于健康状态,此水量范围可称为沼泽湿地生态贮水量。

沼泽湿地生态需水指在一定的生态目标下,保证湿地生态系统不受破坏,多年平均需要补充的水量,包括水库生态需水和水库周边的沼泽湿地生态需水。针对本工程而言,需计算本部分水量,即湿地生态系统每年的耗水量。

5.2.4.1　保护区涉及水库生态需水

1. 库面蒸发

平原水库水面蒸发损失与水面的蒸发能力、水库蓄水水面面积有关。且在一年中不同时期的蒸发能力不同。

$$E = \sum A \cdot E_i \tag{5-1}$$

式中:A 为水库有水时段内平均水面面积,万 m²;E_i 为库面不同月份的蒸发量,m。

2. 水库下渗量

渗漏损失采用下渗强度乘以水面面积计算,下渗强度依据《黑河黄藏寺水利枢纽工程可行性研究报告》中计算成果确定。各水库在不同时期不同水位时下渗强度不同。

根据湿地保护区内 9 座平原水库的年均蒸发量、下渗量及降雨量计算湿地生态需水量,具体见表 5-26。

根据表 5-26 可知,涉及黑河湿地自然保护区的 9 座平原水库,维持水库本身生态功能年需水总量为 1 001.63 万 m³,其中降雨补给量 114.26 万 m³,需引水补充水量为 887.37 万 m³。

表 5-26　平原水库生态需水水量平衡表

序号	水库名称	水面面积（万 m²）	生态耗水量（万 m³）		生态补给量（万 m³）	
			年蒸发量	年渗漏量	年降雨量	引水补给量
1	后头湖水库	93	72.41	30.54	10.27	92.68
2	马尾湖水库	350	272.51	54.97	38.64	288.84
3	刘家深湖水库	75	58.4	3.66	8.28	53.78
4	西腰墩水库	68	52.94	12.21	7.51	57.64
5	芦湾墩下库	54	42.04	48.86	5.96	84.94
6	平川水库	60	62.28	7.33	7.03	62.58
7	三坝水库	30	31.15	1.47	3.52	29.10
8	西湾水库	67	69.55	1.71	7.85	63.41
9	白家明塘湖	215	167.39	12.21	25.2	154.40
	合计	1 012	828.67	172.96	114.26	887.37

5.2.4.2　水库周边沼泽湿地生态需水

1. 生态需水量计算

沼泽湿地蒸散发耗水量及地下水出流量之和扣除降水量为湿地生态耗水量。生态耗水量在不同年份因水位、水面面积及气象条件的不同而不同。根据前面的分析,沼泽湿地生态需水量等于生态耗水量的多年平均值,即多年平均贮水状态(可取最佳生态贮水量)下的耗水量与地下水出流量之和扣除多年平均降水量:

$$D = E + G - P \tag{5-2}$$

式中:P、E 分别为多年平均降水量和蒸发量,m³;G 为多年平均地下水出流量,m³;D 为湿地生态需水量,m³。

2. 蒸散发耗水量

根据相关资料查阅及现场勘查,涉及保护区水库区域沼泽湿地地表形态包括芦苇沼泽等季节性水面以及草甸等陆面。这些形态的蒸散发特性不同,需要分别计算。

沼泽湿地蒸散发总量为以上几部分的和:

$$E = \sum A_i \cdot ET_i \tag{5-3}$$

式中:A_i 为各组成部分的面积,万 m²;ET_i 为相应的蒸发量,m。

3. 地下水出流量

水分通过渗漏的途径实现地下水交换,补给速度与水位差、渗漏距离、土壤孔隙条件和断面大小有关。周边丰水,而沼泽湿地贮水量较少(水位较低)时,周边补给沼泽湿地;反之则沼泽湿地补给周边。沼泽湿地地下水交换比较复杂,尤其是与周边区域的情况关系很大,很难给出统一的定量计算方法。

研究区域为西北干旱区,地下水位埋藏较深,在较长周期内地下水出流量很小,在研究中不考虑地下水出流的影响。只计算沼泽地下渗流情况。具体计算见下式:

$$W = \sum B_i \cdot G \cdot T_i \tag{5-4}$$

式中：W 为沼泽地多年平均下渗量，m^3；G 为下渗强度，mm/s；B_i 为沼泽湿地在不同时段的水域面积，m^2；T_i 为沼泽湿地不同水面面积时的对应时间，s。

4. 成果计算分析

根据沼泽湿地面积、年均蒸散发量、下渗量以及降雨量计算湿地生态需水量，具体见表 5-27。

表 5-27　平原水库区沼泽湿地生态需水水量平衡表

序号	水库名称	水沼泽地面积（万 m^2）	生态耗水量（万 m^3）		生态补给量（万 m^3）	
			年蒸发量	年渗漏量	年降雨量	引水补给量
1	后头湖水库	169	166.81	11.10	18.66	159.25
2	马尾湖水库	21	20.73	0.66	2.32	19.07
3	刘家深湖水库	29	28.62	0.28	3.20	25.71
4	西腰墩水库	17	16.78	0.61	1.88	15.51
5	芦湾墩下库	55	54.29	9.95	6.07	58.17
6	平川水库	0	0	0	0	0
7	三坝水库	5	5.99	0.05	0.59	5.45
8	西湾水库	0	0	0	0	0
9	白家明塘湖	54	53.30	0.61	6.33	47.58
	合计	350	346.52	23.26	39.05	330.74

根据表 5-27 沼泽湿地生态耗水量 369.78 万 m^3，以蒸散发为主，附带有少量下渗。生态水源补给以引水补给为主，附带少量降雨补给。

根据以上分析，可以看出涉及湿地的 9 个平原水库区域生态需水量共 1 218.11 万 m^3/年，该水量应纳入张掖市总用水指标中。其中，平原水库本身生态需水量 887.37 万 m^3/年，占需水总量的 72.85%，沼泽湿地生态需水量 330.74 万 m^3/年，占需水总量的 27.15%。具体各平原水库区生态需补给总水量见表 5-28。

表 5-28　各平原水库区生态需补给总水量　　（单位：万 m^3）

水库名称	后头湖水库	马尾湖水库	刘家深湖水库	西腰墩水库	芦湾墩下库
生态补水量	251.93	307.91	79.49	73.15	143.11
水库名称	平川水库	三坝水库	西湾水库	白家明塘湖	合计
生态补水量	62.58	34.55	63.41	201.98	1 218.11

5.3　水库水温影响研究

5.3.1　水库水温结构判断

采用 α-β 法和密度弗劳德数法来初步判断黄藏寺水库水温结构。

5.3.1.1　α-β 法

α-β 法又称为库水交换次数法,其判别指标为

$$\alpha = \frac{多年平均入库径流量}{总库容} \tag{5-5}$$

$$\beta = \frac{一次洪水总量}{总库容} \tag{5-6}$$

α<10 时,为分层型;10<α<20 时,为过渡型;α>20 时,为混合型。对于分层型水库,如遇 β>1 的洪水,则为临时性的混合型;遇 β<0.5 的洪水,则水库仍稳定分层;0.5<β<1 的洪水的影响介于二者之间。

黄藏寺坝址处多年平均径流量为 12.85 亿 m^3,水库总库容(校核洪水位以下)为 4.06 亿 m^3,根据式(5-5)计算得到其 α 值为 3.2,即通过 α 法判定黄藏寺水库的水温结构类型为稳定分层型。

5.3.1.2　密度弗劳德数法

密度弗劳德数法是惯性力与密度差引起的浮力的比值,即

$$Fr = \frac{u}{\left(\frac{\Delta\rho}{\rho_0}gH\right)^{1/2}} \tag{5-7}$$

式中:Fr 为密度弗劳德数;u 为断面平均流速,m/s;H 为平均水深,m;$\Delta\rho$ 为水深 H 上的最大密度差,kg/m^3;ρ_0 为参考密度,kg/m^3;g 为重力加速度,m/s^2。

因为资料限制,采用式(5-7)的另外一种形式:

$$Fr = 320\frac{LQ}{HV} \tag{5-8}$$

式中:L 为水库长度,m;Q 为入流量,m^3/s;V 为蓄水体的体积,m^3。

Fr<0.1,水库为分层型;0.1<Fr<1/π,水库为过渡型;Fr>1/π,水库为混合型。

黄藏寺水库回水长度为 13.5 km,坝址处多年平均流量为 40.7 m^3/s,水库总库容(校核洪水位以下)为 4.06 亿 m^3,根据式(5-8)计算得到其 Fr 值为 0.01,即通过密度弗劳德数法判定黄藏寺水库的水温结构类型为分层型。

根据以上方法初步判断黄藏寺水库水温结构为稳定分层型。

5.3.2　水温数学模型的选取与验证

5.3.2.1　水温数学模型的选取

1. 库区水温数学模型

黄藏寺水库回水长度约为13.5 km,具有年调节能力,水体流动缓慢,其坝前水温受气象、入流、调度方式等条件的影响,可能存在季节性分层现象。根据黄藏寺水库的特点,考虑采用垂向一维水温模型模拟水库的水温结构及下泄水温过程。

垂向一维水温模型综合考虑了水库入流、出流、风的掺混及水面热交换对水库水温分层结构的影响,其等温层水平假定也得到许多实测资料的验证,在准确率定其计算参数的情况下能得到较好的模拟效果。该模型忽略了流速和温度在纵向上的变化,根据经验公式计算入库和出库流速分布,由质量和热量平衡来决定垂向上的对流和热交换。根据《水电水利建设项目河道生态用水、低温水和过鱼设施环境影响评价技术指南(试行)》,垂向一维模型适用于纵向尺度较小且流动相对较缓的湖泊或湖泊型水库的温度预测。黄藏寺水库的水文及几何特征满足该指南对水库纵向尺度和流速的要求,因此本项目采用垂向一维水库水温模型对黄藏寺水库垂向水温、下泄水温等进行预测。

考虑到研究河段冬季存在冰情,且会对水库水温结构产生影响,为此建立了冰盖热力生长和消融数学模型,并与水库垂向一维水温模型进行耦合,对冰期黄藏寺库区水温及下泄水温进行预测。

2. 坝下游天然河道水温数学模型

黄藏寺水库修建后,电站下泄流量及水温过程较天然情况存在差异,且水体所含热量及水体与大气的热通量将发生一定的变化,使得下游水温沿程变化规律与原天然情况有所不同。河道纵向一维模型基于质量、能量守恒定律,并考虑水体内部、外界环境等因素的影响,能较好地模拟河道水温的变化过程。因此,黄藏寺水库下游天然河段水温模拟可采用河道纵向一维水温模型。

综上所述,库区数值模拟采用垂向一维水库水温冰情模型,坝下河道水温采用纵向一维河道水温冰情模型并考虑支流汇入影响。

5.3.2.2　数学模型的验证

1. 验证水库概况

雅鲁藏布江流域的一级支流——年楚河上的满拉水库建成于2001年。本次调查验证选择年楚河上的满拉水库进行。

年楚河流域属高原温带半干旱气候区,具有高原干湿季节分明的大陆性气候特点。多年平均气温为4.8 ℃,极端最高气温26.5 ℃,极端最低气温-22.6 ℃。多年平均降水量仅为290.1 mm,降水量年内分布不均,主要集中在汛期,6~9月降水量占年降水量的90.5%,冬季降水很少,12月至翌年3月降水仅占年降水的0.83%。该地区具有风大的特点,风速大于17.0 m/s(8级)的多年平均日数为26.9 d,且多发生于冬春季。

满拉水库是以灌溉、发电为主,兼有防洪、旅游等综合效益的水利枢纽,水库位于江孜县龙马乡的年楚河上,坝址距江孜县城28 km,距日喀则市113 km,是年楚河流域一座大型的骨干水利枢纽工程。坝址以上面积为2 757 km²,多年平均年径流量4.83亿 m³,多年平均流量 15.3 m³/s。坝址以上流域地处高原,海拔在 4 200 ~ 7 200 m,高程高于 5 000 m 的面积占流域面积的 54.6%。

水库设计总库容量 1.55 亿 m³,水库正常蓄水位 4 256.00 m,相应库容 1.32 亿 m³,调节库容 0.83 亿 m³,死水位 4 235.00 m,死库容 0.49 亿 m³。水库最大坝高 76.3 m,回水长度 7.5 km。百年一遇洪峰流量为 393 m³/s,两千年一遇洪峰流量为 644 m³/s。

水库大坝为黏土心墙堆石坝,最大坝高 76.3 m,坝顶长 287 m,电站装机 4 台,总容量 20 MW。

引水发电系统由进水口、引水隧洞、调压井、压力管道、厂房及开关站组成。进水口位于右岸坝头上游约 230 m 处,采用闸门井与拦污栅联结成整体的岸塔式进水口,塔式进水口长 11.77 m,底板高程为 4 225.00 m,喇叭口前设一扇 6.4 m×8.0 m(宽×高)的活动拦污栅,竖井式闸门井高 34.0 m,设一扇 3.5 m×4.0 m(宽×高)的平板事故检修门。

2. 水温监测现场实施概况

四川大学水力学与山区河流开发保护国家重点实验室生态与环境研究所于 2012 年 5~8 月进行了满拉水库库区水温的观测工作,同步在满拉水库坝址上、下游布设自记式水温仪器进行在线监测,并于 2012 年 8 月于现场读取水温数据。研究河段原型观测的水温仪器分别布设在满拉水库发电尾水、强旺水电站发电尾水、满拉水库库尾、满拉水库库尾上游 20.12 km 的藏胞磨坊共 4 处。另在库区坝前进行了垂线温度测量作为模型验证的初值。

结合所收集的水文、水库参数、气象等资料,本项目拟利用满拉水库的实测数据对垂向一维水温模型进行验证,为水库模型计算的参数取值合理性提供依据。

3. 基础资料

计算中采用的其他相关资料如下。

1)水库调度

收集到观测期水库的逐日入出库流量、电站发电引用和泄洪流量、坝前水位,计算中亦采用逐日调度资料。

2)入库水温

由于条件限制,满拉水库库尾布设的水温仪器仅取得 2012 年 5 月 7~11 日间的数据。另在库尾上游 20.12 km 处、满拉水库发电尾水处、强旺水电站发电尾水处布设仪器得到 2012 年 5 月 7 日至 6 月 26 日期间的水温数据。满拉水库库尾 2012 年 5 月 12 日至 6 月 26 日期间的水温采用坝下满拉发电尾水与强旺发电尾水间的沿程增温率推算。满拉水库观测期间的监测水温及推算的入库水温见图 5-11。

3)初始温度分布

以 2012 年 5 月 7 日测量的库区垂向水温分布作为计算初始水温(见图 5-12),此时坝前垂向水温最大温差为 2.2 ℃,入库水温在 8.7 ℃左右,因此主流动层位于发电引水孔口底板高程之上。从图 5-12 可见,发电引水孔口底板高程 4 225 m 之下的低温水区与该高程之上的主流动层之间存在明显的温跃层,入库水流对低温水区不形成扰动,因此从定性角度考虑,模型中的垂向扩散系数不应过大。

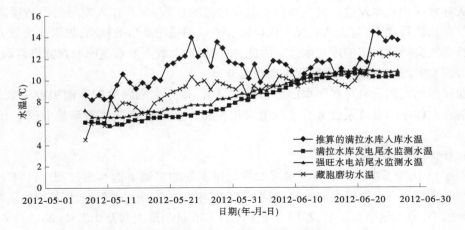

图 5-11　满拉水库观测期间的监测水温及推算的入库水温

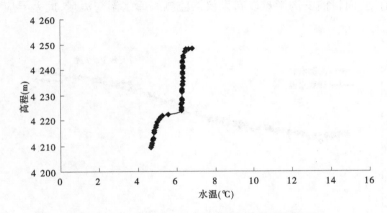

图 5-12　2012 年 5 月 7 日满拉库区垂向温度分布

4)气象条件

水库大坝距离江孜县气象站 24 km,计算采用的气温、风速、相对湿度、云量四要素为该站在水温观测对应时间的逐日资料;太阳辐射采用江孜站日照时数依据实际辐射、碧空辐射与云量的关系进行换算得到。气象站高程 4 030 m 与水库观测期间的平均水位4 245 m 相差 215 m,计算时将气温按照 0.57 ℃/100 m(《西藏的气候》,上海科学技术出版社,吴祥定著)的地区直减率换算到计算水位使用。

4. 参数分析

模型中需要率定的参数主要是太阳辐射相关参数和垂向扩散系数,其他参数一般具有普遍适用性而不需率定。

在热通量计算方法确定的条件下,热通量计算需要率定的参数只有太阳辐射的水体表面吸收系数 β_1 和太阳辐射在水体中的衰减系数 η,它们与水体的色度和浊度有关。一般 β_1 的取值范围为 0.4~0.7,η 为 0~1。

一维模型中的垂向扩散系数在实际使用中其含义已不仅局限于扩散的概念。与二维模型相比,垂向一维模型进一步忽略了温度、速度在纵向的变化,水流采用等密度入流,缺少在天然水库中从库尾进入发生垂向扩散和对流的过程,只存在入流层与出流层之间的对流。在出流层之下,与天然状况相比也缺少紊动和垂向动量的扰动,如果仅采用分子扩散计算必然会导致稳定的库底水温。因此,垂向扩散系数需要通过原型观测将紊动、垂向动量等因素考虑进去,以准确确定垂向水温分布。

通过采用实测资料对水库水温进行多次试算,确定太阳辐射的表面吸收系数 β_1、太阳辐射在水体中的衰减系数 η 分别取值为 0.5 和 0.5,库区垂向扩散系数取值 2.0×10^{-5} m^2/s。

5. 验证结果与分析

图 5-13 比较了水库计算下泄水温和发电尾水处的实测下泄水温过程。计算下泄水温过程与满拉坝下水温过程总体吻合较好,2012 年 5 月 7 日~31 日间计算水温与实测水温差异很小,最大偏差 0.4 ℃,2012 年 6 月 1 日~26 日间最大偏差 0.7 ℃(2012 年 6 月 25日)。分析其原因,我们认为库区所在气候区干湿季节分明,6 月库容小于 5 月,雨季支沟水量应大于前期,而目前支沟尚难以布设仪器监测入库水温与流量,此差异应为雨季区间汇流引起。

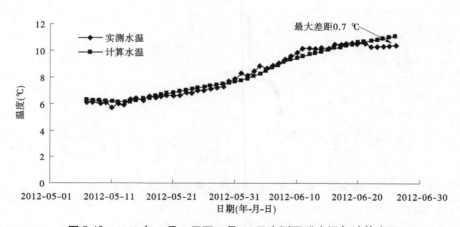

图 5-13　2012 年 5 月 7 日至 6 月 26 日实测下泄水温与计算水温

而对于黄藏寺水库的水温预测,所采用入库水温和气象等边界资料均为历史均值,从统计平均的意义出发,采用满拉水库验证所得参数的计算结果可以反映在给定水文、水温、气象等条件下的变化规律及变化极值,其误差精度与满拉水库验证结果应基本相当。

5.3.3　预测工况及边界条件

5.3.3.1　预测工况

本研究重点以黑河实施分水方案以来为研究时段,选取黑河实施分水方案近十年来平水年(2005 年 7 月至 2006 年 6 月)、丰水年(2007 年 7 月至 2008 年 6 月)和枯水年(2000 年 7 月至 2001 年 6 月),分析项目建设前后不同典型年水库及坝下游水温变化状况。选取长系列平水年(1987 年 7 月至 1988 年 6 月)作为典型年进行分析。

计算工况即为长系列平水年、近十年平水年、近十年丰水年(以下简称丰水年)、近十年枯水年(以下简称枯水年)共四个典型水文年的逐月坝前垂向水温分布、下泄水温过程及冬季冰情、坝下游水温过程。

5.3.3.2　预测边界条件

1. 水文边界条件

将黄藏寺各典型年旬均入库流量、出库流量作为模型计算的水文边界条件。

2. 气象边界条件

根据相关研究分析,采用祁连气象站的气象条件进行水库水温预测。采用祁连站和张掖气象站的云量、相对湿度、风速、太阳辐射的平均值进行河道水温计算,而气温由两站海拔换算到各个断面位置使用。

3. 水温边界条件

对于黄藏寺水库入库水温,采用纵向一维水温模型,用上游札马什克水文站的实测资料作为入流条件,使用下游莺落峡水文站的实测资料率定并验证,详见表 5-29。

表 5-29　坝址及入库断面水温计算值

月份	坝址断面水温(℃)	入库断面水温(℃)
1 月	0	0
2 月	0	0
3 月	0.4	0.3
4 月	2.0	1.7
5 月	7.4	6.8
6 月	10.0	9.5
7 月	11.8	11.4
8 月	11.3	10.9
9 月	8.5	8.2
10 月	3.4	3.0
11 月	0.5	0.2
12 月	0	0
年均	4.6	4.3

注:入库断面和坝址断面 1 月、2 月和 12 月均处于封冻状态。

4. 模型参数选择

计算中模型相关参数取值见表 5-30。

表 5-30　模型参数取值

序号	参数名称	参数符号	单位	取值
1	水面发射率	γ		0.07
2	水体表面吸收率	β		0.65
3	太阳辐射在水中的衰减系数	η	m^{-1}	0.5
4	垂向扩散系数	D_z	m^2/s	3.0×10^{-5}
5	太阳辐射在冰水中的衰减系数	η_i	m^{-1}	1.0
6	经验系数	C_c		1.0
7	经验系数	C_e		1.0
8	冰的热传导系数	k_i	$J/(s \cdot m \cdot ℃)$	2.2

5.3.4　水库水温预测

5.3.4.1　库区水温预测

长系列平水年:坝前垂向水温分层现象明显,库底水温变幅有限,变化范围为3.8~7.4℃;表层水温变化幅度较大,为0~13.6℃。不同时期坝前水体垂向分层结构存在差异,12月至翌年3月,水库处于封冻状态,表层水温(冰-水界面)接近0℃,库底水温均保持在4.0℃左右,坝前垂向呈逆温分布明显。5~10月垂向分层较为明显,最大垂向温差为9.2℃。5~8月,表层水温呈稳定增长;9~10月,表层水温呈逐渐降温,8月坝前表层水温达到全年最高13.6℃;11月,气温等气象条件下降,表层水温进一步降低,11月中旬全库区降低至4.0℃。之后开始逐渐出现逆温分布,水温降至0℃后,水库开始结冰并进入封冻期,11月末全库封冻。

丰水年:坝前表层水温变化范围为0~13.5℃,库底水温变化范围为3.7~7.1℃。12月至翌年4月,坝前呈逆温分布;6~8月水温垂向分层明显,最大垂向温差为8.9℃(7月)。11月中旬坝前水温分布受到来流和气候影响水温从表层至库底均在4.0℃左右。

近十年平水年:坝前表层最高水温出现在8月,水温13.5℃;库底最高水温为6.9℃(9月),垂向最大沿程降温率为0.11℃/m;坝前水温12月至翌年4月呈逆温分布,6~8月呈明显的分层现象。与丰水年不同的是,11月中旬坝前水温分布仍然维持一定的分层状态,垂向温差为0.6℃。

枯水年:坝前水温的分布与丰水年基本相同,主要区别在于11月中旬坝前水温分布已呈逆温分布现象,垂向温差为1.3℃,表层水温与长系列平水年表层水温最大温差为0.4℃;库底水温变化范围为3.7~7.0℃,垂向最大温差为9℃。

黄藏寺水库各典型年坝前月均水温预测情况见表5-31。

表5-31　黄藏寺水库各典型年坝前月均水温预测成果　　　　　　　(单位:℃)

典型年	项目	1月	2月	3月	4月	5月	6月	7月	8月	9月	10月	11月	12月	年均
长系列平水年	表层	0	0	0.1	1.4	7.2	11.0	13.5	13.6	11.5	8.3	2.5	0	5.7
	库底	4.0	3.9	3.8	3.7	4.0	4.0	4.3	5.3	7.4	5.6	4.0	4.0	4.5
	温差	-4.0	-3.9	-3.8	-2.3	3.2	7.0	9.2	8.3	4.1	2.7	-1.5	-4.0	1.3
丰水年	表层	0	0	0	1.1	6.7	10.8	13.2	13.5	10.8	8.2	2.8	0	5.6
	库底	4.0	3.9	3.8	3.7	4.0	4.0	4.3	5.2	7.1	4.7	4.0	4.0	4.4
	温差	-4.0	-3.9	-3.8	-2.6	2.7	6.8	8.9	8.3	3.7	3.5	-1.2	-4.0	1.2
近十年平水年	表层	0	0	0	1.4	6.8	10.7	13.1	13.5	11.5	8.7	3.4	0	5.8
	库底	4.0	3.9	3.9	3.7	4.0	4.0	4.2	5.0	6.9	4.7	4.0	4.0	4.4
	温差	-4.0	-3.9	-3.9	-2.3	2.8	6.7	8.9	8.5	4.6	4	-0.6	-4.0	1.4
枯水年	表层	0	0	0	1.4	7.0	10.8	13.3	13.4	11.3	8.7	2.7	0	5.7
	库底	3.9	3.9	3.8	3.7	4.0	4.0	4.3	5.1	7.0	4.9	4.0	4.0	4.4
	温差	-3.9	-3.9	-3.8	-2.3	3.0	6.8	9	8.3	4.3	3.8	-1.3	-4.0	1.3

5.3.4.2　出库水温预测

与黄藏寺坝址天然水温相比,水库建成后对下泄水温具有较为明显的改变。

　　长系列平水年:坝址下泄水温年均为 5.7 ℃,最高水温和最低水温分别为 11.1 ℃(8月)、1.9 ℃(4 月),年内变幅为 9.2 ℃。与坝址天然水温相比,坝址存在下泄春季低温水和秋季高温水现象。11 月底至翌年 2 月,水库处于封冻状态,坝址下泄水温均维持在 3.8℃左右。3 月、4 月水库冰盖开始解冻,库尾接近 0 ℃低温水的持续进入及水库热水的持续下泄,其库区整体水温为年内最低水平,下泄水温也有所降低,3~4 月的平均下泄水温为 2.1 ℃;5~8 月,受水库水温分层影响大气的热量对水库取水层的影响较小,其下泄水温比坝址天然水温偏低,最大变幅为 5 月的 2.6 ℃。

　　丰水年:1~3 月、10~12 月下泄水温比坝址天然水温偏高,最大偏差为 12 月的 3.7℃;4~9 月下泄水温比坝址天然水温偏低,最大降幅为 5 月的 2.6 ℃;全年水库下泄水温比坝址天然水温年均升高 0.9 ℃。

　　近十年平水年和枯水年:坝址下泄水温变化过程与丰水年下泄水温变化过程相近,其中,10 月至翌年 3 月的坝址下泄水温较天然水温偏高 1.3~3.8 ℃(近十年平水年)和1.7~3.7 ℃(枯水年);5~8 月分别偏低 1.2~3.1 ℃和 1.1~2.3 ℃。4 月和 9 月的坝下水温建库前后变化不大。

　　黄藏寺水库各工况下泄水温过程见表 5-32。

表 5-32　黄藏寺水库各工况下泄水温过程　　　　　　　　(单位:℃)

月份	长系列平水年下泄水温	丰水年下泄水温	近十年平水年下泄水温	枯水年下泄水温	坝址天然水温	气温
1 月	3.6	3.6	3.7	3.5	0	-11.5
2 月	3.2	3.2	3.4	3.0	0	-6.8
3 月	2.2	2.6	3.0	2.5	0.4	-1.2
4 月	1.9	1.8	2.1	2.0	2.0	5.8
5 月	4.8	4.8	4.3	5.1	7.4	10.9
6 月	9.0	8.3	8.2	8.2	10.0	14.8
7 月	10.8	10.2	9.7	10.0	11.8	17.0
8 月	11.1	10.5	10.1	10.2	11.3	15.1
9 月	8.9	8.0	8.1	8.3	8.5	10.6
10 月	5.6	4.7	4.7	5.1	3.4	4.0
11 月	3.9	3.9	3.9	4.0	0.5	-3.7
12 月	3.7	3.7	3.8	3.7	0	-10.2
年均	5.7	5.5	5.4	5.5	4.6	3.7

5.3.4.3　水库冰情预测

水库于 11 月底开始封冻。当水库完全进入封冻状态后,表层水体的失热方式发生变化,由封冻前的水—气热交换转变为冰—气热交换、冰内部热交换、冰—水热交换,冰水交界面的下层水体的热量散失使得水温降至 0 ℃并不断结晶,冰盖逐渐增厚。在 2 月初至 2 月中旬这段时间内达到最大冰厚,最大冰厚范围为 0.44~0.49 m。之后随着气温、太阳辐射和入流水温的逐渐回升,冰盖开始融化,到 4 月中旬水库完全开河。整个冰期持续时间为 141~147 d。

在冰盖增长初期,由于冰盖表面温度与气温相差较大,冰与大气的热交换量相对较大,使得冰盖增长速率较大。随着冰表面温度与气温的温差逐渐减小,冰盖的增长速率相应减小,直至达到最大冰厚。达到最大冰厚后,随着入流水温与气温的升高,冰盖开始融化,冰盖厚度逐渐减小。

黄藏寺水库建成后,由于水库水体的蓄热能力增强,水库初冰时间推迟约 1 个月,开河时间略有推迟。各典型年下水库冰封持续天数均在 140 d 左右,较河道天然情况减少约 20 d。

黄藏寺水库各典型年冰情预测情况见表 5-33。

表 5-33　黄藏寺水库各典型年冰情预测结果统计

典型年	封河日期	开河日期	最大冰厚(m)	最大冰厚出现时间	冰期历时(d)
长系列平水年	11 月 19 日	4 月 14 日	0.49	2 月中旬	147
丰水年	11 月 22 日	4 月 16 日	0.48	2 月中旬	146
近十年平水年	11 月 24 日	4 月 13 日	0.44	1 月下旬至 2 月中旬	141
枯水年	11 月 22 日	4 月 15 日	0.49	2 月初至 2 月中旬	145

5.3.5　坝下游河道水温预测

5.3.5.1　莺落峡断面水温预测

长系列平水年:莺落峡断面年均水温为 7.3 ℃;年内最高水温为 15.1 ℃(8 月);最低水温为 0(1 月);全年水温变化范围为 0~15.1 ℃。与天然水温相比,10 月最大升高 2.9 ℃,5 月最大降低 1.9 ℃。

丰水年:莺落峡断面逐月水温与天然水温差异范围为-2.2~2.7 ℃,年内最高水温和最低水温分别为 0.2 ℃和 14.5 ℃,年均水温为 6.9 ℃,比天然情况年均水温升高 0.3 ℃。

近十年平水年:莺落峡断面处年内水温变化范围为 0~15.6 ℃,年均水温与建库前相比升高了 0.2 ℃。

枯水年:莺落峡断面处最高水温为 15.8 ℃,与天然情况最高水温相比较,升高 1.1 ℃,最低水温与天然情况基本相同;年内平均水温为 7.2 ℃,比建库前升高 0.5 ℃。

莺落峡断面各典型年逐月水温变化过程见表 5-34 和图 5-14。

表 5-34　黄藏寺水库建成前后各典型年莺落峡断面逐月水温　　　　（单位：℃）

典型年	建库前后	1 月	2 月	3 月	4 月	5 月	6 月	7 月	8 月	9 月	10 月	11 月	12 月	年均
长系列 平水年	建库后	0	1.3	3.5	4.4	7.7	11.6	14.7	15.1	14.0	10.6	4.1	0.2	7.3
	天然情况	0.3	0.2	0.9	4.1	9.6	12.7	14.7	14.4	11.8	7.7	2.8	0.4	6.6
	差异	-0.3	1.1	2.6	0.3	-1.9	-1.1	0	0.7	2.2	2.9	1.3	-0.2	0.6
丰水年	建库后	0.7	2.1	3.6	4.0	7.4	11.8	14.5	13.8	12.5	8.0	4.4	0.2	6.9
	天然情况	0.3	0.2	0.9	4.1	9.6	12.7	14.7	14.4	11.8	7.7	2.8	0.4	6.6
	差异	0.4	1.9	2.7	-0.1	-2.2	-0.9	-0.2	-0.6	0.7	0.3	1.6	-0.2	0.3
近十年 平水年	建库后	0	1.3	3.6	4.2	8.0	11.3	15.6	13.3	11.7	8.0	4.4	0.2	6.8
	天然情况	0.3	0.2	0.9	4.1	9.6	12.7	14.7	14.4	11.8	7.7	2.8	0.4	6.6
	差异	-0.3	1.1	2.7	0.1	-1.6	-1.4	0.9	-1.1	-0.1	0.3	1.6	-0.2	0.2
枯水年	建库后	0	1.2	3.4	4.2	8.6	12.1	15.4	15.8	12.2	8.5	4.5	0.2	7.2
	天然情况	0.3	0.2	0.9	4.1	9.6	12.7	14.7	14.4	11.8	7.7	2.8	0.4	6.6
	差异	-0.3	1.0	2.5	0.1	-1.0	-0.6	0.7	1.4	0.4	0.8	1.7	-0.2	0.5

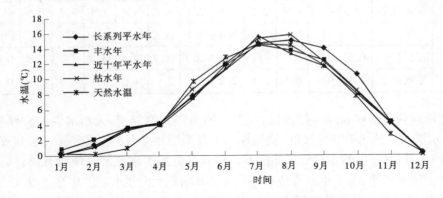

图 5-14　各典型年莺落峡断面逐月预测水温与天然水温对比

5.3.5.2　黄莺区间水温变化

　　黄藏寺水库建成后坝下各典型断面不同工况和天然情况下逐月水温变化过程见表 5-35。天然情况下,11 月至翌年 3 月,河道处于流冰或封冻状态。水库建成后,该河段为明流状态。

　　水库建成后,各典型年坝址至莺落峡断面年均沿程温差基本相同,各典型年最大差异仅为 0.2 ℃。以近十年平水年为例,3~11 月莺落峡断面月均水温均比下泄水温高,最大温差为 5.9 ℃(7 月);从坝址至莺落峡年均水温升高 1.4 ℃,与天然情况相比低了 0.6 ℃,年内逐月沿程温差变化范围为-3.7~5.9 ℃。

　　下泄水温与天然水温相比,各典型年在整体趋势上较为一致,10 月至翌年 3 月下泄水温要明显高于天然情况,普遍高 2.0 ℃以上;各典型年下泄水温比天然水温均高出 3.7

℃左右;5~8月低温水下泄现象明显,且偏低程度均在5月达到最大,各典型年分别低于天然水温2.3~3.1℃;4月、9月下泄水温与天然水温差异微弱。

表5-35　黄藏寺坝下各典型断面不同工况和天然情况逐月水温　　　(单位:℃)

典型年	位置	1月	2月	3月	4月	5月	6月	7月	8月	9月	10月	11月	12月	年均
长系列平水年	坝址	3.6	3.2	2.2	1.9	4.6	9.0	10.8	11.1	8.9	5.6	3.9	3.7	5.7
	莺落峡	0	1.3	3.5	4.4	7.7	11.6	14.7	15.1	14.0	10.6	4.1	0.2	7.3
	沿程温差	-3.6	-1.9	1.3	2.5	2.9	2.6	3.9	4.0	5.0	5.0	0.2	-3.5	1.5
丰水年	坝址	3.6	3.2	2.6	1.8	4.8	8.3	10.2	10.5	8.0	4.7	3.9	3.7	5.4
	莺落峡	0.7	2.1	3.6	4.0	7.4	11.8	14.5	13.8	12.5	8.0	4.4	0.2	6.9
	沿程温差	-2.9	-1.1	1.0	2.2	2.6	3.5	4.3	3.3	4.5	3.3	0.5	-3.5	1.5
近十年平水年	坝址	3.7	3.4	3.0	2.1	4.3	8.2	9.7	10.1	8.1	4.7	3.9	3.8	5.4
	莺落峡	0	1.3	3.6	4.2	8.0	11.3	15.6	13.3	11.7	8.0	4.4	0.2	6.8
	沿程温差	-3.7	-2.1	0.6	2.1	3.7	3.1	5.9	3.2	3.6	3.3	0.5	-3.6	1.4
枯水年	坝址	3.5	3.0	2.5	2.0	5.1	8.2	10.0	10.2	8.3	5.1	4.0	3.7	5.5
	莺落峡	0	1.2	3.4	4.2	8.6	12.1	15.4	15.8	12.2	8.5	4.5	0.2	7.2
	沿程温差	-3.5	-1.8	0.9	2.2	3.5	3.9	5.4	5.6	3.9	3.4	0.5	-3.5	1.7
天然情况	坝址	0	0	0.4	2.0	7.4	10.0	11.8	11.3	8.5	3.4	0.5	0	4.6
	莺落峡	0.3	0.2	0.9	4.1	9.6	12.7	14.7	14.4	11.8	7.7	2.8	0.4	6.6
	沿程温差	0.3	0.2	0.5	2.1	2.2	2.7	2.9	3.1	3.3	4.3	2.3	0.4	2.0

经过坝址到莺落峡80 km的河段,水温已明显得到恢复,与天然水温的差异整体缩小。4月水温与天然水温非常接近;低温期(11月至翌年2月)水温恢复较为有效,尤其在12月和1月,水温已基本接近天然水温。5~6月低温水水温回升恢复有限,长系列平水年和近十年丰水年、平水年以及枯水年5月仍分别低于天然水温1.9℃、2.2℃、1.6℃和1.0℃,6月分别低于天然水温1.1℃、0.9℃、1.4℃、0.6℃;7月莺落峡水温较下泄水温有明显回升,长系列平水年和丰水年水温与天然水温基本相同,近十年平水年和枯水年均比天然水温略高(<1.0℃);3月、9月则较天然水温仍然明显偏高,最多均高出3℃左右;且3月水温与天然水温差距有所增加,分析认为天然情况下,3月河道内仍有河冰存在,气温及太阳辐射传递的热能及河道落差转化的内能主要用于化冰,而建库后,下泄水温偏高,河道内无冰,故热量使得河道水温升高,进一步拉大了与天然水温的差距。9月下泄水温与天然水温无太大差异,但在莺落峡水温表现出比天然水温明显偏高,分析认为由于9月是水库蓄水期,水库流量降低到原来的30%(除丰水年外),此时仍属于一年中气温较高和辐射较强的时期,如下游张掖的气温平均值是15.5℃,故引起了水温的明显上升。

莺落峡下游河段,随着高程的降低,气温逐渐升高,在气象条件和支流入汇的影响下,工程的水温影响将逐渐减弱,并向天然过程靠近。

　　黄藏寺水库下泄水温在偏离原河道水温且存在推动水温回复原河道水温的气象条件下,可经河道运行相应距离后恢复至天然热力状态流动。被建库所改变的天然水温,一方面可通过气象条件和河床影响下的净热通量持续对生态水流加热(正热通量)或降温(负热通量),使河流水温向天然水温靠近;另一方面,黑河黄藏寺坝下河道也通过接纳支流流量来改变河流水温。

　　假定水温变化在 0.1 ℃ 以内可以认为基本恢复至天然状态,根据预测结果可以得出,黄藏寺坝下游河道水温在各月均有不同程度的恢复。11 月至翌年 4 月水温在坝下高崖断面以上均已恢复至天然状态,长系列平水年 7 月、8 月,丰水年 9 月、10 月,近十年平水年 7 月、9 月、10 月,以及枯水年 7~10 月水温也能恢复至天然状态,其余月份尚不能恢复至天然状态。其中,各工况 12 月至翌年 1 月的下游水温恢复距离为 66~85 km;2 月、3 月和 11 月水温恢复距离为 94~118 km;丰水年 4 月,受水库调度影响,电站下泄水温虽然与天然水温差异很小,但是仍然需要经过 79 km 才能恢复至天然状态,其余 3 个工况下泄水温均与坝下天然水温相同。5~6 月,各工况坝下水温比天然水温偏低 2.0~3.0 ℃,因此受水库下泄低温水的影响,水温在下游高崖断面也仍未能够恢复至天然状态;7~10 月,受水库不同的调度影响,各个工况坝下水温均有不同程度的恢复。各典型年黄藏寺坝下游河段水温恢复距离见表 5-36。

表 5-36　各典型年黄藏寺坝下游河段水温恢复距离　　　　[单位:km(距坝址距离)]

工况	1 月	2 月	3 月	4 月	5 月	6 月	7 月	8 月	9 月	10 月	11 月	12 月
长系列平水年	67	96	112	0	—	—	50	16	—	—	105	70
丰水年	85	109	115	79	—	—	—	—	19	99	103	70
近十年平水年	67	96	118	0	—	—	34	—	20	95	105	73
枯水年	66	94	115	0	—	—	34	5	19	127	107	70

注:预测水温与天然水温温差小于 0.1 ℃ 认为水温恢复。

5.3.6　对敏感对象影响

5.3.6.1　对鱼类产卵场影响

　　根据文献资料整理和调查结果分析,黄藏寺水利枢纽工程影响区分布的甘肃省重点保护鱼类祁连裸鲤一种,属裂腹鱼亚科,有明显的生殖洄游,产卵场所一般在流速缓慢,底质为石砾、卵石或细砂,水深在 0.1~1.1 m 清澈见底的河道中。祁连裸鲤最适繁殖水温为 7.0~11.0 ℃,产卵旺季为 5 月中旬至 6 月中旬。祁连裸鲤产卵场主要分布在宝瓶河、二龙山等电站尾水进入库区上游激流河段。

　　重点针对敏感对象祁连裸鲤和敏感时段产卵期(5 月至 7 月初),选择宝瓶河激流河段(黄藏寺坝下约 14.5 km)、二龙山激流河段(坝下约 40.0 km)和龙首二级激流河段(坝下约 67.2 km)3 个典型产卵场断面(见表 5-37),并选择 7 ℃ 和 11 ℃ 作为产卵所需特征水温,通过对比工程建设前后特征水温及过程变化情况,分析水温变化对敏感对象可能产生的影响,详见表 5-38、表 5-39。

　　长系列平水年:建库后各典型断面水温均于 5 月中旬至 5 月底达到 7.0 ℃,与天然情况相比较平均延迟了 17 d 左右;而各典型断面水温达到 11.0 ℃ 的时间则在 6 月中旬至 6

月末,与天然情况相比,宝瓶河、二龙山、龙首二级断面水温达到 11 ℃时间分别滞后了 7 d、11 d 和 21 d。

表 5-37　统计时段内黄藏寺坝下不同工况各断面特征水温出现时间

工况		典型断面			敏感统计时段
		宝瓶河 (坝下 14.5 km)	二龙山 (坝下 40.0 km)	龙首二级 (坝下 67.2 km)	
天然情况 多年平均	达到 7 ℃日期	5 月 9 日	5 月 5 日	5 月 1 日	5 月至 7 月初
	达到 11 ℃日期	6 月 23 日	6 月 9 日	5 月 24 日	
长系列平水年	达到 7 ℃日期	5 月 28 日	5 月 22 日	5 月 15 日	
	达到 11 ℃日期	6 月 30 日	6 月 20 日	6 月 14 日	
丰水年	达到 7 ℃日期	5 月 29 日	5 月 23 日	5 月 17 日	
	达到 11 ℃日期	7 月 9 日	6 月 22 日	6 月 13 日	
近十年平水年	达到 7 ℃日期	6 月 1 日	5 月 25 日	5 月 13 日	
	达到 11 ℃日期	7 月 5 日	6 月 24 日	6 月 18 日	
枯水年	达到 7 ℃日期	5 月 26 日	5 月 17 日	5 月 10 日	
	达到 11 ℃日期	7 月 7 日	6 月 21 日	6 月 12 日	

注:水温连续达到 3 d 为准。

表 5-38　不同工况各断面特征水温与天然水温相比出现的时间差　　　　（单位:d）

断面名称	长系列平水年		丰水年		近十年平水年		枯水年		统计时段
	达到 7 ℃ 日期	达到 11 ℃ 日期	达到 7 ℃ 日期	达到 11 ℃ 日期	达到 7 ℃ 日期	达到 11 ℃ 日期	达到 7 ℃ 日期	达到 11 ℃ 日期	
宝瓶河	+19	+7	+20	+16	+23	+12	+17	+14	5 月至 7 月初
二龙山	+17	+11	+18	+13	+17	+15	+12	+12	
龙首二级	+14	+21	+16	+20	+12	+22	+9	+19	

注:时间滞后为"+",时间提前为"−"。

表 5-39　不同工况各断面的最高水温和最低水温　　　　（单位:℃）

断面名称	天然情况		长系列平水年		丰水年		近十年平水年		枯水年		统计时段
	最低温	最高温	最低温	最高温	最低温	最高温	最低温	最高温	最低温	最高温	
宝瓶河	5.2	11.6	3.4	11.5	3.2	11.0	3.3	11.4	3.7	11.2	5 月至 7 月初
二龙山	6.1	12.4	4.3	12.9	4.0	12.7	4.3	13.6	4.6	13.1	
龙首二级	7.0	13.2	5.2	14.0	4.8	13.9	5.3	15.0	5.5	14.4	

丰水年:建库后各典型断面水温均于 5 月中下旬达到 7.0 ℃,比天然情况延迟了 16~

20 d;而各断面达到 11.0 ℃的时间则在 6 月中旬至 7 月初,比天然情况延迟了 13~20 d。

近十年平水年和枯水年:各断面水温均分别于 5 月中下旬、6 月中下旬和 7 月初达到 7.0 ℃和 11.0 ℃,平水年与天然情况相比均延迟了 12~23 d,枯水年则分别延迟了 9~17 d 和 12~19 d。

在敏感统计时段内(5~7 月初),各工况下,宝瓶河断面、二龙山断面和龙首二级断面水温变化范围为 3.2~11.4 ℃、4.0~13.6 ℃和 4.8~15.0 ℃,基本均能满足 7 ℃和 11 ℃作为产卵所需特征水温需求,建库后较天然情况下相比,达到特征水温需求的时间有所延迟,平均延迟半月左右。

5.3.6.2　对灌区水温影响

黄藏寺水库对中游灌区的供水涉及甘州区、临泽县和高台县等 3 县(区)的 12 个灌区 182.69 万亩,其中农田 142.15 万亩,林草 40.54 万亩。灌区作物主要为小麦、玉米、林草等,灌溉月份从 4 月持续到 11 月上旬。

从各灌区灌溉取水口位置来看,均位于莺落峡以下河段,最近取水口与坝址的距离也在 100 km 以上。其中,甘州区各取水口位于黄藏寺坝下 104~118 km,临泽县各取水口位于坝下 194~235 km,高台县各取水口位于坝下 183~256 km。由预测分析可知,黄藏寺下泄水温经过下游河道的沿程恢复,11 月至翌年 4 月水温在坝下莺落峡断面接近天然状态,5~6 月莺落峡下游灌区取水口附近水温比天然水温偏低 2.0 ℃左右,7~10 月的水温比天然水温偏低 0.5~1.0 ℃。

黑河中游灌区至取水口距离有 20 km 左右。根据类似工程的灌溉引水渠道的沿程水温观测数据,输水渠道水深浅、水温易于掺混,而且干渠、支渠、斗渠、农渠等蜿蜒布设,输水渠道沿程升温比较明显。由于灌溉水流量小,易受水体边界温度及辐射等因素影响,其水温更易向气温靠近。相关调查数据表明,渠道升温幅度在 0.1~0.5 ℃/km,渠首低温水与天然河流的差距根据调查在当地作物的耐受范围之内。

从灌溉用水对象和时段来看,灌区农田栽培植被主要为一年一熟制的农作物,主要代表性作物为春小麦、玉米、油菜等;且由于农作物品种类同、生长期类同,用水高峰主要集中在春季的 4、5 月和冬季的 11 月。但小麦、玉米、油菜均为旱地作物,且用水高峰期经沿程渠道及田间增温,实际灌溉水温已接近天然状态,对作物生长基本无影响。

综上分析,水库下泄低温水不致对下游农作物灌溉产生明显影响。

5.4　地表水环境质量影响研究

5.4.1　污染源预测

5.4.1.1　点源污染预测

根据《黑河流域综合规划》,考虑张掖市节水型社会试点建设,2030 年张掖地区生活污水集中处理率达到 90%,城市污水再生利用率达到 50%。由于祁连县地处祁连山山区,且污水处理设施建设起步较晚,运行期间本研究采用生活污水集中处理率 80%。评价范围内排污口所在水功能区水质目标均在 Ⅲ 类以上,生活污水排放标准采用《污水综合排放标准》(GB 8978—1996)中的一级 A 标准,工业废水达标处理后排放浓度执行《污水综合排放标准》中的一级标准,未经处理的生活污水,污染物排放浓度取 COD300 mg/L,氨氮为 30 mg/L。

1. 社会区域发展指标预测

参考《黑河流域综合规划》《张掖市国民经济发展"十二五"计划及 2030 年远景规划》等规划,黑河中游人口自然增长率为 5.6‰、大(小)牲畜自然增长率为 4‰~10‰,工业增加值年均增长率为 8.13%;农村居民用水定额调整为 94 L/(人·d)、城镇居民用水定额为 163 L/(人·d)、大(小)牲畜为 15~50 L/(头·d)、工业万元增加值用水量为 33.5 m³。

评价范围内经济社会需水预测为 1.403 亿 m³,其中城镇生活 0.281 亿 m³,工业 0.95 亿 m³。评价范围内具体经济社会发展指标及需水预测见表 5-40。

表 5-40　2030 年评价范围内经济社会发展指标及需水预测

分区	县(区)	发展指标				需水预测			
		总人口(万人)	城镇人口(万人)	工业增加值(亿元)	牲畜头数(万头·只)	城镇生活(亿 m³)	工业(亿 m³)	牲畜(亿 m³)	合计(亿 m³)
库区	祁连县	5.58	2.29	15.73	144.25	0.01	0.07	0.042	0.122
坝下	甘州区	49.71	34.8	161.39	124.89	0.207	0.44	0.09	0.737
	临泽县	16.85	5.82	47.41	19.91	0.035	0.24	0.01	0.285
	高台县	12.36	4.88	53.05	39.61	0.029	0.2	0.03	0.259
合计		84.5	47.79	277.58	328.66	0.281	0.95	0.172	1.403

2. 废污水及污染物入河量预测

根据《黑河流域综合规划》及其流域水资源配置成果,计算 2030 年项目区城镇生活、工业废污水量和主要污染物入河量。黑河流域工业耗水系数为 70%,入河系数为 0.8;生活废水排放系数为 80%,入河系数为 0.8。经预测计算,评价范围内废污水入河量为 3 297.4 万 t/年,COD 入河量为 3 254.1 t/年,氨氮入河量为 439.5 t/年。各县(区)废污水及污染物预测量见表 5-41。

表 5-41　2030 年城镇生活及工业废污水和主要污染物入河量预测

分区	县(区)	城镇生活			工业			合计		
		污水(万 t/年)	COD(t/年)	氨氮(t/年)	废水(万 t/年)	COD(t/年)	氨氮(t/年)	废污水(万 t/年)	COD(t/年)	氨氮(t/年)
库区	祁连县	64.5	64.5	6.5	168.0	168.0	25.2	232.5	232.5	31.7
坝下	甘州区	728.8	695.7	69.6	1 056.0	1 056.0	158.4	1 784.8	1 751.7	228.0
	临泽县	121.9	116.3	11.6	576.0	576.0	86.4	697.9	692.3	98.0
	高台县	102.2	97.6	9.8	480.0	480.0	72.0	582.2	577.6	81.8
合计		1 017.4	974.1	97.5	2 280.0	2 280.0	342.0	3 297.4	3 254.0	439.5

5.4.1.2　面源预测

参照《黑河流域综合规划》《黄河流域(片)水资源综合规划》等相关规划,对评价范围内农村居民生活污水、农业面源、畜牧养殖面源等面源污染进行预测。经预测,评价范围内面源污染物 COD、氨氮、总氮、总磷入河量分别为 4 578.72 t/年、76.82 t/年、1 020.00 t/年和 186.20 t/年。

评价范围内面源污染物入河情况见表 5-42。

表 5-42　2030 年评价范围面源污染源入河量估算

项目	县(区)	污染物入河量(t/年)			
		COD	氨氮	TN	TP
库区	祁连县	1 363.97	13.42	322.18	53.00
坝下	甘州区	1 910.02	33.75	427.83	84.90
	临泽县	596.62	15.16	117.62	19.00
	高台县	708.11	14.49	152.37	29.30
合计		4 578.72	76.82	1 020.00	186.20

5.4.2　水环境容量预测

5.4.2.1　计算方法

根据《水域纳污能力计算规程》(GB 25173—2010),结合黑河干流实际,本次预测采用一维模型,以水功能区为计算单元,计算公式如下:

$$W = C_s(Q + q_i)^{\left(k\frac{x_1}{86.4u}\right)} - C_0 Q^{\left(-k\frac{x_2}{86.4u}\right)} \tag{5-9}$$

式中:W 为计算单元的纳污能力,g/s;Q 为河段上断面设计流量,m³/s;C_s、C_0 为计算单元水质目标、上断面污染物浓度值,mg/L;q_i 为旁侧入流量,m³/s;k 为污染物综合降解系数,l/d;x_1、x_2 为旁侧入流概化口至下游控制断面、上游对照断面的距离,km;u 为平均流速,m/s。

5.4.2.2　参数确定

依照黑河各计算单元的实际情况,其设计流量 Q 采用 75% 保证率最枯月平均流量。计算单元背景浓度 C_0 原则上采用上一个计算单元的水质控制目标。根据黑河干流实测流量、流速,建立流量—流速关系曲线,确定计算单元的设计流量和流速。

黄藏寺水库建成运行后,黑河甘州农业用水区,黑河甘州工业、农业用水区和黑河临泽、高台、金塔工业农业用水区纳污能力设计流量分别由现状年的 10.9 m³/s、8.22 m³/s 和 0.17 m³/s,增长至 11.5 m³/s、13.6 m³/s 和 5.7 m³/s。河流单元背景浓度 C_s、C_0 则根据水功能区的水质目标,采用 Ⅱ~Ⅳ 类水质标准中 COD 和氨氮的标准值。

5.4.2.3　计算结果

根据黑河干流建库前后水文情势变化,水环境容量设计流量较建库前有了明显增加,根据《水域纳污能力计算规程》(GB 25173—2010)一维模型,以水功能区为单元,预测计算了建库后坝址下游河段水环境容量。主要控制断面莺落峡至正义峡区间建库后主要污染物COD、氨氮的水环境容量为87 709 t/年、1 191.9 t/年,较建库前分别增加了50 438.4 t/年和806.7 t/年。总体而言,坝址下游河段水环境容量较建库前显著增加,这有利于河流水质改善。其中,莺落峡至黑河大桥区间建库后主要污染物COD、氨氮的水环境容量为5 736 t/年、235.7 t/年,较建库前分别增加了215.6 t/年和10.2 t/年;黑河大桥至高崖区间建库后主要污染物COD、氨氮的水环境容量为3 105 t/年、81.2 t/年,较建库前分别增加了897.1 t/年和23.6 t/年。

建库前后黑河干流纳污能力成果见表5-43。

表5-43　建库前后黑河干流纳污能力变化成果

区间	建库前(t/年)		建库后(t/年)		变化量(t/年)	
	COD	氨氮	COD	氨氮	COD	氨氮
莺落峡至黑河大桥	5 520.4	225.5	5 736	235.7	215.6	10.2
黑河大桥至高崖	2 207.9	57.6	3 105	81.2	897.1	23.6
高崖至正义峡	29 542.3	102.1	78 868	875	49 325.7	772.9
合计	37 270.6	385.2	87 709	1 191.9	50 438.4	806.7

5.4.3　项目区水质影响

5.4.3.1　库区水质影响

1. 运行期库区水质预测

1) 预测模型

结合黄藏寺库区实际情况,本次采用《环境影响评价技术导则　地表水环境》(HJ 2.3—2018)推荐的狭长形水库迁移混合模型,选择COD和氨氮作为主要预测因子,预测丰水期、平水期和枯水期水库水质影响。

其计算公式如下所示:

$$C_\gamma = \frac{C_p Q_p}{Q_h}\left[-K\frac{V}{86\ 400 Q_h}\right] + C_h \tag{5-10}$$

式中:C_γ 为狭长形水库出口污染物平均浓度,mg/L;C_p、C_h 分别为污染物排放浓度、污染物本底浓度,mg/L;K 为污染物衰减系数,1/d;V 为湖库水体体积,m³;Q_p、Q_h 为污废水排放量及湖库水量,m³/s。

2) 参数选取

根据建库前后库区水文情势变化情况,工程建成后多年平均丰水期入库流量为80.29 m³/s,平水期入库流量为24.7 m³/s,枯水期入库流量为17.35 m³/s,枯水年($P=75\%$)和特枯水年($P=90\%$)的入库流量为7.2 m³/s和9.1 m³/s,上游来水污染物浓度参照2013年水质现状监测结果。

参考《黑河流域综合规划环境影响评价报告》,黑河流域综合衰减系数 K_{COD} 为 0.4/d,$K_{氨氮}$ 为 0.21/d。建库后库区衰减系数较建库前稍有下降,越接近坝址处下降越明显,建库后库区河段衰减系数分别取建库前的 0.8 倍,即建库后 K_{COD} 为 0.32/d,$K_{氨氮}$ 为 0.17/d。

3)预测结果

根据建库后库区污染源预测情况(见表 5-44),按狭长形水库迁移混合模式对不同来水情况下黄藏寺水库建成后的水环境影响进行预测(见表 5-45):建库后库区总体水质基本保持一致,能够满足Ⅲ类水质目标要求。

表 5-44　2030 年库区污染源预测　　　　　　　　　　（单位:t/年）

年份	县区	项目	COD 入河量	氨氮入河量	TN 入河量	TP 入河量
2030	祁连县	点源	232.47	31.65	—	—
		面源	1 363.97	13.42	322.18	52.45
		小计	1 596.44	45.07	322.18	52.45

表 5-45　不同来水情况下库区水质预测结果　　　　　　（单位:mg/L）

来水情况		预测结果	
		COD	氨氮
多年平均(1960~2012)	丰水期	8.0	0.36
	平水期	8.0	0.33
	枯水期	8.0	0.22
枯水年($P=75\%$)	最枯月	8.0	0.22
特枯水年($P=90\%$)	最枯月	8.0	0.22

2. 库区富营养化预测

1)预测模式

根据《环境影响评价技术导则 水利水电工程》(HJ/T 88—2003),本次选取狄隆模型进行库区水体富营养化预测,选择 N 和 P 作为主要预测因子,预测库区富营养化影响。预测模型形式如下:

$$c = \frac{L(1 - R)}{\rho H} \tag{5-11}$$

式中:c 为库水中磷(氮)的浓度,mg/L;L 为(湖)库单位面积年磷(氮)负荷量,g/(m²·年);H 为水库平均水深,m;ρ 为水力冲刷系数,1/年,$\rho = \frac{Q_入}{V}$,$Q_入$ 为入湖(库)水量,m³/年,V 为湖库容积,m³;R 为磷(氮)滞留系数,1/年,$R = 1 - \frac{W_出}{W_入}$;$W_出$、$W_入$ 分别为出、入(湖)库年磷(氮)量,kg。

2)预测条件

以水库多年平均来水流量作为入库流量,考虑上游来水及水库周边点、面源污染物进入水库的不利情景,水库水位按正常蓄水位控制。根据黄藏寺水利枢纽工程可行性研究报告中水库及大坝相关设计参数,确定狄隆模型公式参数(见表 5-46)。

表 5-46　水库富营养化模型参数选取情况

参数	单位	取值
H	m	57
ρ_w	1/年	3.09
Q	亿 m^3	12.5
R	1/年	0.008
V	亿 m^3	3.33

3)计算结果及分析

考虑库区点面源污染物影响,黄藏寺入库氮磷浓度比大于 6∶1,P 是藻类增长的限制因素,因此以 P 为因子判断库区富营养化状态。判断标准:当 P 平衡浓度 $PE \geqslant 0.03$ mg/L 和 N 平衡浓度 $NE \geqslant 0.3$ mg/L 时,属富营养化;当 $PE < 0.02$ mg/L 和 $NE \leqslant 0.2$ mg/L 时,属于贫营养;否则属过渡状态。

根据水库营养状态判别标准及狄隆模式预测,平衡状态时 PE 为 0.015 mg/L,NE 为 0.091 mg/L。黄藏寺库区总体属于贫营养化状态,与建库前营养化趋势一致。

3. 库区水质影响分析

1)初期蓄水水质影响

水库水位随着水库初期蓄水逐渐升高,土壤溶出的 N、P 浓度亦会相应升高,此外水库水体交换能力变差,水温和流速会产生一定的变化,水质也会出现 TN、TP、氨氮等略微上升的趋势。工程运营后随着库区水位变化及水体交换,库区内水体因底质溶出的 TN、TP、氨氮量会逐渐下降。

9 月至翌年 3 月,随着水库蓄水量的增加,淹没面积越来越大。由于土壤养分多积在表层,土壤中污染物对水库水质的贡献主要发生在淹没初期,随着浸泡时间的增长,浸出量逐渐减少,9 月土壤中的污染物大部分已浸出。土壤养分的浸出对水库水体的 pH、高锰酸盐指数、TN、TP、氨氮、硝酸盐氮、氯化物、粪大肠菌群指标有一定的影响。淹没区以滩涂、草地为主,土壤的污染程度相对较低。根据相关研究,浸出液中的其他水质指标大多低于检测限,水库淹没区土壤养分对库区的影响程度不大。

2)运行期库区水质影响

建库前后入河流量变化不明显,库区上游祁连县点源污染和库区周边面源污染源与建库前变化也不明显,建库后库区总体水质基本保持一致,能够满足Ⅲ类水质目标要求。

5.4.3.2　坝下河流水质影响

1. 坝下河流水质预测

1)预测模式

根据《环境影响评价技术导则 水利水电工程》(HJ/T 88—2003),结合工程河段河道特征等边界条件,选择综合削减模式进行水质预测,其表达式为

$$c_2 = (1 - K)(Q_1 c_1 + \sum q_i c_i) / (Q_1 + \sum q_i) \tag{5-12}$$

式中：Q_1 为上游来水水量，m^3/s；C_1 为上游来水污染物浓度，mg/L；q_i 为旁侧排污口的水量，m^3/s；c_i 为旁侧排污口的污染物浓度，mg/L；c_2 为预测断面污染物浓度，mg/L；K 为污染物综合削减系数，$1/s$。

2）预测条件

根据黑河水质现状评价结果，COD、氨氮是污染最普遍的两个因子，也是黑河污染物总量控制指标。故确定 COD 和氨氮两项指标来表征黑河干流水质状况，作为黑河纳污能力计算和污染物总量控制的控制因子。

由于黑河干流排污口主要集中在莺落峡至正义峡之间，正义峡以下河段没有排污口，因此本研究主要预测坝址以下至正义峡河段水质状况。

综合考虑社会经济发展和水资源保护的需要，选用 1960～2012 年长系列实测月均流量作为设计流量的计算系列，并对丰水期（6～9 月）、平水期（3～5 月）和枯水期（10 月至翌年 2 月）进行不同预测，主要选取黄藏寺坝址断面、莺落峡断面和正义峡断面的设计流量（见表 5-47）。

表 5-47　黑河干流主要断面设计流量计算结果　　　　　（单位：m^3/s）

水期		黄藏寺断面		莺落峡断面		正义峡断面	
		运行前	运行后	运行前	运行后	运行前	运行后
多年平均 （1960～2012 年）	丰水期	80.29	55.82	101.69	78.60	36.42	43.75
	平水期	24.70	44.35	29.23	49.79	20.25	22.27
	枯水期	17.35	24.98	22.18	29.79	34.90	30.00
枯水年（$P=75\%$）	最枯月	7.20	9.00	11.30	10.80	0.21	2.90
特枯水年（$P=90\%$）	最枯月	9.10	9.00	11.60	10.90	0.60	1.30

运行期黑河流域综合衰减系数 K_{COD} 为 $0.32/d$，$K_{氨氮}$ 为 $0.17/d$。

3）计算结果

分别对坝址下游控制断面多年平均（丰水期、平水期和枯水期）和枯水年（$P=75\%$ 和 $P=90\%$）进行水质预测（见表 5-48），坝址下游河道水质建库前后变化不明显，年内不同水期水质变化也不明显，坝址下游河段水质基本均能满足地表水环境Ⅲ水质，满足其水功能区水质保护目标。

2. 坝下河流矿化度预测

根据黑河干流矿化度近 5 年资料，对黑河干流各控制断面矿化度趋势进行统计分析（详见表 5-49）。黑河中游地表水和地下水矿化度值均呈现逐步增长的变化趋势，主要是由于地表水下渗后与土壤和岩石接触而溶滤了化学物质，加之地表水和地下水转换频繁，造成水体中矿化度升高。

表 5-48　黑河干流水环境质量预测结果　　　　　（单位：mg/L）

典型年	典型水期	黄藏寺		莺落峡		正义峡	
		COD	氨氮	COD	氨氮	COD	氨氮
多年平均（1960~2012 年）	丰水期	8.0	0.36	5.44	0.30	4.47	0.36
	平水期	8.0	0.33	5.44	0.27	4.91	0.41
	枯水期	8.0	0.22	5.44	0.18	5.70	0.47
枯水年（P=75%）	最枯月	8.0	0.22	5.44	0.18	8.93	0.46
特枯水年（P=90%）	最枯月	8.0	0.22	5.44	0.18	8.88	0.46

表 5-49　近 5 年黑河干流矿化度评价　　　　　（单位：mg/L）

断面	扎马什克	莺落峡	黑河大桥	高崖	鼎新	正义峡	哨马营
2009 年	440	442	439	506	735		
评价结果	中等	中等	中等	较高	较高	—	—
2010 年	450	478	460	486	687	975	
评价结果	中等	中等	中等	中等	较高	较高	
2011 年	566	565	499	582	622	956	
评价结果	较高	较高	中等	较高	较高	较高	
2012 年	498	532	430	484	747	775	
评价结果	中等	较高	中等	中等	较高	较高	
2013 年	471	515	459	489	—	1 002	763
评价结果	中等	较高	中等	中等	—	高	较高

　　建库后中游灌区通过控制灌溉面积，大力发展节水灌溉、改变灌溉方式等，以及替代中游平原水库和提高河道输水效率等，一定程度上会减少中游灌区地表水下渗，使其水中溶滤化学物质总量有所减少，但黑河干流矿化度沿程变化趋势不会发生明显变化。其中，4 月和 8 月等生态关键期，莺落峡和正义峡断面的矿化度相对建库前会有所增加；汛期坝下控制断面矿化度会较建库前有所减少；其余时段坝下断面的矿化度和建库前变化不明显。

　　3. 水环境影响分析

　　坝址下游河流水质影响主要受下游河流水环境容量变化、河流沿岸污染源等因素影响。根据坝下河流水环境容量预测成果，水库建成后 COD 和氨氮水域纳污能力分别为87 709 t 和 1 191.9 t，较现状纳污能力增加了 50 438.4 t 和 806.7 t，这将有利于河流水质改善。

　　黄藏寺坝下至黑河莺落峡段,以及莺落峡至黑河大桥区间,无排污口,且无大规模面源汇入,建库后该区间的水环境容量较建库前有所增加,结合库区出库水质预测,黄藏寺水库建成后,出库水质与现状水质基本一致,黄藏寺水库不会对黑河黄藏寺至莺落峡区间以及莺落峡至黑河大桥区间水质产生较大影响。

　　黑河大桥至高崖区间对应的水功能区为黑河甘州工业、农业用水区,该区间现状排污口为 3 个,甘州区点源 COD 入河预测量为 1 751.66 t/年,氨氮入河预测量 227.97 t/年,根据《全国重要江河湖泊水功能区纳污能力核定和分阶段限制排污总量控制方案》,黑河莺落峡至正义峡河段水功能区的 COD 入河量符合总量控制要求,其中黑河甘州工业、农业用水区的氨氮需要消减 73.5 t/年。根据《黑河流域综合规划》,规划年甘州区工业废水纳入张掖市污水处理管网,排放执行《城镇污水处理厂排放标准》一级 A 标准,即 COD 排放浓度为 50 mg/L,氨氮排放浓度为 5 mg/L,同时中水回用率到达 60%,落实以上措施后,该水功能区氨氮入河量可以满足其水功能区纳污能力要求。

　　黑河高崖至正义峡区间,黑河干流主要的排污口为高台县城区排污口。根据污染源预测和《全国重要江河湖泊水功能区纳污能力核定和分阶段限制排污总量控制方案》,黑河高崖至正义峡区间水功能区的 COD 和氨氮入河量基本符合总量控制要求,该河段水质可满足水功能区水质保护目标要求。建议高台县和临泽县对工业重点监控污染源执行《城镇污水处理厂排放标准》一级 B 标准。

　　根据坝下水质预测,建库后坝址至莺落峡区间河流水质和建库前基本一致,莺落峡至正义峡河段,氨氮浓度较建库前有所增加,但河段整体水质均能满足其水功能区水质保护目标要求。

第6章　地下水环境影响研究

6.1　对黑河中游地下水环境影响分析

6.1.1　水文地质概念模型

6.1.1.1　模拟范围

本次模拟包括张掖盆地和酒泉东盆地,面积为 9 346.3 km²,模拟范围见图 6-1。模型区是只有侧向地下流入而没有侧向流出的山间断陷水文地质盆地,其间充填的巨厚松散沉积物是地下水赋存的天然场所,构成的第四系含水层呈连续、统一的,横向为盆地边界所限的含水岩系综合体,周边的山体则为天然的地质边界。模型区中,张掖盆地地下水自南东向北西运动,泄于黑河而流出区外,西部酒泉东盆地地下水由南西向北东运动,榆木山至高台县城一线为两盆地天然汇水线。

6.1.1.2　含水层概化

模型区含水层结构总体分布为,近山的南半部洪积扇顶部为单层大厚度潜水区,向北至下游细土平原,含水层由单一的潜水含水层区逐渐变为多层潜水—承压水层区。因此,将流域中游含水层概化为非均质各向同性潜水、中层承压水、深层承压水多层含水系统。

6.1.1.3　边界条件概化

1. 侧向边界

模型区周边皆为二类流量边界。山区边界沿山前大断裂分布,流入量主要为基岩裂隙水侧向流入和沟谷潜流。东部民乐、山丹断面和西部明花区断面为区外侧向流入边界。

2. 垂向边界

模型上边界为天然潜水面,底边界为侏罗系、第三系泥岩及砂质泥岩等相对隔水边界,忽略其顶托越流补给。

6.1.2　地下水流动数学模型

根据研究区水文地质条件,通过分析地下水补排特征,将本研究区的地下水流概化成非均质各向同性、非稳定三维地下水流系统,用下列的数学模型表述:

$$\left.\begin{aligned}
\frac{\partial}{\partial x}\left(k_{xx}\frac{\partial H}{\partial x}\right)+\frac{\partial}{\partial y}\left(k_{yy}\frac{\partial H}{\partial y}\right)+\frac{\partial}{\partial z}\left(k_{zz}\frac{\partial H}{\partial z}\right)+w=\mu_s\frac{\partial H}{\partial t} \quad &(x,y,z)\in\Omega,t>0\\
H(x,y,z,t)\mid_{t=0}=H_0(x,y,z) \quad &(x,y,z)\in\Omega\\
H(x,y,z,t)\mid_{S_1}=H_1(x,y,z) \quad &(x,y,z)\in S_1,t>0\\
k_n\frac{\partial H}{\partial n}\bigg|_{S_2}=q(x,y,z,t) \quad &(x,y,z)\in S_2,t>0
\end{aligned}\right\} \quad (6\text{-}1)$$

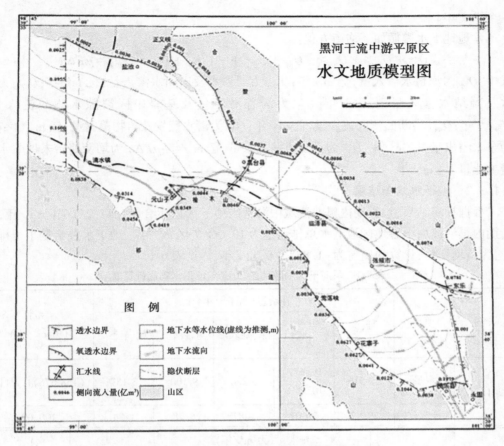

图 6-1　黑河中游盆地水文地质概念模型

式中:Ω 为地下水渗流区域;S_1 为模型的第一类边界;S_2 为模型的第二类边界;k_{xx}、k_{yy}、k_{zz} 分别为 x、y、z 主方向的渗透系数,m/s;w 为源汇项,包括降水入渗补给、蒸发、井的抽水量和泉的排泄量,m^3/s;u_s 为弹性释水系数,1/s;$H_0(x,y,z)$ 为初始地下水水头函数,m;$H_1(x,y,z)$ 为第一类边界地下水水头函数,m;$q(x,y,z,t)$ 为第二类边界单位面积流量函数,m^3/s。

6.1.3　地下水流动数值模型的建立

本次模拟采用加拿大 Schlumberger 公司 2014 年最新发布的 Visual MODFLOW Flex 软件,模型采用非稳定流模拟。模拟区地下水主要靠河水、渠系水、灌溉水、降水凝结水入渗及边界流入补给,消耗于蒸发蒸腾、泉水溢出和人工开采。

源汇项的计算依据 2013 年现状地下水补、排量确定,涉及的水文地质参数等有关参数、数据的选取主要依据《甘肃省黑河干流中游地区地下水资源及其合理开发利用勘察研究》《甘肃省山丹县区域水文地质调查报告》《张掖市水务局 2013 年水利管理年报》等相关研究资料。

6.1.3.1　均衡区及均衡计算方程

均衡区范围与模拟范围一致,均衡期为 2013 年 1 月 1 日至 2013 年 12 月 31 日,共计一个水文年。

盆地地下水遵循如下均衡方程:

$$(Q_河 + Q_{渠田} + Q_{降凝} + Q_潜 + Q_{侧入}) - (Q_蒸 + Q_泉 + Q_开) = \mu F \Delta h \qquad (6\text{-}2)$$

式中:$Q_河$ 为河道水渗入量,亿 m³/年;$Q_{渠田}$ 为渠系水及田间水渗入量,亿 m³/年;$Q_{降凝}$ 为降水及凝结水渗入量,亿 m³/年;$Q_潜$ 为沟谷潜流量及基岩山区裂隙水侧向流入量,亿 m³/年;$Q_{侧入}$ 为断面侧向流入量,亿 m³/年;$Q_蒸$ 为潜水蒸发及植物蒸腾量,亿 m³/年;$Q_泉$ 为泉水溢出量,亿 m³/年;$Q_开$ 为人工机井开采量,亿 m³/年;$\mu F \Delta h$ 为均衡期始末地下水贮量变化量,亿 m³/年。

6.1.3.2　地下水均衡结果

根据计算结果,均衡期内黑河流域中游地区地下水总补给量为 17.211 7 亿 m³/年,均衡期内黑河流域中游地区地下水总排泄量为 19.068 7 亿 m³/年。地下水补给量小于排泄量,为负均衡值,计算均衡差为−1.857 0 亿 m³/年,详见表 6-1。

表 6-1　黑河干流中游地区 2013 年地下水均衡计算表

年份	项目	补给量(万 m³/年)					合计 (万 m³/年)
		河、洪 入渗	渠、田 入渗	降、凝入渗	沟谷潜流	侧向流入	
2013 年	水量	51 516	(91 677) 105 118	3 226	9 100	3 157	(158 676)172 117
	百分比(%)	29.93	61.07	1.87	5.28	1.84	100.00

年份	项目	排泄量(万 m³/年)				合计 (万 m³/年)	计算 补排差 (万 m³/年)
		蒸发 蒸腾	泉水 溢出	机井 开采	侧向 流出量		
2013 年	水量	10 426	130 970	49 291	0	190 687	−18 570.00
	百分比(%)	5.47	68.68	25.85	0	100.00	

注:括号内的数字已扣除了重复入渗量。

6.1.3.3　源汇项确定原则

模型根据 2013 年现状地下水均衡量分析结果,确定模型的源汇项输入。因模型区属区域性模拟计算区,范围巨大,故将渠系水入渗、灌溉水入渗、降凝水入渗和人工开采处理为面状量,按各灌区不同均衡情况计算结果,以单元面状量进入模型,补给项为正,排泄项为负。渠系水、灌溉回归水各月入渗强度和灌区现状与规划用水过程一致,人工开采量非灌溉期(1~4月)强度为0,春、冬灌溉期(5~9月,11~12月)摊分全年入渗量。

河水渗漏采用 MODFLOW 中的 RIV 河流模块,根据 2013 年各时段黑河中游断面水文站河水位资料,将莺落峡、高崖、正义峡河水位结合地表高程数据进行插值得到中游河段河水水位的沿程分布输入模型,给定各河段底部高程、河底沉积物厚度及渗透系数,由模型计算渗漏量,RIV 模块需要的这些参数则通过黑河均衡中的河水入渗量进行校正和优化。

平原水库渗漏处理,采用 MODFLOW 的 LAK 模块。根据 19 座平原水库的面积、实际高程、最大水深、年蒸发量、年来水量等参数带入模型,通过平原水库的年渗漏量来约束模型调节参数。

降水、蒸发强度按照收集到的各个气象站的月平均资料,结合黑河报告中给出的有效入渗系数计算出入渗和蒸发量分配到 12 个时段。

根据以往研究资料,泉水溢出带均分布于细土带水位埋深小于 3.0 m 地带,主要出露在张掖、临泽等地下水埋深较浅的地区且绝大多数是下降泉,因此将泉水溢出处理为面状排水沟零散分布于水文地质图的泉群出露地区。

6.1.3.4　模型计算及校正

模型以 2013 年 1 月水位统测结果为基础,结合地下水动态长观资料,插值生成 2013 年 1 月等水位线图为初始流场。以 2013 年 1 月初至 12 月末每个自然月实际天数为计算时段长度,全年共分 12 个时段。

采用观测点水位拟合、均衡拟合的方法进行模型校正。观测点集中在张掖、临泽、高台的细土带,共 18 个。根据标准化均方误差(NRMS)分析,模型全时段平均误差为0.995%,最大误差为 1.18%,大部分观测井计算值与观测值拟合较好。

根据模型模拟计算,2013 年草滩庄—黑河大桥河水入渗补给量模拟计算值为3.102 1 亿 m^3,莺落峡—草滩庄河水入渗补给量 1.839 亿 m^3/年,黑河河道总计渗漏补给量为 4.941 1 亿 m^3/年。2013 年平原水库渗漏量为 464.3 万 m^3。河流渗漏量计算误差为0.8%,平原水库渗漏量计算误差为 0.7%,其他模型计算均衡量与源汇项分析中 2013 实际均衡量吻合性均较好,保证在 1%以内。

6.1.3.5　渗透系数优化结果

模型对渗透系数进行了优化校正,校正后的参数值在合理的取值范围内并符合黑河中游地区水文地质条件,见图 6-2。

6.1.3.6　模拟流场结果

经分析,模型计算所得各均衡量与 2013 年现状吻合较好,流场分布符合现状水位。2013 年末模拟流场结果见图 6-3。

6.1.4　工程运行地下水影响预测方案

模型预测采用两种情景:一是无工程条件下,依据黑河的水文情势与多年平均源汇项,预测无工程运行时的地下水流场;二是工程运行条件下,依据运行期黑河的水文情况与多年平均源汇项,预测工程运行后的地下水流场。根据两个情景的水位变化,分析工程运行期对地下水环境的影响。

两个情景中,大部分源汇项采用同样的多年平均地下水均衡量,根据黑河地区地下水资料与数据的实际情况,模拟中采用 1999 年地下水平水年的均衡数据。

地下水模型多年平均计算参考均衡量见表 6-2。

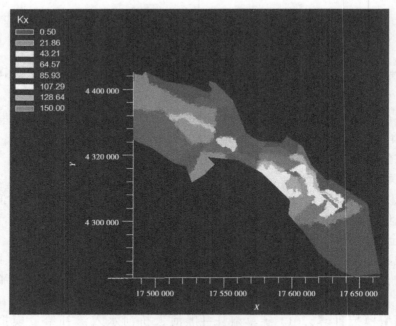

图 6-2　模型校正后的渗透系数分区

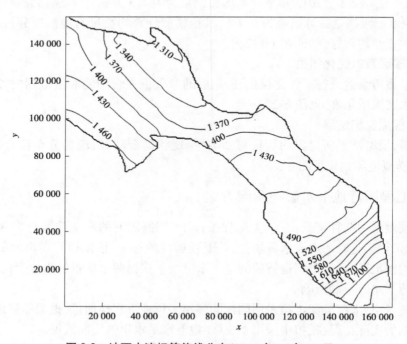

图 6-3　地下水流场等值线分布(2013 年 12 年 31 日)

表 6-2　地下水模型多年平均计算参考均衡量

补给项	补给量 （万 m³/年）	排泄项	排泄量 （万 m³/年）
渠、田入渗	（37 249.70）38 527.20	蒸发蒸腾	7 316.50
降、凝入渗	860.30	泉水溢出	（67 554.50）68 770.00
沟谷潜流	8 065.00	机井开采	8 839.82
侧向流入	2 080.00	侧向流出	3 097.00

注：括号内的数字已扣除了重复入渗量。

模型中河流处理依据建库前后莺落峡与正义峡河流断面水位预测成果，而对于水库，则根据项目设计方案，黄藏寺水利枢纽运行后拟替代的 19 座平原水库，其中保留 9 座涉及黑河张掖湿地国家级自然保护区平原水库的生态功能，取消其余 10 座平原水库。

水库运行前 19 座平原水库将正常运行；在水库运行后，9 座涉及湿地保护区的平原水库（白家明塘湖、后头湖水库、马尾湖水库、西腰墩水库、芦湾墩下水库、平川水库、三坝水库、刘家深湖水库、西湾水库）限制蓄水次数并降低水位，其余 10 座水库将废除。

6.1.5　运行期地下水位变化预测结果

根据模型计算，建库前后黑河河段渗漏量减少 0.403 亿 m³/年，平原水库渗漏量减少 0.035 8 亿 m³/年，与多年平均地下水补给量 8.105 7 亿 m³/年相比，只占 4.97% 与 0.44%；而与丰水年 2013 年 15.867 6 亿 m³ 的补给量相比，只占 2.54% 与 0.23%，可见从渗漏减少量上看，工程运行对区域的地下水影响很小。

以下从中游地区地下水位降深的时空分布与主要受影响区的地下水位变化情况两方面进一步阐明影响。

6.1.5.1　中游地区地下水位降深的时空分布

建库后相比建库前，引起中游河段地下水位变化的主要因素是黑河水文情势的变化。输水效率的提高减少了中游河段的渗漏，从而影响了地下水位。

从空间上来分析，由于黑河河道渗漏主要位于莺落峡—草滩庄—黑河大桥一线，因此渗漏量减少主要影响这一线两侧的地下水位。

从时间上来分析，建库后水文情势发生变化的时期主要为 4 月中旬、7 月中旬、8 月中旬集中输水期，由于山前地下水位埋深较大，包气带较厚，根据长期监测资料，河水渗漏后存在 2 个月左右的滞后，因此本次预测地下水位发生变化的时段为 6 月、9 月与 10 月。各月份地下水位变化预测情况见图 6-4～图 6-6。

根据模拟预测结果分析，除 9 月、10 月外，全年其他月区域地下水位基本没有太大变化，只在平原水库周边有轻微下降，约 0.02 m。

9 月与 10 月，河流渗漏量的减少引起的地下水位下降较为明显，下降值约为 0.2 m，其中 10 月降深是年内各时期中最大的。地下水位下降 0.2 m 的范围主要分布于莺落峡—草滩庄—黑河大桥一线，分布范围长约 20 km，河道两侧影响范围最远距河道 2.8 km。

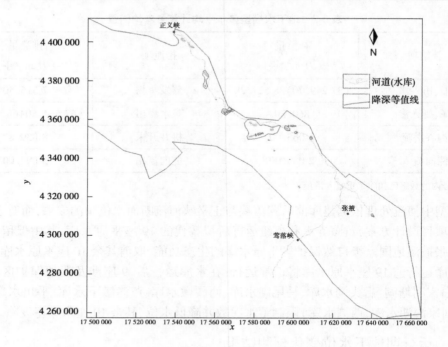

图 6-4　6 月地下水位降深分布

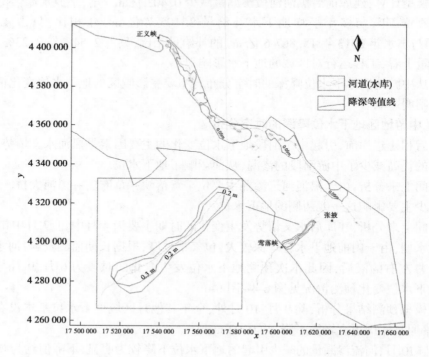

图 6-5　9 月地下水位降深分布

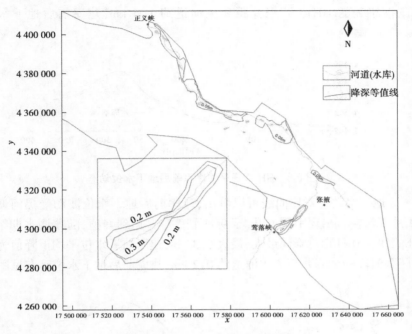

图 6-6 10月地下水位降深分布

6.1.5.2 主要受影响区的地下水位下降情况

1. 莺落峡—黑河大桥河道沿线地下水位变化预测

由于关键期河水渗漏的减少,该河段两侧是地下水位下降较明显的区域。为对沿线地下水下降进行评价,选择草滩庄枢纽(农业开采井 HH13)、甘州区黑河段及黑河湿地夏家庄段三处区域进行预测分析。三处区域位置情况见图 6-7。

图 6-7 莺落峡—黑河大桥段位置

　　草滩庄枢纽处的 HH13 开采井距离主河道约 1.5 km,建库前后地下水位动态见图 6-8。

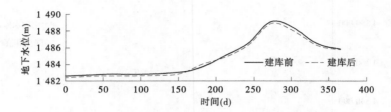

图 6-8　HH13 开采井建库前后地下水位动态

　　由图 6-8 地下水动态对比曲线可以看出,建库前后地下水位波动受黑河调水控制较明显,在 4 月下旬左右出现平缓上升,至 9 月下旬左右达到峰值,随着调水期结束地下水位开始下降。9～10 月相对降深最大,最大 0.33 m,建库前后水位平均下降值为 0.14 m。

　　甘州区黑河段的观测井距离主河道约 0.2 km,建库前后地下水位动态见图 6-9。

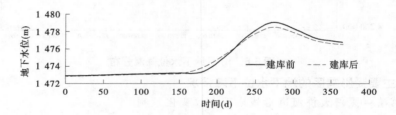

图 6-9　甘州区黑河段建库前后地下水位动态

　　由图 6-9 地下水动态对比曲线可以看出,甘州区黑河段建库前后地下水位波动与 HH13 类似,但因更靠近河道,建库前后降深值略大。9～10 月相对降深最大,最大 0.46 m,建库前后水位平均下降值为 0.15 m。

　　黑河湿地夏家庄段观测井距离主河道约 0.5 km,建库前后地下水位动态见图 6-10。

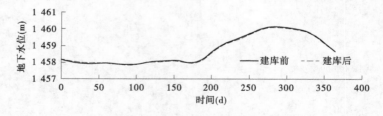

图 6-10　黑河湿地夏家庄段建库前后地下水位动态

　　由图 6-10 地下水动态对比曲线可以看出,建库前后黑河湿地夏家庄段地下水位波动与 HH13 和甘州区黑河段类似,但因距离黑河大桥较近,渗漏引起的地下水位变化不明显。年内降深最大 0.02 m,建库前后水位平均下降值为 0.01 m。

　　2.莺落峡—黑河大桥河道沿线区域地下水变化影响

　　莺落峡—黑河大桥段是地下水位下降较明显的区域,选择此范围内有观测记录的观测井进行分析,提供历史水位资料。在该段周边分布的 2 个地下水监测孔 3-1、电 5 可提

供历史水位对比,监测孔位置见图 6-11。

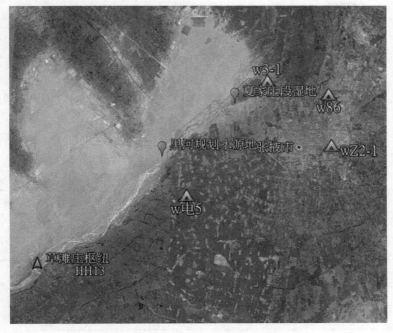

图 6-11　莺落峡—黑河大桥段监测孔分布图

监测井电 5 距离河道垂向距离 3 km,电 3-1 井距离河道 1.7 km。根据图 6-12 和图 6-13,由其近年地下水位动态可知,年内变幅分别为 2.73 m 和 5.88 m。由多年平均水位可知,年际变幅分别为 7.63 m 和 5.13 m。可见该区域地下水位年内、年际天然变幅均较大。

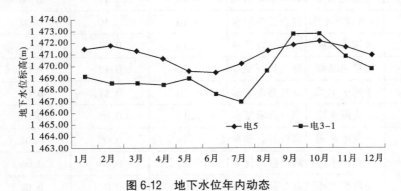

图 6-12　地下水位年内动态

水库建成后,HH13 开采井与黑河甘州区段建库前后水位平均下降值分别为 0.14 m 和 0.15 m,只占区内地下水年内变幅的 5%以下。建库前后地下水位变化微小,可以由天然地下水系统调节。微小的地下水位降低不会引起开采井的取水困难。由于该区域农业灌溉主要来源于河水引灌,地下水位波动规律的变化也不会影响农业生产活动。

3. 平原水库周边

水库渗漏量相对区域地下水量极小,对地下水位的影响也非常有限,主要在水库周边产生了小范围的轻微水位下降。

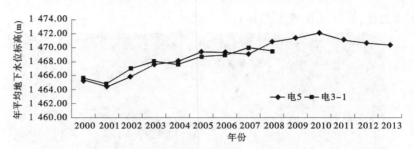

图 6-13　地下水位年平均动态

19 座水库周边的地下水年均降深统计见表 6-3。

表 6-3　黄藏寺枢纽运行期平原水库降深统计

序号	名称	位置	距离水库不同距离处降深值（m）			
		地名（县乡）	0 km	1 km	2 km	3 km
1	二坝水库	张掖市碱滩乡	0.06	0.05	0.04	0.02
2	平川水库	临泽县平川乡	0.11	0.08	0.05	0.01
3	马郡滩水库	临泽县倪家营	0.18	0.11	0.07	0.01
4	西湾水库	临泽县板桥乡	0.17	0.10	0.04	0.02
5	三坝水库	临泽县平川乡	0.04	0.03	0.02	0.01
6	新华水库	临泽县新华乡	0.17	0.11	0.04	0.02
7	田家湖水库	临泽县鸭暖乡	0.17	0.11	0.05	0.03
8	鲍家湖水库	临泽县蓼泉乡	0.16	0.12	0.08	0.04
9	芦湾墩下水库	高台县巷道乡	0.16	0.10	0.06	0.03
10	大湖湾水库	高台县宣化乡	0.14	0.07	0.04	0.03
11	白家明塘湖	高台县罗城乡	0.20	0.12	0.07	0.05
12	小海子水库	高台县南华镇	0.20	0.11	0.06	0.04
13	后头湖水库	高台县罗城乡	0.14	0.05	0.03	0.01
14	公家墩水库	高台县合黎乡	0.12	0.06	0.01	0.01
15	西腰墩水库	高台县宣化乡	0.11	0.08	0.06	0.04
16	夹沟湖水库	高台县宣化乡	0.05	0.04	0.02	0.02
17	刘家深湖水库	高台县黑泉乡	0.15	0.10	0.06	0.03
18	马尾湖水库	高台县罗城乡	0.18	0.12	0.06	0.04
19	芦湾墩上水库	高台县巷道乡	0.17	0.10	0.07	0.02
	最小值		0.04	0.03	0.01	0.01
	最大值		0.20	0.12	0.08	0.05
	平均值		0.14	0.09	0.05	0.03

由表 6-3 可知,平原水库渗漏减小后,工程运行预测年平均地下水位与无工程预测年平均地下水位比较,降深值最大值 0.20 m,平均值为 0.14 m。平原水库 3 km 范围平均降深 0.03 m。

6.1.6　中游地下水环境影响小结

(1)从对黑河中游的地下水影响上看,近期治理工程与本工程具有一致性,都存在中游河道、平原水库渗漏减少对地下水补给的不利影响。但从近期治理的回顾性评价可见,近期治理工程并未对地下水及生态环境产生大的不利影响,并且有效遏制了中游地下水位快速下降趋势。类比分析可见,本工程的运行也不会有重大影响。

(2)根据模型计算,建库前后黑河河段渗漏量减少 0.403 亿 m³/年,平原水库渗漏量减少 0.035 8 亿 m³/年,与多年平均地下水补给量 8.105 7 亿 m³/年相比,只占 4.97%与 0.44%,而与 2013 年丰水年 15.867 6 亿 m³ 的补给量相比,只占 2.54%与 0.23%。可见从渗漏减少量上看工程运行的影响很小。

(3)工程运行后,不改变分水方案,水文情势只是在关键期发生变化。根据预测结果,地下水位变化主要发生在调水关键期后 2 个月,其他月无明显影响。河水渗漏引起的地下水位下降区域主要位于莺落峡—草滩庄—黑河大桥一线河段两侧,9 月、10 月降深范围最大,地下水位下降 0.2 m 的范围沿河两岸分布,长约 20 km,河道两侧影响范围最大 2.8 km。平原水库渗漏减小后,地下水位降深值最大值为 0.20 m,平均减小值为 0.14 m。

(4)河道与水库渗漏减小引起的地下水位下降值都远小于当地地下水位天然变幅,可由地下水系统自然调节。地下水位的微小变化不会影响中游开采井的取水,也不会产生湿地退化等生态问题。

6.2　对黑河下游地下水环境影响分析

根据 2013 年《黑河近期治理后评价》报告,在 2000~2009 年以来的近期治理,实施调水过程中,正义峡断面年径流量平均增加泄流量 2.04 亿 m³。而增泄使地下水补给量得到大幅提高,下游的地下水位普遍升高,遏制了生态环境的恶化。

但是,受天然来水过程的制约,采取"全线闭口、集中下泄"的方案,并未能实现黑河水量调度目标。截至 2012 年,正义峡断面已累计少下泄水量高达 16.26 亿 m³,年均少下泄水量高达 1.25 亿 m³。

黄藏寺水利枢纽运行后,分水方案不改变,但通过黄藏寺水库关键期大流量放水等措施,在多年平均条件下正义峡断面相比现状可再增泄 1.03 亿 m³。下游地下水补给的增多可使地下水位继续回升,对于恢复到 20 世纪 80 年代生态系统有着积极意义。

由于本次工程的影响形式(正义峡增泄流量)与影响结果(水位回升,有利影响)一致,因此在评价中采用近期治理过程中的水位变化情况对本次工程运行后的地下水位影响进行类比分析。下游地区关键断面位置见图 6-14。

6.2.1　鼎新灌区影响分析

黑河出正义峡后首先流经鼎新灌区,正义峡流量的增加对于鼎新灌区的地下水补给

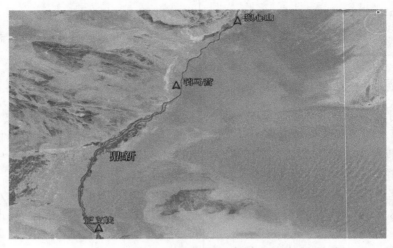

图 6-14　黑河下游关键断面位置

效果直接明显。

　　鼎新灌区在实施近期治理项目以后,与治理前相比,地下水位逐渐上升,地下水埋深减小。治理前 5 年鼎新灌区地下水位平均埋深为 3.98 mm,经过近期治理正义峡断面年径流量平均增泄 2.04 亿 m³,治理后 10 年地下水位平均埋深变为 2.48 m,比治理前上升1.5 m。

　　本工程运行后,根据黄藏寺水利枢纽径流调节计算成果,以 2000~2012 年调水期间多年平均时段分析,建库后正义峡断面来水量较建库前多 1.03 亿 m³ 左右。可见,工程运行期正义峡下泄流量将逐步增大,类比近期治理工程,鼎新灌区地下水位将继续回升。

　　干旱区河流水位对于地下水补给有着正面影响,从运行期黑河水位的变化也可分析区内地下水位的变化。根据水文情势的分析计算,第一年的 10 月至翌年的 3 月,建库前后正义峡断面水位变化不明显;4~6 月、7~9 月,建库前后正义峡断面水位有着明显上升。关键期河水位的升高也将带动地下水位的回升。

　　可见,工程运行期对于鼎新灌区的地下水是有利影响,正义峡下泄水量的增加将使地下水接受更多补给,地下水位得到有效恢复。

6.2.2　狼心山以下地区影响分析

　　黑河由狼心山进入额济纳盆地,河水是地下水的重要补给来源,也是维系盆地内绿洲、居延海等生态系统的关键。狼心山以下额济纳盆地地理位置见图 6-15。

　　在实施近期治理项目以后,黑河下游地下水埋深下降的趋势得到明显遏制。尤其是2002 年以来,黑河下游各个区域的地下水都有不同程度的回升,2009 年地下水位达到或接近 1995 年以来的历史最高值。2009 年与 2002 年相比,观测范围内,上片区地下水位平均回升了 0.73 m,中片区地下水位平均回升了 0.50 m,下片区地下水位平均回升了0.45 m,整个额济纳绿洲地下水位平均回升了 0.567 m。在这十年的调度中,狼心山断面每年平均增泄的水量为 1.81 亿 m³。

　　本工程运行后,根据黄藏寺水利枢纽径流调节计算成果,以 2000~2012 年调水期间

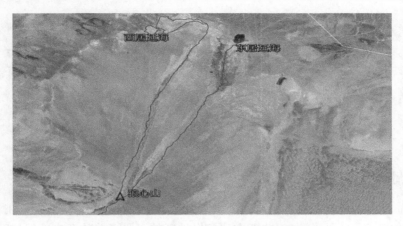

图 6-15　狼心山以下额济纳盆地地理位置

多年平均时段分析,建库后正义峡断面来水量较建库前多1.18亿 m³ 左右。可见,工程运行期正义峡下泄流量将逐步增大,类比近期治理工程,狼心山以下地区的地下水位也将继续回升。

根据水文情势的分析计算,建库前后哨马营断面水位变化不明显,其水位变化幅度均在0.5 m以内。狼心山断面水文情势变化与哨马营断面的几乎保持一致,月均水位变化不明显,其变化范围应在建库前多年(2000~2012 年)月均水位97.09~98.22 m。

第一年的10月至翌年的3月,建库前后正义峡断面水位变化不明显;4~6 月、7~9月,建库前后正义峡断面水位有着明显上升。关键期河水位的升高也将带动地下水位的回升。

与鼎新灌区一样,工程运行期对于狼心山以下地区的地下水也有有利影响,狼心山下泄水量的增加将使地下水接受更多补给,地下水位得到有效恢复。

总体来看,实施近期治理项目以后,正义峡与狼心山下泄流量分别增加2.04亿 m³ 和1.81亿 m³。与治理前相比,地下水补给增加,水位逐渐上升,鼎新灌区地下水位上升1.5 m,额济纳绿洲地下水位平均回升了0.567 m。

工程运行后正义峡与狼心山下泄流量分别增加1.03亿 m³ 和1.18亿 m³。类比近期治理,工程运行期地下水补给增加,水位逐渐上升,鼎新灌区与额济纳绿洲地下水位将继续回升。与近期工程一样,工程运行期对地下水环境仍将是有利影响。

第7章　陆生生态环境影响研究

7.1　生态环境现状调查与评价

7.1.1　调查因子、范围及方法

本次陆生生态现状调查评价范围的确定考虑了工程影响的范围以及受工程影响河段的不同河段的特点分段来调查,并考虑涉及保护区的河段涵盖整个自然保护区的范围,对库区、中游河段沿河区域以及平原水库区重点区域辅以现场调查,对下游区仅对其生态结构进行调查,主要采用遥感的方法。

本次评价陆生生态调查因子、范围及方法见表7-1。

7.1.2　土地利用现状调查与评价

库区段遥感数据采用高分一号卫星数据,精度8 m×8 m;其他河段遥感数据采用Landsat 8卫星数据,精度30 m×30 m。采用室内分析和野外考察相结合的工作方式,对评价区土地利用现状进行遥感调查。

7.1.2.1　库区段

根据2013年遥感数据解译结果,黄藏寺水利枢纽库区段土地利用现状见图7-1。

库区段土地利用类型以草地为主,占该区总面积的57.83%,草地中以中、低覆盖度草地为主;其次为未利用地,占总面积的19.22%;林地面积占总面积的16.52%;耕地面积占总面积的3.33%;水域和建设用地分别占总面积的2.74%和0.36%。

库区段为河谷河段,该区土地利用现状结构具有以下特点:

(1)土地利用类型总体以草地为主体,草地植被类型较为单一,群落结构较为简单。

(2)中低覆盖度草地、裸岩等所占比例较高,占总面积的64.41%,而生产力较高的林地和高覆盖度草地等所占比例较低,占总面积的27.42%,表明该区土地利用率低。

(3)该区土地利用类型呈阶梯状分布,层次化较为明显,林地主要分布于高山地带,往下则为疏林地,然后是草地及旱地,草地覆盖度也随着海拔降低而降低,最后则为裸地和未利用土地及沼泽地。

(4)建设用地所占面积较小,为0.36%,该区域人为干扰较少。

7.1.2.2　坝址—莺落峡

根据2013年遥感数据解译结果,坝址—莺落峡段(左右岸5 km)2013年土地利用现状见表7-2。

坝址—莺落峡段土地利用类型以草地为主,占该区总面积的38.54%,草地中仍以中、低覆盖度草地为主;其次为未利用地,占总面积的37.98%,林地面积占总面积的18.93%。农田面积占总面积的2.56%,水域和建设用地分别占总面积的1.60%和0.39%。

表 7-1　陆生生态调查因子、范围及方法

调查因子		调查范围	调查方法
土地利用		上游:黑河干流从黄藏寺水库库尾至莺落峡,沿河道两侧向外延伸 5 km,共约 981.77 km² 的范围。 中游:黑河干流莺落峡至正义峡之间,沿黑河河道两侧向外延伸 5 km,约 2 053.86 km² 的范围;拟替代的 19 座平原水库周边 2 km,约 390.84 km² 的范围。 下游:东部子水系从正义峡至东西居延海的流域范围	遥感解译
陆生植物	植被类型	遥感解译范围同土地利用调查范围。 样方调查范围: 上游:黑河干流从黄藏寺水库库尾至莺落峡,左右至河段两侧第一道山脊线间的范围,重点是水库淹没区、施工布置占地以及涉及甘肃祁连山和青海祁连山保护区实验区的范围; 中游:黑河干流莺落峡至正义峡之间,河道左右岸各 1 km 范围,重点是张掖黑河湿地自然保护区沿河湿地。 拟替代的平原水库:周边 2 km 范围	遥感解译、样方调查、现场走访、历史资料收集
	植物资源	同"样方调查"的范围	资料收集、样方调查、现场走访
	珍稀保护植物	上游:同"样方调查"中上游的范围,重点是水库淹没区、施工布置占地以及涉及甘肃祁连山和青海祁连山保护区的范围	自然保护区以资料收集为主,工程施工及淹没涉及保护区部分辅以现场调查
		中游:同"样方调查"中中游的范围,重点是张掖黑河湿地国家级自然保护区沿河湿地及拟替代的平原水库	资料收集为主,沿黑河干流湿地及替代平原水库辅以现场调查
陆生动物	动物资源、珍稀保护动物	同"植物资源""珍稀保护植物"调查范围	历史资料收集、现场调查
景观格局		同"土地利用"调查范围	遥感解译

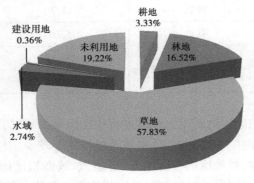

图 7-1　库区段土地利用现状示意图

表 7-2　坝址—莺落峡段土地利用现状统计

土地利用类型		面积	占总面积比例
一级类型	二级类型	（km²）	（%）
耕地	山区旱地	0.09	0.01
	平原旱地	20.41	2.55
	小计	20.50	2.56
林地	有林地	59.98	7.48
	灌木林地	91.09	11.36
	疏林地	0.47	0.06
	其他林地	0.32	0.04
	小计	151.86	18.93
草地	高覆盖度草地	57.60	7.18
	中覆盖度草地	131.74	16.42
	低覆盖度草地	119.77	14.93
	小计	309.11	38.54
水域	河渠	2.34	0.29
	水库/坑塘	3.30	0.41
	滩地	7.22	0.90
	小计	12.86	1.60
建设用地	农村居民地	1.08	0.13
	工矿交通用地	2.08	0.26
	小计	3.16	0.39
未利用地	戈壁	15.77	1.97
	裸土地	30.05	3.75
	裸岩	243.70	30.38
	其他	15.07	1.88
	小计	304.59	37.98
总计		802.08	100

该区为峡谷河段,该区土地利用总体特点与库区段基本相同,草地和未利用地占土地利用主导类型,林地、耕地所占比例次之,水域及建设用地较少。与库区段不同的是,草地比例有所下降,未利用地、林地比例有所上升,耕地、水域面积比例也有小幅度下降,主要原因与该河段为高山峡谷河段,裸岩较多,适宜耕作及植被生长地域受限有关。

7.1.2.3　莺落峡—正义峡

根据 2013 年遥感数据解译结果,莺落峡—正义峡段(左右岸 5 km)2013 年土地利用现状见表 7-3。

表 7-3　莺落峡—正义峡段土地利用现状统计

土地利用类型		面积	占总面积比例
一级类型	二级类型	(km²)	(%)
耕地	平原水田	2.13	0.11
	山区旱地	0.88	0.04
	平原旱地	719.42	35.03
	小计	722.43	35.18
林地	有林地	6.45	0.31
	灌木林地	7.22	0.35
	疏林地	6.14	0.30
	其他林地	2.06	0.10
	小计	21.87	1.06
草地	高覆盖度草地	9.74	0.47
	中覆盖度草地	40.71	1.98
	低覆盖度草地	111.52	5.43
	小计	161.97	7.89
水域	河渠	38.66	1.88
	湖泊	0.02	0
	水库/坑塘	19.71	0.96
	滩地	5.54	0.27
	小计	63.93	3.11
建设用地	城镇用地	14.55	0.71
	农村居民地	53.86	2.62
	工矿交通用地	6.72	0.33
	小计	75.13	3.66
未利用地	沙地	150.76	7.34
	戈壁	439.89	21.42
	盐碱地	1.09	0.05
	沼泽地	10.79	0.53
	裸土地	215.40	10.49
	裸岩	190.60	9.28
	小计	1 008.53	49.10
总计		2 053.86	100

莺落峡—正义峡段土地利用类型以未利用地为主,占该区总面积的 49.10%,未利用地中以戈壁荒漠为主;其次为耕地,占总面积的 35.18%,草地面积占总面积的 7.89%。建设用地面积占总面积的 3.66%,水域和林地分别占总面积的 3.11% 和 1.06%。

该区为中游平原区,与莺落峡以上河段相比,本区土地利用现状结构具有以下特点:

（1）未利用土地占土地利用类型比重较大，而生产力较高的林地和高覆盖度草地等所占比例较低，土地利用率较上游河段低。

（2）已利用土地中，耕地占绝大部分比例，土地利用类型单一；耕地面积比重增加且分布相对集中，主要集中分布于河道附近，耕地中平原旱地面积比重大，占该区耕地面积的99.6%。

（3）建设用地中，农村居民点用地面积所占比重较大。

7.1.2.4　平原水库区

根据2013年遥感数据解译结果，拟替代的19座平原水库（水库周围2 km）2013年土地利用现状见表7-4。

表7-4　平原水库区土地利用现状统计　　　　　　（单位：km²）

序号	水库名称	耕地	林地	草地	水域	建设用地	未利用土地	合计
1	鲍家湖水库	13.87	0.03	0.94		1.14	8.25	24.23
2	马郡滩水库	2.83		0.52	0.48	0.31	15.95	20.09
3	马尾湖水库	7.36	0.33	11.23	5.17	0.52	10.21	34.82
4	西腰墩水库	5.74		3.56	4.19	0.46	1.09	15.04
5	西湾水库	12.00	0.71	0.66	1.69	1.34	0.13	16.53
6	芦湾墩下水库	8.38	0.52	2.98	2.02	0.59	5.93	20.42
7	芦湾墩上水库	9.85	1.10	2.08	1.87	0.45	11.90	27.25
8	白家明塘湖	5.25	0.25	7.71	3.72	0.42	11.46	28.81
9	新华水库	7.98	0.27	3.94	0.34	0.27	2.99	15.79
10	平川水库	12.57		1.18	1.57	1.27	0.12	16.71
11	小海子水库	9.46	1.70	7.13	3.75	0.41	7.21	29.66
12	夹沟湖水库	8.92	0.04	2.54	2.01	0.76	1.06	15.33
13	大湖湾水库	12.67		2.06	4.06	1.29	1.37	21.45
14	后头河水库	2.88	0.01	11.07	1.98	0.05	3.76	19.75
15	刘家深湖水库	7.11	0.17	6.23	1.43	0.59	3.74	19.27
16	公家墩水库	3.61		3.31	1.94	0.25	7.69	16.80
17	二坝水库	17.32	0.06	0.31	0.60	1.69	0.12	20.10
18	三坝水库	11.60	0.31	0.81	0.73	0.77	0.48	14.70
19	田家湖水库	10.50	0.11	0.61	0.69	0.57	1.61	14.09
	合计	169.90	5.61	68.87	38.24	13.15	95.07	390.84

拟替代平原水库区土地利用类型以耕地为主，占该区域总面积的43.47%，全部为平原旱地。其次为未利用地，占总面积的24.32%，草地面积占总面积的17.62%。水域面积占总面积的9.78%，建设用地和林地分别占总面积的3.37%和1.44%。该区为中游地区的一部分，与莺落峡—正义峡河段相比，因为有水源条件支撑，耕地、草地、水域所占比

例均有所增加,未利用地比例有所下降,建设用地和林地变化不大。

7.1.2.5　正义峡以下河段

正义峡以下河段涉及内蒙古阿拉善右旗和额济纳旗,流域面积为 80 404.143 km²。正义峡以下河段土地利用现状(2010 年)以收集资料为主,详见表 7-5。

表 7-5　正义峡以下河段土地利用现状统计

土地利用类型		面积(km²)	占总面积比例(%)
一级类型	二级类型		
耕地	山区旱地	0.792	0.001
	平原旱地	246.624	0.307
	小计	247.416	0.308
林地	有林地	71.231	0.089
	灌木林地	214.950	0.267
	疏林地	69.827	0.087
	其他林地	2.077	0.003
	小计	358.084	0.445
草地	高覆盖度草地	49.059	0.061
	中覆盖度草地	626.948	0.780
	低覆盖度草地	1 188.415	1.478
	小计	1 864.422	2.319
水域	河渠	11.164	0.014
	湖泊	60.826	0.076
	水库/坑塘	24.107	0.030
	滩地	218.028	0.271
	沼泽地	11.430	0.014
	小计	325.555	0.405
建设用地	城镇用地	15.089	0.019
	农村居民地	13.417	0.017
	工矿交通用地	66.624	0.083
	小计	95.130	0.118
未利用地	沙地	1 670.485	2.078
	戈壁	43 414.082	53.995
	盐碱地	411.367	0.512
	裸土地	14 151.679	17.601
	裸岩	17 865.925	22.220
	小计	77 513.537	96.405
总计		80 404.143	100

正义峡以下河段土地利用类型以荒漠为主,占该区总面积的 96.405%,以戈壁为主。其次为草地,占总面积的 2.319%,林地面积占总面积的 0.445%。水域湿地面积占总面积的 0.405%,耕地和建设用地分别占总面积的 0.308% 和 0.118%。

未利用地总面积为 77 513.537 km²,其中以戈壁为主,面积占未利用地总面积的 56.008%。其次为裸岩、裸土地、沙地和盐碱地,分别占未利用地总面积的 23.049%、18.257%、2.155% 和 0.531%。

草地面积位居第二,以低盖度草地为主,占草地总面积的 63.742%,其次为中盖度草地和高盖度草地,分别占草地总面积的 33.627% 和 2.631%。

林地以灌木林地为主,占林地总面积的 60.028%,其次为有林地、疏林地和其他林地,分别占林地总面积的 19.892%、19.500% 和 0.580%。乔木林地主要是分布在河流绿洲两侧的胡杨林。

水域湿地以滩地为主,占水域湿地总面积的 66.971%。其次为湖泊,占水域湿地总面积的 18.684%,水库/坑塘占水域湿地总面积的 7.405%,沼泽和河流水渠面积分别占水域湿地总面积的 3.511% 和 3.429%。该区域内没有冰川积雪的分布。

正义峡下游地势起伏比较平缓,耕地生态系统用地以平原旱地为主,面积占耕地总面积的 99.680%,山区旱地零星分布,占耕地总面积 0.320%。

建设用地以工矿交通用地为主,占建设用地总面积的 70.035%,其次为城镇居民地和农村居民地,分别占建设用地总面积的 15.861% 和 14.104%。

7.1.3 陆生植物调查与评价

7.1.3.1 植被类型与分布

1. 库区段

根据遥感解译结果,库区段植被现状见表 7-6。

表 7-6 库区段植被类型现状统计

序号	植被类型	面积(km²)	占总面积比例(%)
1	落叶阔叶林	1.75	1.25
2	常绿针叶林	19.38	13.88
3	落叶阔叶灌木林	7.74	5.54
4	稀疏林地	0.77	0.55
5	园地	0.05	0.04
6	禾草、杂草、草甸	103.91	74.44
7	农田栽培植被	6.00	4.30
总计		139.60	100

该区域内落叶阔叶林主要包括山杨林、白桦林和红桦林等,其中山杨林主要分布于河谷、农田等干旱低海拔区域;桦树林则广布于该区,尤以中海拔阳坡居多。

常绿针叶林主要包括青海云杉林和祁连圆柏林,青海云杉林生长于海拔 1 600~3 800 m 的地区,一般生于山谷、阴坡林中、山坡、山坡云杉林中、河谷、阴坡、林中和阴山谷。祁连圆柏林生于海拔 2 600~4 000 m 地带的阳坡,以祁连圆柏为建群种组成祁连圆柏林群落,也可能与落叶松等组成共优群落。

落叶阔叶灌木林主要包括高寒落叶阔叶灌丛和温性落叶阔叶灌丛两种植被亚型,其中前者包括山生柳灌丛、金露梅灌丛、高山绣线菊灌丛等,该植被亚型主要分布于海拔相对较高的亚高山地区,气候较为寒冷潮湿,水分补给主要靠雪山融水和自然降雨;后者包括中国沙棘河谷灌丛、灰荀子灌丛和锦鸡儿灌丛,多分布于河谷两岸,气候相对较为温和,水分补给主要依靠地下水供给,共同构成温性落叶阔叶灌丛植被。

稀疏林地主要包括温性落叶阔叶灌丛和温带阔叶林的交错带,包括荀子、山杨、沙棘等混交稀疏林,或者单优稀疏林。主要分布于河谷或者河漫滩区域,区域内水分供给主要依赖河道侧向给水。

园地主要包括温性果树组合型及防风固沙林组合型。前者主要分布于农田栽培区域,后者主要为农田防护林体系,包括杨属植物和柽柳属植物等。

禾草、杂草、草甸包括草甸草原、蒿草高寒草甸草原和杂类草草原等几种类型,其中草甸草原主要为异针茅草原,该类型广布于项目区;蒿草高寒草甸草原主要有以高山蒿草、矮蒿草为主的蒿草草甸,该类型主要分布于海拔相对较高的亚高山地区;杂类草草原主要有以赖草和芨芨草为主的杂类草草原,主要分布于区域的低山地区,土壤含水量低,蒸发量较大,形成干旱草原。

农田栽培植被主要为一年一熟制的农作物,主要代表性作物为春小麦、玉米、油菜等,形成单优势的作物群落,普遍依靠人工灌溉。主要分布在黑河干流两侧河谷内。本区植被类型有以下特点:

(1)植被类型分布不均,禾草、杂草、草甸占绝对优势,占总面积的79.3%。

(2)林地面积占14.79%,禾草、杂草、草甸面积占79.3%,占据区域绝大部分面积,说明区域内植被覆盖度低。

(3)农田栽培植被仅占该区域面积的4.58%,农田占地少,区域内人为干扰较小。

2. 坝址—莺落峡

根据遥感解译结果,坝址—莺落峡段(左右岸 5 km)植被现状见表7-7。

表 7-7　坝址—莺落峡段植被现状统计

序号	植被类型	面积(km²)	占总面积比例(%)
1	落叶阔叶林	0.18	0.04
2	常绿针叶林	59.80	12.42
3	落叶阔叶灌木林	91.09	18.92
4	稀疏林地	0.47	0.10
5	园地	0.32	0.06
6	禾草、杂草、草甸	309.11	64.20
7	农田栽培植被	20.50	4.26
	总计	481.47	100

该区仍具有植被类型分布不均,禾草、杂草占绝对优势,农田栽培植被少的特点,与库区段相比,植被类型特点:落叶阔叶林、常绿针叶林、稀疏林地、草地、农田栽培植被比例均有所下降,落叶阔叶灌木林、园地比例增加。

库区河段、坝址—莺落峡河段植被剖面图,见图7-2。

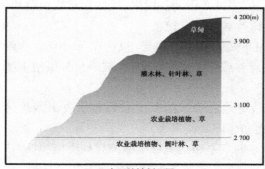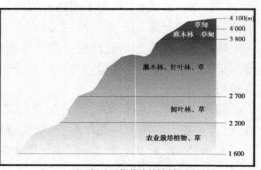

(a)库区植被剖面图　　　　　　　　　　　　　(b)坝址至莺落峡植被剖面图

图7-2　典型河段植被剖面图

从图7-2可以看出,库区河段,2 700 m以下主要为农业栽培植物、阔叶林、草;2 700~3 100 m主要为农业栽培植被、草;3 100~3 900 m主要为灌木林、针叶林、草;3 900 m以上主要为高原草甸。

坝址—莺落峡河段,1 600~2 200 m主要为农业栽培植物、草;2 200~2 700 m主要为阔叶林、草;2 700~3 800 m主要为灌木林、针叶林、草;3 800~4 000 m主要为灌木林、草甸;4 000 m以上主要为高山草甸。

总体来说,祁连山地区植被垂直分布特点明显。

(1)海拔2 000~2 600 m浅山区,年平均气温2~5 ℃,7月平均气温14~19 ℃,实际年降水量为230~330 mm。就热量条件而言,这里完全可以生长乔、灌木,但其下部(海拔2 000~2 300 m)水分条件不能满足乔、灌木生长的需要,地表呈荒漠草原景观;其上部水分条件可生长旱生稀疏灌木,地表呈草原景观。

(2)海拔2 600~3 200 m中山区,年平均气温-0.7~2 ℃,7月平均气温10~14 ℃,实际年平均降水量为330~500 mm。这里的水热条件适宜于乔、灌木林生长,植被类型为森林草原。在阴坡和半阴坡适宜寒温性常绿青海云杉针叶林生长,林下可生长山生柳、箭叶锦鸡儿、金腊梅、忍冬和银露梅等灌木;阳坡和半阳坡适宜生长寒温性常绿祁连圆柏针叶疏林,林下可生长稀疏的金腊梅、银腊梅、鬼箭锦鸡儿、忍冬、蔷薇、高山绣菊等灌木。有的地方青海云杉为建群树种,与少数祁连圆柏、山杨组成针阔混交林。这些是祁连山北坡中山径流形成区主要的水源涵养林类型。

(3)海拔3 200~3 800 m亚高山区,年平均气温-0.5~0.7 ℃,7月平均气温6~10 ℃,实际年降水量约为500 mm,气候环境湿润。为高山灌丛草甸带,有杜鹃、高山柳、鬼箭锦鸡儿、金腊梅等寒温带阔叶灌丛植被;在阳坡和半阳坡及河谷地区适宜金蜡梅灌丛生长。

(4)海拔3 700~4 200 m高山区,气候严寒,已不能生长灌木林,仅能生长耐寒湿生的草本植物,呈现高山草甸草原景观,分布有苔草和杂类草高寒草甸植被。

(5)海拔 4 200 m 以上为高山积雪和冰川区,气候极其严寒,分布有高山垫状植被带,有垫状驼绒藜、垫状蚤缀和甘肃蚤缀、垫状繁缕、红景天流石滩植被,植被稀疏低矮,地表多为冰雪作用形成的岩石碎屑。

水库正常蓄水位 2 628 m 以下,淹没植被以草地、少量林地和农田为主。

3. 莺落峡—正义峡

根据遥感解译结果,莺落峡—正义峡段(左右岸 5 km)植被现状见表 7-8。

表 7-8　莺落峡—正义峡段植被类型现状统计

序号	植被类型	面积(km²)	占总面积比例(%)
1	落叶阔叶林	6.45	0.71
2	落叶阔叶灌木林	7.22	0.80
3	稀疏林地	6.14	0.68
4	园地	2.06	0.23
5	禾草、杂草、草甸	161.97	17.87
6	农田栽培植被	722.43	79.71
	总计	906.27	100

该区与莺落峡以上河段相比,因地形特点不同,植被类型特点有以下不同:

(1)农田栽培植被占绝对优势,植被覆盖度相对较高,但存在较大的季节性波动现象。

(2)植被群丛分布上有不同。高寒落叶阔叶灌丛包括金腊梅灌丛和高山绣线菊灌丛等,该植被亚型主要分布于海拔相对较高的亚高山地区,气候较为寒冷潮湿,水分补给主要靠自然降雨;温性落叶阔叶灌丛包括柽柳灌丛和黑果枸杞灌丛,多分布于河谷两岸,气候相对较为温和,水分补给主要依靠地下水供给。稀疏林地主要为落叶沙生灌丛,包括珍珠猪毛菜灌丛、霸王灌丛及驼绒藜灌丛等,该植被类型主要分布于荒漠地带,地带日照时间长、降水少、蒸发量大,土壤盐渍化严重,形成落叶沙生灌丛。禾草、杂草、草甸包括草甸草原、禾草草甸草原和杂类草盐化草甸等几种类型,其中草甸草原主要为异针茅草原,该类型广布于项目区;禾草草甸草原主要为芨芨草草甸,该类型主要分布于中度海拔的干旱山地地区;杂类草草原主要有以苦荬菜等为主的杂类草草原,主要分布于区域的低山地区、河道两侧碎石荒地等,土壤含水量低,蒸发量较大,形成干旱草原。

4. 平原水库区

根据遥感解译结果,拟替代平原水库周边(周围 2 km)植被现状见表 7-9。

拟替代平原水库区植被类型以农田栽培植被为主,占该区总面积的 69.08%,其次禾草、杂草、草甸占总面积的 28.63%,落叶阔叶林面积占总面积的 1.81%,稀疏林地面积占总面积的 0.21%,落叶阔叶灌木林地和园地分别占总面积的 0.08% 和 0.19%。

该区为中游地区的一部分,与莺落峡—正义峡河段相比,植被类型总体特点相同,农田栽培植被占绝对优势,区域人为干扰较大,植被覆盖度相对较高,农田栽培植被以一年一熟制的农作物为主,季节性波动现象明显。

表 7-9　平原水库区植被现状统计　　　　　　（单位：km²）

序号	水库名称	落叶阔叶林	禾草、杂草、草甸	农田栽培植被	稀疏林地	园地	落叶阔叶灌木林地	合计
1	鲍家湖水库	0.03	0.94	13.87				14.84
2	马郡滩水库		0.52	2.83				3.35
3	马尾湖水库	0.03	11.23	7.36	0.30			18.92
4	西腰墩水库		3.56	5.74				9.30
5	西湾水库	0.38	0.66	12		0.33		13.37
6	芦湾墩下水库	0.52	2.98	8.38				11.88
7	芦湾墩上水库	1.10	2.08	9.85				13.03
8	白家明塘湖	0.07	7.71	5.25	0.18			13.21
9	新华水库	0.13	3.94	7.98		0.14		12.19
10	平川水库		1.18	12.57				13.75
11	小海子水库	1.70	7.13	9.46				18.29
12	夹沟湖水库		2.54	8.92	0.04			11.50
13	大湖湾水库		3.41	12.67				16.08
14	后头河水库	0.01	11.07	2.88				13.96
15	刘家深湖水库	0.17	6.23	7.11				13.51
16	公家墩水库		3.31	3.61				6.92
17	二坝水库	0.06	0.31	17.32	0.000 2			17.690 2
18	三坝水库	0.23	0.81	11.60			0.08	12.72
19	田家湖水库		0.61	10.05			0.11	
	合计	4.43	70.22	169.45	0.520 2	0.47	0.19	245.280 2

7.1.3.2　植物资源调查

1. 植物种类调查与评价

评价区植物资源调查主要采用资料收集和植物典型样地样方调查法。

样方调查考虑植被类型特点和地形特点，在遥感解译植被类型的基础上，根据不同的植被类型并结合重点评价的区域，设置生态样线、样地及样方，样方调查涵盖了评价范围内的所有生态及植被类型，具有代表性。

实地调查采取路线调查与重点调查相结合的方法，对于没有原生植被的区域采取路线调查，在重点影响区域及植被状况良好的区域实行重点调查；对资源植物和珍稀濒危植物调查采取野外调查、民间访问和市场调查相结合的方法进行；对于采集到的经济植物和珍稀濒危植物采集凭证标本并拍摄照片。

　　2014 年 6 月,评价单位到现场进行群落样方调查,8 月进行了补充调查,本次调查设样线 4 条,典型样地 23 块,样方 56 个。4 条样线中,第 1 条为黑河干流河滩内样线,第 2 条为淹没的谷地内样线,第 3 条为淹没线以上现状,第 4 条为八宝河滩地样线。其中,1 号样线布置样点 7 个,2 号样线布置样点 3 个,3 号样线布置样点 3 个,4 号样线布置样点 2 个。中游莺落峡—正义峡间在张掖黑河国家级湿地自然保护区内的后头湖、马尾湖、西腰墩、刘家湖 4 个平原水库附近布点,以及在黑河干流及正义峡分别布设 1 个调查点,详见表 7-10。

　　乔木群落单个样方面积为 20 m×20 m,灌木群落样方为 5 m×5 m,草本群落样方为 1 m×1 m,在样方内进行实测,分别记录样方内所有植物种类、高度、株数、盖度(或基盖度)等。调查路线及样地设置见图 7-3,典型样方布点示意图见附图 3。

表 7-10　样地样方基本情况

序号	地点	经度 (°)	纬度 (°)	海拔 (m)	样方数 (个)	样方类型
1	坝址上游区域	100.197 562	38.245 707	2 821	1	山坡荒地
		100.162 387	38.286 436	2 591	2	河谷荒地
		100.162 387	38.286 436	2 759	1	山坡荒地
2	坝址区域	100.166 963 6	38.319 141	2 587	1	河谷荒地
		100.168 808	38.321 027	2 585	1	河谷荒地
		100.168 991	38.319 389	2 592	1	河谷荒地
		100.168 991	38.319 389	2 810	1	山坡疏林
3	俄博	100.774 397	37.999 235	3 225	1	高寒草甸
		100.446 753	38.061 432	3 012	1	河道灌丛
4	八宝农场	100.283 018	38.143 975	2 786	1	河道灌丛
5	祁连县	100.211 499	38.191 990	2 680	1	河道青海云杉林
		100.194 188	38.207 506	2 685	1	河道青海云杉林
6	黑河八宝河交叉口	100.181 383	38.214 897	2 643	1	河道乔木林
7	扎马寺	100.049 780	38.223 630	2 759	1	河道乔木林
8	宝瓶河村	100.176 605	38.237 115	2 615	1	河道乔木林
		100.181 020	38.237 115	2 622	1	河道疏木林
9	狐死台	100.181 383	38.214 897	2 610	1	河谷荒地
10	龙首水电站	100.137 933	38.793 163	1 763	5	荒漠

续表 7-10

序号	地点	经度 (°)	纬度 (°)	海拔 (m)	样方数 (个)	样方类型
11	榆木沟	100.114 422	38.766 402	1 802	2	碎石滩荒地
		100.087 477	38.723 835	1 925	2	河岸碎石滩荒地
		100.088 026	38.723 605	1 949	1	山坡碎石滩荒地
12	小孤山	100.057 228	38.696 600	1 948	2	河滩荒地
13	大孤山	100.010 603	38.589 932	2 115	1	河滩荒地
14	三道湾	99.985 557	38.474 443	2 265	1	河谷荒地
		100.113 17	35.366 343	2 464	1	山坡荒地
		100.085 500	38.404 920	2 482	1	山坡草甸
		100.021 925	38.430 657	2 366	1	山坡草甸
15	草滩庄水利枢纽	100.244 192	38.833 070	1 640	2	河谷荒地
16	湿地公园	100.437 327	38.976 385	1 464	7	湿地沼泽
17	小湾村	100.396 460	39.139 502	1 420	1	河滩荒地
18	湾子村	100.098 553	39.329 857	1 376	2	河谷荒地河岸荒地
19	西腰墩水库	99.761 905	39.408 713	1 340	3	水库沼泽湿地
20	刘家深湖水库	99.631 000	39.525 568	1 340	2	水库沼泽湿地
21	马尾湖水库	99.636 770	39.570 497	1 312	1	水库沼泽湿地
		99.626 528	39.588 468	1 313	1	河岸荒地
22	后头湖水库	99.596 392	39.647 887	1 303	1	河岸荒地
23	正义峡	99.596 392	39.647 887	1 303	1	河岸荒地
合计					56	

2. 评价区植物种类组成分析

根据郑万钧裸子植物分类系统和恩格勒被子植物分类系统统计,本工程评价区共有植物 58 科 206 属 376 种,其中裸子植物 3 科 6 属 9 种,被子植物 55 科 200 属 367 种,被子植物中双子叶植物 45 科 154 属 279 种,单子叶植物 10 科 46 属 88 种,详见表 7-11。

3. 评价区植物群落组成分析

根据调查,评价区植被类型大致分为 7 个植被型组,14 个植被型,29 个植物群系和 36 个群丛。

4. 评价区植物群落生物量调查与分析

通过对样方调查结果进行统计计算,耕地平均生物量为 4.39 $t/(hm^2 \cdot 年)$,林地平均生物量为 132.33 $t/(hm^2 \cdot 年)$,草地生物量平均为 5.61 $t/(hm^2 \cdot 年)$,水域滩涂生物量平均为 3.94 $t/(hm^2 \cdot 年)$,库区段现状生物量统计见表 7-12。

图 7-3 样线调查及样地设置情况

表 7-11 项目区植物的科、属、种组成

分类群		科		属		种	
		数量	比例(%)	数量	比例(%)	数量	比例(%)
裸子植物		3	5.2	6	2.9	9	2.4
被子植物		55	94.8	200	97.1	367	97.6
其中	双子叶植物	45	81.8	154	77	279	76
	单子叶植物	10	18.2	46	23	88	24
合计		58	100	206	100	376	100

生物量是体现生态系统获取能量能力的主要方式之一,对生态系统结构的形成具有重要的影响。因此,生物量的研究是生态系统生态学的重要基础,也是开展生产力和生态系统能量过程和能量分配研究的基础。

表 7-12　库区段现状生物量统计

土地类型	面积(km²)	单位面积生物量 [t/(hm²·年)]	总生物量(t/年)
耕地	6.0	4.39	2 634
林地	29.69	132.33	392 887.77
草地	103.91	5.61	58 293.51
水域滩涂	4.92	3.94	1 938.48
合计			455 753.76

7.1.3.3　珍稀保护植物

根据国家环境保护局、农业农村部 1999 年公布的《国家重点保护野生植物名录》及国家林业和草原局于 1987 年公布的《珍稀濒危保护植物名录》等资料,结合本次调查的情况,上游库区调查范围内国家保护植物有 3 种,分别为绶草、雪莲、冬虫夏草,均为国家Ⅱ级保护植物;中游调查区内有国家保护植物 10 种,国家Ⅰ级保护植物 1 种:裸果木,国家Ⅱ级保护植物 8 种:中麻黄、沙拐枣、梭梭、肉苁蓉、绵刺、斧翅沙芥、华北驼绒藜、蒙古扁桃,国家Ⅲ级保护植物 1 种:黄芪。主要分布范围及生境特点见表 7-13。

表 7-13　保护植物分布情况

序号	植物名称	保护级别	濒危类别	生境特点	本项目评价区分布情况
1	绶草	国家Ⅱ级	稀有种	生长于海拔 200~3 400 m 的地区,常见于山坡林地、灌丛、草地、河滩、沼泽、草甸中,多见于灌丛	库区段的高山山坡灌丛草地
2	雪莲	国家Ⅱ级	渐危种	多分布在新疆天山、青藏高原,生于山坡、山谷、石缝、水边、草甸,海拔 2 400~3 470 m	库区段高山地带偶见
3	冬虫夏草	国家Ⅱ级	临危种	主要产于青海、西藏、四川、云南、甘肃五省的高寒地带和雪山草原,海拔 2 700 m 以上	库区高山地带
4	裸果木	国家Ⅰ级	稀有种	海拔 800~2 000 m 的荒漠地带	中游荒漠地带
5	中麻黄	国家Ⅱ级	濒危种	海拔数百米至 2 000 多 m 的干旱荒、沙滩地区及干旱的山坡或草地上	中游荒漠地带
6	沙拐枣	国家Ⅱ级		沙丘、沙地	中游荒漠地带有少量分布
7	梭梭	国家Ⅱ级	渐危种	生在干旱荒漠地区地下水位较高的风成沙丘、丘间沙地和淤积、湖积龟裂型黏土,以及中、轻度盐渍土上,也能生长在基质极端粗糙、水分异常缺乏的洪积石质戈壁和剥蚀石质山坡及山谷	中游地带有少量分布
8	肉苁蓉	国家Ⅱ级	渐危种	肉苁蓉分布区的环境条件与梭梭的分布区相同,寄生于梭梭根部	中游有分布

续表 7-13

序号	植物名称	保护级别	濒危类别	生境特点	本项目评价区分布情况
9	绵刺	国家Ⅱ级	稀有种	主要生长于具有薄层覆砂的砂砾质荒漠、山前洪积扇和山间谷地,常形成绵刺群落,对盐碱化土壤具有相当适应能力,在湖盆的边缘,盐爪爪群落的外围也能形成绵刺群落	中游有分布
10	斧翅沙芥	国家Ⅱ级	稀有种	生在荒漠及半荒漠的沙地,多在内蒙古、陕西、甘肃(高台、张掖)、宁夏等地	中游有分布
11	华北驼绒藜	国家Ⅱ级	渐危种	生于固定沙丘、沙地、荒地或山坡上	中游有分布
12	蒙古扁桃	国家Ⅱ级	稀有种	生于荒漠区和荒漠草原区的低山丘陵坡麓、石质坡地及干河床,海拔 1 000~2 400 m	中游区段的荒漠地带
13	黄芪	国家Ⅲ级	渐危种	生于林缘、灌丛或疏林下,亦见于山坡草地或草甸中,中国各地多有栽培,为常用中药材之一	见于中游,主要为人工栽培

7.1.3.4　古树名木

根据调查,库区淹没范围内古树名木种类只有小叶杨一种,但数量较多,共计 168 棵,树龄 100~400 年,生长状况良好。青海省范围内 162 棵,其中黄藏寺村 91 棵、宝瓶河村 58 棵、地盘子村 2 棵,青海进场道路附近 11 棵;甘肃省范围内 6 棵,其中马福华沟 2 棵、磨湾 1 棵、饲养窖后面 1 棵、河坝 2 棵。

7.1.4　陆生动物调查与评价

7.1.4.1　上游库区段陆生动物调查

本工程库区面积 11.01 km²,左岸淹没甘肃省祁连山国家级自然保护区实验区面积 4.20 km²,右岸淹没青海省祁连山省级自然保护区面积 5.05 km²,库区基本涵盖了工程淹没两个自然保护区实验区的面积,因此库区段动物调查结果也代表了工程占用两个自然保护区内的动物现状情况。陆生动物调查首先通过访问调查、历史资料收集等确定动物集群时间、地点、范围,现场调查采用样线法、样点法、直接计数法。

根据调查,该区共有陆生脊椎动物 50 种,其中两栖类有 1 目 2 科 2 种,爬行纲动物共有 2 目 4 科 4 属 4 种,鸟类是黑河上游陆生脊椎动物中种类最多的一个类群,共有 29 种,隶属 10 目 13 科,哺乳类有 4 目 10 科 17 种。

1. 两栖类

该区两栖类种类很少,仅见有 1 目 2 科 2 种,即花背蟾蜍(*Bufo raddei*)和中国林蛙(*Rana chensinensis*)。

2. 爬行类

该区内爬行纲动物共有 2 目 4 科 4 属 4 种,其中蜥蜴 3 种:青海沙蜥(*Phrynocephalus vlangalii*)、荒漠麻蜥(*Ereimas przwalskii*)、新疆沙虎(*Teratoscnicus przewalskii*);中介蝮(*Agkistrodon intermedius*)是评价区仅有的蛇类。

3. 鸟类

鸟类是黑河上游评价区陆生脊椎动物中种类最多的一个类群,共有 10 目 13 科 29 种。该区鸟类以广布种和古北型种类占优势。

该区鸟类中,雀形目种类最多,9 种,占该区鸟类的 31.03%,其次是鹰形目和鸮形目,分别是 6 种和 4 种。另外,猛禽有黑鸢、大鵟、红隼、高山兀鹫、胡兀鹫、秃鹫、猎隼、金雕。评价区内仅有水禽 2 种白骨顶、黑颈鹤,为夏候鸟。

4. 哺乳类

该区有哺乳类 5 目 10 科 17 种。哺乳动物以食肉目、兔形目和啮齿目为主,各有 5 种,另外有翼手目 1 种。从自然地理条件上看,该区具有典型的过渡性特征,特别是植被类型由东南部湿润森林向西北荒漠地带过渡,兽类分布格局与植被变化关系密切,体现出明显的过渡性特点。兽类分布总的趋势是古北界种类多,东洋界种类少。

5. 保护动物

库区段动物中有国家重点保护动物 19 种,其中国家 I 级保护动物有 4 种,分别为胡兀鹫、金雕、黑颈鹤三种鸟类和哺乳动物雪豹。国家 II 级保护鸟类有 10 种,分别为黑鸢、大鵟、红隼、猎隼、雕鸮、纵纹腹小鸮、长耳鸮、短耳鸮、高山兀鹫、秃鹫。国家 II 级保护脊椎动物有猞猁、兔狲、豺、岩羊和盘羊;两栖类中国林蛙 1 种。

7.1.4.2 中游陆生动物调查

该区动物调查包含了张掖黑河湿地国家级自然保护区的动物情况,据本次实地调查,并结合文献和资料记载,该区的动物群属于温带荒漠、半荒漠动物群,其基本特征表现为两栖类动物种类和数量少,兽类以啮齿类种类和数量为多,而以其间的湿地鸟类种类数量最为丰富。评价区内有两栖纲 1 目 2 科 2 种,爬行纲 2 目 6 科 10 种,鸟纲 17 目 36 科 155 种,哺乳纲 6 目 11 科 24 种。从陆生脊椎动物的区系组成来看,评价区的陆生脊椎动物区系以古北界成分占优势。

1. 两栖类

本区两栖类的种类很少,仅见有 1 目 2 科 2 种,即花背蟾蜍(*Bufo raddei*)和中国林蛙(*Rana chensinensis*)。

2. 爬行类

评价区内的爬行纲动物共有 2 目 6 科 6 属 10 种,其中蜥蜴 6 种:荒漠沙蜥(*Phrynocephalus przewlskii*)、变色沙蜥(*Phrynocephalus uersicolor*)以及密点麻蜥(*Ereimas multiocellata*)、虫纹麻蜥(*Ereimas vermiculata*)、荒漠麻蜥(*Ereimas przewalskii*)、隐耳林虎(*Alsophylax pipiens*);而沙蟒(*Eryx miliaris*)、花条蛇(*Psammophis lineolatus*)、白条锦蛇(*Elaphe dione*)和中介蝮(*Agkistrodon intermedius*)是评价区仅有的蛇类。

3. 鸟类

鸟类是黑河中游评价区及张掖黑河湿地保护区陆生脊椎动物种类最多的类群,共有 155 种,隶属 17 目 36 科,占评价区脊椎动物总种数的 74.5%,是该区各类生态系统的主要成员。该区鸟类资源极其丰富,分别占甘肃省鸟类(共约 17 目 54 科 479 种)目、科和种数量的 100%、66.7% 和 32.4%,是鸟类重要的栖息地。在评价区繁殖的鸟类区系组成较为复杂,以广布种(33 种)和古北型(32 种)种类占优势,全北型(15 种)和喜干旱的中亚型(13 种)种类也较多。

中游评价区鸟类栖息环境分为湿地、农田村庄、人工林和荒漠 4 种生境,其中湿地生境又可分为湖泊水库湿地、河流漫滩、浅水湿地三种类型。结合样线调查和文献资料,评价重点说明中游黑河湿地鸟类群落的情况。

黑河中游及张掖黑河湿地保护区水禽种类多、数量大,也是该湿地保护区的主要保护对象,是水禽重要的繁殖地和迁徙停息地。根据对黑河中游及湿地保护区繁殖季节和迁徙季节两个时期在平原水库、浅水沼泽和河流漫滩 3 种类型的湿地生境中鸟类种类和数量的观察,在湿地生境两个时期共观察到鸟类 70 种,占保护区鸟类种数的 45.16%,其中繁殖期观察到 50 种鸟类,迁徙季节观察到 44 种鸟类。

在夏季繁殖季节,三种类型湿地中的鸟类种类数都大于迁徙季节的鸟类种类数,多样性指数都大于迁徙季节,说明遇见率繁殖期湿地生境鸟类种类是最丰富的时期,许多水禽在此繁殖栖息,尤其是浅水沼泽生境,多样性指数最高,达 3.186 3,为许多鸟类提供了良好的繁殖栖息地,众多的雁鸭类、鸻鹬类和鸥都在此生境活动。

从该区鸟类数量来看,平原水库的鸟类数量最高,繁殖期为 216.2 只/km,而在迁徙季节,数量则多达 511.92 只/km,主要是雁鸭类(有 20 种,占 50%),其中数量最多的 5 种是赤嘴潜鸭(遇见率 120.19 只/km)、绿头鸭(84.62 只/km)、灰雁(67.31 只/km)、骨顶鸡(62.50 只/km)、大天鹅(38.46 只/km)。例如,在 10 月的马尾湖,曾见到数千只的赤嘴潜鸭,小海子曾见到 800 多只的灰雁。可以看出,在鸟类迁徙季节,大量的水禽选择水面较大、水较深的湖泊水库作为停留栖息地。在浅水沼泽生境,繁殖期和迁徙季节鸟类多样性都很高(多样性指数达到 3.186 3、3.081 6),但繁殖期的鸟类数量远大于迁徙季节的数量(125.14 只/km>45.17 只/km),这是由于许多夏候鸟在迁徙季节由繁殖生境向湖泊水库集中,准备集群迁飞。在河流漫滩生境,无论繁殖期还是迁徙季节,鸟类种类和数量都是最低的(28 种,27.88 只/km;14 种,26.81 只/km),表明黑河河道湿地并不是鸟类选择的繁殖和迁徙栖息的主要生境,这与河流漫滩生境具有较低的鸟类食物资源有主要关系。

总体来看,评价区及张掖黑河湿地保护区内多样的湿地环境和湿地充足的食物为众多湿地鸟类提供了很好的栖息环境,鸟类群落组成中以湿地鸟类为主,无论其种类和数量都占较大优势。

另外,中游区鸟类以水禽为主,栖息着《关于特别是作为水禽栖息地的国际重要湿地公约》(简称《湿地公约》)列入的水禽(包括鸊鷉目、鹈形目、鹳形目、雁形目、鹤形目、鸻形目、鸥形目)64 种,占我国水禽种数的 25.1%,占评价区鸟类种数的 41.9%,其中繁殖种类有 41 种。该区湿地水禽中尤以鸻形目、雁形目和鹳形目种类占明显优势,分别有 21 种、20 种和 8 种。其中,有观察结果表明,黑鹳、骨顶鸡、苍鹭、斑嘴鸭、赤嘴潜鸭、黑翅长脚鹬在繁殖季节是湿地鸟类群落的优势种,而大天鹅、灰雁、赤麻鸭、绿头鸭、赤嘴潜鸭等在迁徙季节常集成几百甚至上千只以上的大群。此外,还有 22 种鸟是湿地的依赖者,它们或在湿地捕食,如金雕、鹗、大鵟、棕尾鵟、毛脚鵟、玉带海雕、白尾海雕、雨燕、雀形目的燕科,鹡鸰科的种类;或在湿地完成重要的生活史阶段,如大苇莺、鸫等在湿地植物茎秆上或灌丛中营巢繁殖。因此,湿地鸟类种数为 86 种,占评价区鸟类种数的 55.48%。中游研究区主要水禽名录见表 7-14。

表 7-14　中游研究区主要水禽名录

序号	名称	序号	名称
1	凤头鸊鷉 Podiceps cristatus	33	骨顶鸡 Fulica atra
2	小鸊鷉 Tachybaptus ruficollis	34	黑水鸡 Gallinula chloropus
3	普通鸬鹚 Phalacrocorax carbo	35	小田鸡 Porzana pusilla
4	苍鹭 Ardea cinerea	36	普通秧鸡 Rallus aquaticus
5	夜鹭 Nycticorax nycticorax	37	灰头麦鸡 Vanellus cinereu
6	池鹭 Ardeola bacchus	38	凤头麦鸡 V. vanellu
7	大白鹭 Egretta alba	39	金眶鸻 Charadrius dubius
8	黑鳽 Dupetor flavicollis	40	环颈鸻 C. alexandrines
9	黄苇鳽 Lxobrychus sinensis	41	金斑鸻 Pluvialis fulva
10	黑鹳 Ciconia nigra	42	白腰杓鹬 Numenius arquata
11	白琵鹭 Platalea leucorodia	43	黑尾塍鹬 Limosa limosa
12	大天鹅 Cygnus Cygnus	44	鹤鹬 Tringa erythropus
13	小天鹅 C. columbianus jankowskii	45	泽鹬 T. stagnatilis
14	灰雁 Anser anser	46	矶鹬 T. hypoleucos
15	豆雁 Anser fabalis	47	白腰草鹬 T. ochropus
16	斑头雁 Anser indicus	48	红脚鹬 T. tetanus
17	赤麻鸭 Tadorna ferruginea	49	青脚鹬 T. nebularia
18	翘鼻麻鸭 T. tadorna	50	丘鹬 Scolopax rusticola
19	赤膀鸭 A. strepera	51	扇尾沙锥 Gallinago gallinago
20	赤颈鸭 A. Penelope	52	红胸滨鹬 Calidris Ruficollis
21	斑嘴鸭 A. poecilorhyncha	53	青脚滨鹬 C. temminckii
22	琵嘴鸭 Anas clypeata	54	弯嘴滨鹬 C. ferruginea
23	针尾鸭 Anas acuta	55	黑腹滨鹬 C. alpine
24	绿翅鸭 A. crecca	56	黑翅长脚鹬 Himantopus himantopus
25	绿头鸭 A. platyrhynchos	57	反嘴鹬 Recurvirostra avosetta
26	赤嘴潜鸭 Netta rufina	58	遗鸥 Larus relictus
27	凤头潜鸭 Aythya fuligula	59	渔鸥 L. ichthyaetus
28	白眼潜鸭 A. nyroca	60	棕头鸥 L. brunniceplus
29	红头潜鸭 A. ferina	61	红嘴鸥 L. ridibundus
30	青头潜鸭 A. baeri	62	须浮鸥 Chlidonias hybrida
31	鹊鸭 Bucephala clangula	63	白额燕鸥 Sterna albifrons
32	灰鹤 Grus grus	64	普通燕鸥 S. hirundo

4. 哺乳类

中游区有哺乳类 6 目 11 科 24 种,以啮齿目为主,有 13 种,其次是食肉目 5 种,兔形目只有 1 种。该区哺乳动物以适应干旱环境的中亚型为主,如大耳猬、跳鼠科鼠类、沙鼠、小毛足鼠等。

5. 保护动物

黑河中游评价区及平原水库列入国家重点保护野生动物名录的种类有 28 种。其中,国家 I 级保护物种 6 种,即黑鹳、玉带海雕、金雕、白尾海雕、大鸨、遗鸥,均为鸟类。国家 II 级保护物种 22 种,鸟类有白琵鹭、灰鹤、大天鹅、小天鹅、鹗、鸢、苍鹰、白头鹞、棕尾鵟、大鵟、毛脚鵟、短趾雕、红隼、燕隼、雕鸮、短耳鸮、纵纹腹小鸮、长耳鸮;哺乳动物有草原斑猫、猞猁、兔狲和鹅喉羚。值得注意的是,在评价区内被列入国家保护动物的湿地动物种类都是鸟类,共有 8 种,其中 I 级 3 种:黑鹳、遗鸥、白尾海雕;II 级 5 种:鹗、大天鹅、小天鹅、白琵鹭和灰鹤。

7.1.5　生态景观格局分析

7.1.5.1　库区段

库区段景观格局现状见表 7-15。

表 7-15　库区段景观现状指数

景观类型	景观面积 (km^2)	景观比例 (L_p)	斑块数 (个)	密度 (R_d)	频度 (R_f)	优势度 (D_o)	破碎度指数	多样性指数
耕地景观	6.00	3.34%	69	8.56%	22.07%	9.32%	0.115 0	
林地景观	29.69	16.52%	278	34.49%	85.45%	38.25%	0.093 6	
草地景观	103.91	57.83%	316	39.21%	100.00%	63.72%	0.030 4	1.16
水域景观	4.92	2.74%	41	5.09%	25.35%	8.98%	0.083 3	
建设用地景观	0.64	0.36%	27	3.35%	8.92%	3.25%	0.421 9	
未利用地景观	34.53	19.22%	75	9.31%	61.03%	27.20%	0.021 7	

从表 7-15 可以看出,该区域草地是主要的景观类型,占该区面积的一半以上,其次为未利用地、林地,建设用地面积最小。在评价范围内各景观斑块类型中,草地和林地的密度占优势,分别为 39.21% 和 34.49%,建设用地的密度最低,为 3.35%。景观比例中草地比例最大,为 57.83%,说明区域内草地占较高优势,而且连通性好,样方频率出现为100%,说明其在评价区内的分布比较均匀。其次为未利用地、林地、耕地、水域和建设用地。综合来看,草地的优势度值达 63.72%,是评价区的模地,其次为林地 38.25%,未利用地 27.20%。而耕地 9.32%、水域 8.98%、建设用地 3.25% 均不占优势。

总体而言,项目区景观生态体系受到外来干扰时,具有较好的调节、恢复能力,景观生态体系阻抗稳定性不高,由于荒漠化和水土流失的加剧,该系统的阻抗稳定性受到严重挑战。

7.1.5.2　坝址—莺落峡

根据遥感解译结果,坝址—莺落峡段景观格局现状见表 7-16。

表7-16　坝址—莺落峡段景观现状指数

景观类型	景观面积 (km^2)	景观比例 (L_p)	斑块数 (个)	密度 (R_d)	频度 (R_f)	优势度 (D_o)	破碎度指数	多样性指数
耕地景观	20.50	2.56%	41	2.13%	7.07%	3.58%	0.020 0	
林地景观	151.86	18.93%	736	38.31%	74.34%	37.63%	0.048 5	
草地景观	309.11	38.55%	684	35.61%	89.05%	50.44%	0.022 1	1.232
水域景观	12.86	1.60%	40	2.08%	19.16%	6.11%	0.031 1	
建设用地景观	3.16	0.39%	49	2.55%	4.10%	1.86	0.156 3	
未利用地景观	304.59	37.98%	371	19.31%	88.26%	45.88%	0.012 2	

从表7-16,整个区域草地和未利用地是主要的景观类型,分别占该区面积的38.55%和37.98%,其次为林地、耕地和水域,建设用地面积最小。在评价范围内各景观斑块类型中,林地和草地的密度占优势,分别为38.31%和35.61%,建设用地、耕地和水域的密度最低。景观比例中草地最大,为38.55%,说明区域内草地占较高优势,而且连通性好,样方频率出现为89.05%,说明其在评价区内的分布比较均匀。其次为未利用地、林地、水域、耕地和建设用地。综合来看,草地的优势度值达50.44%,是评价区的模地,其次为未利用地、林地。而耕地、水域、建设用地均不占优势。未利用地和草地的破碎度最小,建设用地的破碎度最大,斑块零散分布于区域。

7.1.5.3　莺落峡—正义峡

根据遥感解译结果,莺落峡—正义峡段景观格局现状见表7-17。

表7-17　莺落峡—正义峡段景观现状指数

景观类型	景观面积 (km^2)	景观比例 (L_p)	斑块数 (个)	密度 (R_d)	频度 (R_f)	优势度 (D_o)	破碎度指数	多样性指数
耕地景观	722.43	35.18%	455	12.27%	60.76%	35.86%	0.006 3	
林地景观	21.87	1.07%	197	5.31%	11.13%	4.66%	0.090 1	
草地景观	161.97	7.88%	1 083	29.21%	44.50%	22.38%	0.066 9	1.194
水域景观	63.93	3.11%	202	5.45%	19.62%	7.83%	0.031 6	
建设用地景观	75.13	3.66%	1 231	33.21%	35.27%	18.96%	0.163 8	
未利用地景观	1 008.53	49.11%	539	14.54%	78.96%	47.94%	0.005 3	

从表7-17可以看出,该区域未利用地和耕地是主要的景观类型,分别占该区面积的49.11%和35.18%,其次为草地、建设用地、水域和林地。在评价范围内各景观斑块类型中,建设用地和草地的密度占优势,分别为33.21%和29.21%,水域和林地的密度最低。景观比例中未利用地最大,为49.11%,且破碎化指数最小,为0.005 3,说明区域内未利用地占较高优势,而且连通性好。其次为耕地、草地、建设用地、水域和林地。综合来看,未利用地的优势度值达47.94%,是评价区的模地,其次为耕地、草地和建设用地。未利用

地和草地的破碎度最小,建设用地的破碎度最大,斑块零散分布于区域。

7.1.6　生态系统完整性与稳定性评价

7.1.6.1　上游区

1. 初级生产力

初级生产力是指自然系统在未受到任何人为干扰情况下的生产能力,这个值可通过当地的净第一性生产力(net primary production,简称 NPP)来估算。

黑河上游区域地处高山湿润区,生态系统生产力是全流域最高的地区,NPP 平均值 424 gC/(m²·年)[1.17 gC/(m²·d)],NPP 在 100.1~350 gC/(m²·年)的面积达 82.43%,其中高寒荒漠带及邻近地区 NPP 较低,一般在 0~100 gC/(m²·年)。

2. 恢复稳定性

根据奥德姆(Odum,1959)将地球上生态系统按总生产力的高低划分为最低[小于 0.5 gC/(m²·d)]、较低[0.5~3.0 gC/(m²·d)]、较高[3~10 gC/(m²·d)]、最高[10~20 gC/(m²·d)]的四个等级,该地域自然生态系统属于较低的生产力水平,依此衡量,评价区域周围生态系统本底的生产力处于较低水平。主要是由于评价区植被生产力较低的高寒草地、荒漠面积占的比例较大,耕地和建设用地所占比例较小。分析表明,黑河上游地区人类活动对自然生态系统的生产力存在一定干扰,但干扰程度较小,自然等级的性质未发生根本改变,自然生态系统存在一定的恢复和调控能力。

3. 阻抗稳定性

该区域由于生境多样,有高山、森林、草原、草甸等多种地貌和植被类型,自然的生境为生物组分的异质化构成提供了可能,可以推断该系统本底的阻抗稳定性较强。

7.1.6.2　中游区

1. 初级生产力

中游区地处祁连山浅山区及山前走廊区,为生态系统生产力量全流域较高的地区,NPP 平均值为 239 gC/(m²·年)[0.66 gC/(m²·d)]。由于有大面积戈壁荒漠的存在,NPP 在 0~50 gC/(m²·年)的面积达 43.55%,其中 NPP 较高的区域主要在祁连山浅山区,一般在 200~300 gC/(m²·年)。

2. 恢复稳定性

中游区平均净生产 239 gC/(m²·年)[0.66 gC/(m²·d)],按照奥德姆划分法,处于 0.5~3.0 gC/(m²·d)的判定标准内,属于生产力较低水平,主要是由于中游区土地利用类型以荒漠为主,其次为草地和农田,体现了中游人工绿洲的特点,沿黑河两侧 NPP 在 350.1~450 gC/(m²·年),生产力水平高于荒漠,处于某些农耕地、半干旱草原中“低值”。分析表明,中游区人类活动对自然生态系统的生产力干扰较为明显,但自然等级的性质未发生根本改变,自然生态系统存在一定的恢复和调控能力。

3. 阻抗稳定性

该区域由于生境多样,有高山、草原、湿地等多种地形地貌,自然的生境为生物组分的异质化构成提供了可能,由于荒漠化和水土流失的加剧,可以推断该系统本底有一定的阻抗稳定性,但相对不高。

本次陆生生态影响预测范围主要包括库区段、中游沿河湿地、拟替代平原水库区以及下游区。

7.2　库区陆生生态环境影响

工程运行期对库区段陆生生态的影响主要有工程永久占地对区域土地利用的影响、水库淹没后对区域景观生态格局的影响、水库蓄水对陆生植物和陆生动物的影响。

7.2.1　土地利用方式影响分析

黄藏寺水利枢纽工程兴建后,将使水位提升 48 m,工程建设征地总面积为 12.16 km²,其中水库淹没影响面积 11.47 km²,枢纽工程建设用地面积 0.69 km²。在建设征地中青海省内有 8.22 km²,甘肃省境内有 3.94 km²。工程永久占地及土地利用类型情况具体见图7-4。

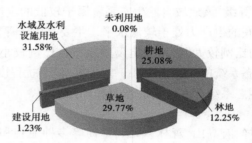

图7-4　永久占地各土地类型面积比例

从不同工程占地类型来看,淹没影响区主要占用水域和耕地,枢纽工程区主要占用草地和耕地。工程永久占地的影响分析见表7-18。

表7-18　永久占地对土地利用的影响

土地利用类型	面积(km²)			面积比(%)		
	现状	建设后	变化	现状	建设后	变化
耕地	6.00	2.95	−3.05	3.34	1.66	−1.68
林地	29.69	28.2	−1.49	16.52	15.85	−0.67
草地	103.91	100.29	−3.62	57.83	56.37	−1.46
水域	4.92	11.47	+6.55	2.74	6.45	+3.71
建设用地	0.64	0.49	−0.15	0.36	0.28	−0.08
未利用地	34.53	34.52	−0.01	19.22	19.40	+0.18
总计	179.69	177.92		100	100	

从表7-18可以看出:工程永久占用耕地面积 6.00 km²,工程建设将使评价区内耕地减少 3.05 km²,林地减少 1.49 km²,草地减少 3.62 km²,未利用地减少 0.01 km²,水域增

加 6.55 km²,建设用地减少 0.15 km²。耕地、林地、草地、建设用地减幅分别为 1.68%、0.67%、1.46%、0.08%,水域和未利用地增幅分别为 3.71%、0.18%,因此工程建设对区域土地利用面积比例影响不大,且工程建成后区域土地利用类型仍以草地和未利用地为主,对土地利用结构也没有较大的影响,因此永久占地对土地利用方式的影响较小。

7.2.2　景观生态格局影响

根据 2013 年库区段的遥感资料分析,工程建成后,库区段生态景观特征参数情况见表 7-19。

表 7-19　工程建成后库区段景观指数情况

景观类型	景观面积（km²）	景观比例 L_p	斑块数（个）	密度 R_d	频度 R_f	优势度 D_o	破碎度指数	多样性指数
耕地景观	4.92	2.74%	50	7.03%	18.78%	7.82%	0.101 6	
林地景观	28.12	15.65%	263	36.99%	80.28%	37.14%	0.093 5	
草地景观	100.86	56.13%	262	36.85%	100.00%	62.28%	0.026 0	1.23
水域景观	12.52	6.97%	41	5.77%	30.52%	12.56%	0.032 7	
建设用地景观	0.57	0.32%	24	3.38%	7.51%	2.88%	0.421 1	
未利用地景观	32.70	18.20%	71	9.99%	60.56%	26.74%	0.021 7	

由表 7-19 可以看出,工程建成后,评价区内草地斑块数 262 块,斑块密度 36.85%,频度 100%,优势度 62.28%;林地斑块数最多,263 块,斑块密度达 36.99%,频度 80.28%,优势度 37.14%。说明草地和林地景观类型仍是本区域的主要景观类型,对本区域景观动态仍具有控制作用的生态组分。工程建设对维持项目生态环境质量的草地和林地等主导景观影响程度较小,不影响其生态功能的正常发挥。

区域生态景观格局特征参数及景观指数变化情况见表 7-20。

从表 7-20 可以看出,水库淹没后评价区范围内受淹没影响最大的是草地,其次是林地,草地仍然是区域的模地,其优势度在水库淹没前后减少了 1.44%,林地减少了 1.11%,未利用地减少了 0.46%,耕地减少了 1.50%,建设用地减少了 0.37%;水库淹没后水域的优势度增加 3.58%,水域的斑块聚集度和连通性增强,但远达不到优势景观。水库淹没后各类景观的斑块数减少,破碎化程度均有不同程度的减轻。

工程建设后各类景观指标变化情况见图 7-5~图 7-9。

7.2.3　陆生植物影响分析

7.2.3.1　水库淹没对植被的影响

水库蓄水后,工程将淹没部分耕地、林地、草地等,伴随这些区域的淹没,将使区域的植被受到一定的破坏,引起区域生物量的损失,根据工程永久占地情况,具体生物量损失情况见表 7-21。

表 7-20　工程建设前后景观指数变化情况

景观指数		耕地	林地	草地	水域	建设用地	未利用地
斑块数（个）	建设前	69	278	316	41	27	75
	建设后	50	263	262	41	24	71
	变化	−9	−15	−54	0	−3	−4
密度	建设前	8.56%	34.49%	39.21%	5.09%	3.35%	9.31%
	建设后	7.03%	36.99%	36.85%	5.77%	3.38%	9.99%
	变化	−1.53%	+2.5%	−2.36%	+0.68%	+0.03%	+0.68%
频率	建设前	22.07%	85.45%	100%	25.35%	8.92%	61.03%
	建设后	18.78%	80.28%	100%	30.52%	7.51%	60.56%
	变化	−3.29%	−5.17%	0	+5.17%	−1.41%	−0.47%
优势度指数	建设前	9.32%	38.25%	63.72%	8.98%	3.25%	27.20%
	建设后	7.82%	37.14%	62.28%	12.56%	2.88%	26.74%
	变化	−1.50%	−1.11%	−1.44%	+3.58%	−0.37%	−0.46%
破碎化指数	建设前	0.115 0	0.093 6	0.030 4	0.083 3	0.421 9	0.021 7
	建设后	0.101 6	0.093 5	0.026 0	0.032 7	0.421 1	0.021 7
	变化	−0.013 4	−0.000 1	−0.004 4	−0.050 6	−0.000 8	0
多样性指数	建设前	1.16					
	建设后	1.23					
	变化	+0.07					

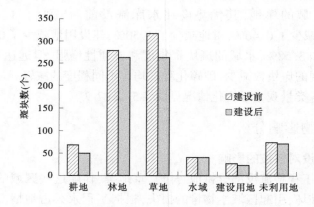

图 7-5　工程建设后各类景观斑块数变化情况

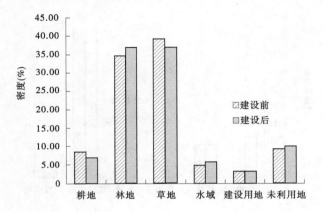

图 7-6　工程建设后各类景观密度变化情况

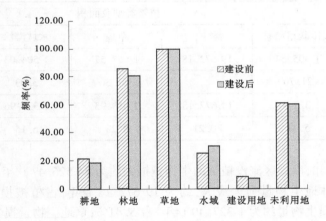

图 7-7　工程建设后各类景观频率变化情况

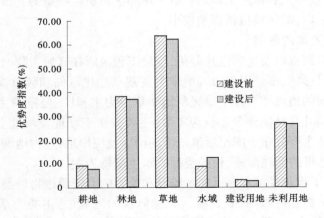

图 7-8　工程建设后各类景观优势度度变化情况

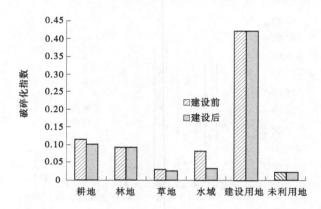

图 7-9　工程建设后各类景观破碎化指数变化情况

表 7-21　永久占地生物量损失情况　　　　　　　　（单位:t/年）

项目	植被类型及面积				
	农田栽培植被	林地	草地	水域滩涂	合计
水库淹没区	1 305.64	19 672.18	1 667.57	1 504.03	24 149.42
枢纽工程区	21.76		351.36	3.93	377.05
合计	1 327.40	19 672.18	2 018.93	1 507.96	24 526.47
所占比例(%)	5.41	80.21	8.23	6.15	100

　　从表 7-21 可知,库周区淹没植被的生物量损失约为 24 526.47 t/年,占该区总生物量的 5.38%,其中林地生物量损失最大,约为 19 672.18 t/年,占植被损失生物量总量的 80.21%;耕地受损生物量约为 1 327.40 t/年,占 5.41%;草地生物量损失 2 018.93 t/年,占 8.23%;水域滩涂受损生物量 1 507.96 t/年,占 6.15%。

　　总体来说,黄藏寺水利枢纽工程运营后对库周区植被生物量的直接影响不大,其损失在可接受的范围之内,对区域植被影响较小。

7.2.3.2　对植物资源的影响

　　通过实地样方调查以及遥感卫片分析,坝址工程区所在区域为陡峭山崖地带,山顶及山腰区域为青海云杉林,坝址周围山脚地带为芨芨草盐化草甸和赖草盐化草甸。拟建枢纽工程淹没区影响的植被类型以干旱区草甸和草原为主,其主要范围主要为坝址及坝址上游 1 km 处;锦鸡儿灌丛主要分布较为零散,主要分布于坝址及坝址上游 0~5 km 的山坡;沙棘、杨属灌丛主要分布于库尾缓流地带的河床及河岸地带,占地面积较小;滩涂沼泽主要为全境水体地带的低洼湿地,植被类型以水生植物为主。

　　据初步统计,工程建成蓄水后可能被淹没和受影响的资源植物种类约 110 余种,占评价区现知维管束植物总种数的 30.59%。在被淹没的区域中,主要为草本植物和农田栽培植被,以旱生植物为主,草本植物主要有异针茅草、高山蒿草、矮蒿草、赖草和芨芨草等,农田栽培植被主要为春小麦、玉米、油菜等。坝址区域水流较为湍急,不存在高等水生植物,因此工程施工不存在对高等水生植物影响。

　　水库淹没对植物资源的影响只是一些植物种类在个体数量上的减少,不会对它们的生存和繁衍造成威胁,也不会降低评价区内物种的多样性。同时,对于被直接淹没的物种来说,其自我恢复能力较强。这些被淹没的区域常见种或人为栽培种在库周区内或库区上游地区仍然有大量的种群分布或被广泛栽培。随着水库的蓄水,新的湿生环境的形成,它们中适宜生长在河岸边的物种将重新定居和发展,形成群落。

　　另外,目前项目区植被片段化较为严重,植被覆盖率也较低,进而形成较多裸露荒地,因此工程建设不会对项目区生境产生重大影响,但在工程建设期间要严格控制临时占地、材料堆放、道路碾压、施工废污水排放等,以免对植被造成不可逆破坏。

7.2.3.3　对保护植物的影响

　　库区调查范围分布的保护植物有绥草、雪莲、冬虫夏草 3 种。工程建设对珍稀陆生保护植物的影响见表 7-22。

表 7-22　工程建设对珍稀陆生保护植物的影响

植物名称	生境特点	评价范围分布区域	影响分析
绥草	生长于海拔 200 ~ 3 400 m 的地区,常见于山坡林地、灌丛、草地、河滩、沼泽、草甸中,多见于灌丛	库区段的高山山坡灌丛草地	绥草广泛分布于整个黑河流域,其生存主要依赖于降雨,对黑河水资源依赖性较低,因此,工程建设不会对其物种及资源造成大的影响
雪莲	多分布在新疆天山、青藏高原,生于山坡、山谷、石缝、水边、草甸,海拔 2 400 ~ 3 470 m	库区段高山地带偶见	水库淹没线(2 628 m)以下未见,不会对其造成影响
冬虫夏草	主要产于青海、西藏、四川、云南、甘肃五省的高寒地带和雪山草原,海拔 2 700 m 以上	库区高山地带	水库淹没线(2 628 m)以下未见,不会对其造成影响

7.2.4　陆生动物影响分析

7.2.4.1　水库初期蓄水影响

　　按施工进度安排,黄藏寺水利枢纽工程于开工后第五年 10 月初导流洞下闸,10 ~ 12 月,进行导流洞堵头施工,水库开始蓄水,导流洞封堵后,由两个底孔过流,进口高程 2 565 m。导流洞封堵后,蓄水至底孔高程 2 565 m,相应库容为 2 248 万 m^3,按保证率 $P = 75\%$ 来水量计算,蓄水历时约 27 d。

　　初期蓄水过程中水库水位缓慢上升,逐渐淹没周边原有植被及陆生动物栖息地。库区淹没范围是祁连山自然保护区的实验区,人为干扰相对较大,不是保护动物的核心生境,绝大部分动物具有较强的行动、迁徙能力,在水库淹没过程中会逐渐迁往淹没区以上地带等其他地区。一般来看,处于繁殖期个体及幼体相对于其他成年个体迁移能力较弱,但水面上升速度不快,在加强或做好保护措施的前提下,大部分动物可以向周边迁移。因此,在蓄水前应做好相应的清库工作,提前驱赶鸟类和兽类等。

7.2.4.2　水库淹没影响

1. 两栖类

水库建成后,由于坝前水位上升,水库回水淹没部分地区的植被、农田等,无疑对库区现在的生态环境有一定的改变,对分布在水库淹没区内的两种两栖类动物会产生不同程度的影响,如花背蟾蜍、中国林蛙,这两种两栖动物对环境的适用能力极强,在周围的农田、小河都有分布。水库建设对该地区两栖类动物来说,由于可利用的水域面积增加,适宜生境面积扩大,将促进蛙类以及以蛙类为食物的其他动物得到相应发展。因此,所受负面影响很小,甚至在后期会出现种群上升的趋势。

2. 爬行类

根据工程区域爬行动物的分布情况分析,水库淹没对爬行动物的影响极小,因为在评价区的爬行动物主要是沙蜥、麻蜥、沙虎,这些爬行动物主要栖息在荒漠和半荒漠的沙丘、草原等栖息地,并且在评价区分布的范围极广,适应其生活的环境较大,其在库区范围分布的种类和数量不多,因此水库淹没后对爬行动物没有影响。

3. 鸟类

水库淹没后直接或间接影响林缘、灌丛及农区鸟类,在调查中,在库区农区种类主要是雉鸡、大斑啄木鸟、戴胜、喜鹊、麻雀、凤头百灵等种群量较多的优势种,灌丛种类主要有棕尾鵟、大鵟、红隼、雉鸡、纵纹腹小鸮、戴胜、大斑啄木鸟、凤头百灵、麻雀、喜鹊、灰背伯劳等。这些鸟类的栖息地将被缩减,同时其食物也会由于栖息地淹没而相应减少,但鸟类活动范围相对较大,部分鸟类在库周形成新的栖息地。水库形成后水面积增加,尤其是平静水面的面积增加一般会扩大湿地鸟类的生境,从而导致种类及个体数增加,并可能形成新的湿地鸟类越冬场所,对黑颈鹤等湿地鸟类会产生有利影响。

4. 兽类

水库淹没之后对小型哺乳动物影响较大,这些小型哺乳动物主要是啮齿目的动物,而兔形目动物相对迁移速度较快,影响较小。水库淹没之后啮齿目的小型哺乳动物不仅失去洞穴,而且失去觅食的场所,迫使它们向水库周围未淹没的农田、山地迁移,种群数量减少,反而会使淹没线上该物种的种群数量增加。而大型哺乳动物在淹没区活动少,受影响较小。

5. 保护动物

库区段内有国家重点保护哺乳动物 6 种,其中国家一级保护动物 1 种,雪豹;二级保护动物 6 种,分别为豺、猞猁、兔狲、岩羊;濒危物种 1 种,盘羊。这些动物中雪豹活动在海拔 4 100 m 以上区域,猞猁、兔狲、豺、岩羊、盘羊的运动能力较强,反应迅速,故本工程建设不会对它们产生很大影响。

(1)雪豹:国家Ⅰ级保护动物,雪豹为高原地区的岩栖动物。主要生境为高山裸岩、高山草甸、高山灌丛和山地针叶林缘四种类型,从不进入森林之中。雪豹具有夜行性,昼伏夜出,每日清晨及黄昏为捕食、活动的高峰。根据资料记载,分布青海、甘肃祁连山保护区。2012 年调查人员曾在甘肃祁连山国家级自然保护区拍到雪豹的活体照片。因其为高原地区的岩栖动物,主要生活范围在海拔 4 100 m 以上区域,且活动范围较广,本工程正常蓄水位(2 628 m)淹没不会对其产生影响。

(2)豺:国家Ⅱ级保护动物,豺栖息于海拔 2 500~3 500 m 的亚高山林地、高山草甸、高山裸岩等地带,多结群营游猎生活;资料记载在甘肃祁连山自然保护区有分布,访问调查时甘肃祁连山肃南林场有发现。目前数量已非常稀少,其活动范围较广,反应快,能迅速逃遁,水库对其影响不大。

(3)猞猁:国家Ⅱ级保护动物,猞猁最适宜的夏季栖息地包括有岩石裸露的陡峭的斜坡和有森林生长的岩屑坡,独居,夜行性,它们经常远离有水的地方。资料记载,猞猁在甘肃、青海、黑河国家级自然保护区都有分布。2012 年调查人员在甘肃祁连山国家级自然保护区拍到猞猁的活体照片。其活动范围较广,本工程水库淹没不会对其产生影响。

(4)兔狲:国家Ⅱ级保护动物,栖息于灌丛草原、荒漠草原、荒漠与戈壁,亦能生活在林中、丘陵及山地。主要以鼠类为食,也吃野兔、鼠兔、沙鸡等。资料记载,在甘肃、青海祁连山自然保护区、黑河自然保护区有分布。访问调查时在甘肃祁连山自然保护区 2 500 m海拔以下有分布。淹没区鼠类种群数量减少,对其食物具有一定的影响。但其行动敏捷,工程蓄水不会对其种群数量产生影响。

(5)岩羊:栖息在海拔 2 400~6 300 m 的高山裸岩地带,不同地区栖息的高度有所变化,但不见于森林及灌木丛中,有较强的耐寒性,有迁移习性,冬季生活在大约海拔2 400 m 处,春夏常栖于海拔 3 500~6 000 m,冬季和夏季都不到林线以下的地方活动。据青海祁连县志记载,祁连境内有分布,但在项目区未见记载。根据活动范围、习性及种群调查等,在库区没有分布,如果有也可能只在坝址附近以下的高山地区。其活动范围广,水库蓄水对其不会造成大的影响。

(6)盘羊:喜在半开旷的高山裸岩带及起伏的山间丘陵生活,分布海拔在 1 500~5 500 m,可可西里的盘羊分布在海拔 5 000 m 以上山区的高寒草原、高寒荒漠、高寒草甸等环境中,夏季常活动于雪线的下缘,冬季栖息环境积雪深厚时,它们则从高处迁至低山谷地生活,有季节性的垂直迁徙习性。根据盘羊分布特点,在项目区坝址附近可能偶尔有极少量活动,但未有记录。因盘羊的视觉、听觉和嗅觉非常敏锐,性情机警,稍有动静,便迅速逃遁,因此如在坝址附近活动,则影响为易受到惊吓,水库蓄水不会对其造成大的影响。

7.2.5　对区域生态完整性影响

7.2.5.1　项目建设对区域自然体系生产能力的影响

评价区域自然体系的核心是生物,尤其是植被。由于生物有生产的能力,可为受到干扰的自然体系提供修补的功能,从而维持自然体系的生态平衡。但是如果人类干扰过多,超过了生物的修补(调节)能力时,该自然体系将失去维持平衡的能力,由较高的自然体系等级衰退为较低级别的自然体系。

项目建设后,由于淹没占地,植被的生物量减少 24 526.47 t,其中损失最大的是林地,其次是草地,均是当地非常常见的植被类型。虽然项目建设后,区域的平均生物量略有降低,但放到整个流域来看,其对流域生产能力影响甚微,影响区域仍维持在较高的生产能力水平,工程对自然体系生产能力的影响是评价区域内自然体系可以接受的。

7.2.5.2 项目建设对区域自然体系稳定状况的影响

自然系统的稳定和不稳定是相对的。由于各种生态因素的变化,自然系统处于一种波动平衡状况。当这种波动平衡被打乱时,自然系统具有不稳定性。自然系统的稳定性包括两种特征,即阻抗稳定性和恢复稳定性。阻抗是系统在环境变化或潜在干扰时反抗或阻止变化的能力,它是偏离值的倒数,大的偏离意味着阻抗低,而恢复(或回弹)是系统被改变后返回原来状态的能力。因此,对自然系统稳定状况的度量要从恢复稳定性和阻抗稳定性两个角度来度量。

1. 阻抗稳定性

自然系统的阻抗稳定性是由系统中生物组分异质性的高低决定的。本工程建设运营后,本项目所在区域内绝大部分的覆被面积和植被类型没有发生变化,亦即对本区域生态环境起控制作用的组分未变动,生境的异质性没有发生大的改变。本项目评价范围内植被类型主要为人工林和农业植被,人工林和农业植被组成较单一,改变的植被类型均为本区域内较常见的植被类型,因此工程对本区域的生态功能不会造成大的改变,对植被类型分类也不会造成影响,亦即对区域自然体系的异质化程度和阻抗能力影响不大。

2. 恢复稳定性

自然系统的恢复稳定性是根据植被净生产力的多少度量的。如果植被净生产力高,则其恢复稳定性强;反之则弱。工程建成后,各种土地类型发生变化,耕地、林地、草地等拼块类型的面积减少,建筑用地面积增加,但建筑用地面积占评价范围的比例较小,对景观的影响较小,各种植被类型的面积和比例与现状基本相当,生态系统依然保持稳定。工程建设造成评价区生态系统生物量减少,自然体系的生产力有一定下降,但下降幅度很小,仍具有一定的生态承载力。工程建设引起的干扰在可承受范围之内,生态系统的稳定性未发生大的改变。

总之,黄藏寺项目实施后,工程影响区域内植被覆盖率有所变化,生态系统结构成分将发生一定程度的变化,其影响较大的植被主要是山坡地带的草甸和草原,河谷地带的沙棘灌丛、杨属灌丛等。这些植被常见分布广,工程建设、运营对植被的生态结构和稳定性影响较小。此外,工程建设影响区面积占整个流域面积不大,不会对流域生态系统结构完整性产生明显不利影响,生态系统仍可维持其生产生物资源功能、蓄水保水、保护土壤、保护和维持生物多样性等生态功能。

7.3 中游陆生生态环境影响

工程运行后对中游区域陆生生态的影响主要表现在以下几方面:

(1)工程运行后,坝下水文情势发生变化,输水效率的提高减少了中游河段的渗漏,从而影响了地下水位,对沿河湿地产生一定的影响。

(2)替代平原水库影响区域地下水位,从而对周围陆生生态产生影响。

7.3.1　中游沿河湿地影响

7.3.1.1　地表水文情势变化对河道湿地生态过程影响

黑河中游湿地主要分两种类型:一是河流湿地,主要分布在黑河河漫滩走廊,河流两岸形成有带状的胡杨和灌丛湿地;二是湖泊湿地和沼泽湿地,主要为中游的平原水库及其周围的沼泽滩涂。河道湿地补水主要依靠黑河地表水与地下水共同补给,湖泊湿地(平原水库)主要依靠河道引水,周围沼泽主要依靠水库下渗及侧渗补给。

一般来说,黑河水系具有春汛、夏洪、秋平、冬枯的特点。黑河干流出山后进入走廊平原,人为因素的作用加剧,至正义峡断面,径流年内分配明显发生变化,3~5月,中游地区进入春灌高峰,正逢河水枯水期,黑河下泄水量减少,甚至出现河床断流现象;6月河水开始增加;7~9月出现夏汛;9月灌溉回归水和地下水大量溢出,形成年内河水高峰;10月随冬灌和降水量减少,河流水量再度减少,至11月达到最低值;12月至翌年3月为非农业用水季节,灌溉用水量减少,地下水(泉)补给稳定,河流量平稳。

从中游河道湿地生态水文过程来看,中游湿地生态需水关键期为4月上中旬、7月下旬至8月下旬。根据本工程运行期人造洪峰流量合理性分析内容,以张掖黑河大桥以下一断面为典型断面,该断面4月上中旬需7~15 d的1 447.93 m生态保证水位和7月下旬到8月下旬需3~5 d的1 449.60 m生态保证水位,可以保证洪漫沿河湿地大部分区域,对应断面过水流量分别为98.79 m³/s和397.21 m³/s,对应的黄藏寺坝下下泄流量分别为100.03 m³/s和401.31 m³/s。

黄藏寺水库建成后,天然洪峰大流量过程变成了人造洪峰下泄过程,黄藏寺水库4月上中旬采用110 m³/s的输水流量向下游输水15 d,7月、8月采用300~500 m³/s的输水流量向下游输水3~6 d,可以保证中游沿河湿地的水量补给,维护湿地水源涵养功能。

7.3.1.2　沿河地下水位变化对湿地植被影响

1. 运行期中游沿河地下水变化情况

根据中游地区地下水模型预测的结果,空间上,地下水位下降0.2 m的范围主要分布于莺落峡—草滩庄—黑河大桥一线,分布范围长约20 km,河道两侧影响范围最远距河道1.67 km,面积约62 km²,降深最大值约为0.47 m。时间上,建库后水文情势发生变化的时期主要为4月中旬、7月中旬、8月中旬集中输水期,由于山前地下水位埋深较大,包气带较厚,根据长期监测资料,河水渗漏后存在2个月左右的滞后。因此,地下水位发生变化在6月、9月与10月;10月降深是年内各时期中最大的,地下水位下降0.2 m的范围主要分布于莺落峡—草滩庄—黑河大桥一线。黑河湿地范围内的夏家庄段,渗漏减小引起的地下水位变化不明显。年内降深最大0.15 m,建库前后水位平均下降值为0.06 m。

2. 河道两侧植被的分布情况

从遥感解译的结果,中游地区河道两侧3 km范围内,生态类型以农业生态为主,同时有部分荒漠和沼泽生态类型,因此植被类型主要以农田植被为主,同时有荒漠和沼泽湿地植被类型。根据实地调查,植被类型有灌丛、草甸、草原和沼泽几种。

其中,灌丛主要有柽柳灌丛、杨属灌丛、黑果枸杞灌丛、猪毛菜灌丛、霸王灌丛等;草原有异针茅草原群丛;草甸有芨芨草草甸和以苦荬菜为主的杂草草甸两种群系;沼泽以芦苇、香蒲群落为主。

典型植物代表胡杨、柽柳、芦苇、梭梭、罗布麻、甘草、骆驼刺等。

3. 中游地区地下水埋深与植被根系关系

根据有关地下水埋深与植被关系的研究,表明干旱区地表植被的组成、分布及长势与地下水有着密切的关系。中游区植被分布及演替规律,明显受地下水,特别是潜水埋深和水质的控制,表现出与地下水密切的相关性。而且在地下水埋深较浅的地段,常存在一些隐域性植物群落,但因地下水埋深、矿化度不同,植物种类和群落的盖度明显不同。许多研究都证实了地下水埋深影响天然植被生长。

合理的地下水位对中游植被的生长至关重要,中游地下水位预警界限见表 7-23。

表 7-23　中游地区地下水位预警界限

特征水位	地下水埋深(m)	特征描述
合理地下水位	2.5~4.0	大于土壤积盐的临界深度,土壤水分基本能满足植被生长需要,潜水蒸发 260~450 mm 又不很强,地下水几乎全部被植被利用
警戒水位	4.5~6.0	毛管上升水流已不能使土壤含水量满足植物生长需要,草本植物全部死亡,乔灌木开始退化,存在着潜在沙漠化威胁
沙漠化出现水位	>6.0	土壤水分含量降至凋萎含水量以下,乔灌木衰败、枯死,地表裸露,风力吹蚀,沙漠化出现

可见,中游地区地下水埋深需要维持在 2.5~4.0,才能达到一个合理的平衡点,维持植被的正常生长。

4. 几种典型植被生长与地下水位关系

根据《黑河下游绿洲生态需水研究》中国科学院寒区旱区环境与工程研究所中相关资料,荒漠绿洲区几种典型植物生长临界地下水位见表 7-24。

表 7-24　几种植物生长临界地下水位

名称	盐渍临界水位(m)		生态适宜水位(m)		生态警戒水位(m)	
	埋深	变幅	埋深	变幅	埋深	变幅
芦苇	0~0.5	<0.5	0.5~1.0	<0.5	1.0~1.5	<0.5
胡杨	1.5~2.5	0.5~1.0	2.5~3.5	0.5~1.0	>5.0	0.5
柽柳	1.0~2.0	0.5~1.0	2.0~3.0	0~0.5	>3.5	<0.5
梭梭	1.5~2.5	<0.5	2.5~3.5	0~0.5	>4.0	<0.5

根据黑河干流流域对干旱区典型优势植物胡杨、柽柳、芦苇、罗布麻、骆驼刺等的随机抽样研究,得到干旱区典型植被在不同地下水埋深范围内出现频率统计,见表 7-25,主要植物对数正态分布拟合曲线参数见表 7-26,主要植物出现频率与地下水区埋深拟合曲线见图 7-10。

表 7-25　几种典型植被在不同地下水位埋深范围的出现频率

地下水位埋深（m）		<1	1~2	2~3	3~4	4~5	5~6	6~7	7~8	8~9	9~10	>10
出现频率（%）	胡杨	5.02	13.98	21.96	20.12	12.48	5.41	7.34	7.04	5.77	0.88	0
	柽柳	4.31	19.56	27.11	22.02	13.04	4.1	0.92	4.73	0.22	2.01	1.96
	芦苇	13.99	37.03	29.04	15.25	5.24	1.86	0.77	0	0	0	0
	罗布麻	4.11	12.14	42.15	13.34	19.89	5.07	0.96	1.99	0	0	0
	甘草	2.8	19.90	41.32	26.03	10.86	0	2.79	0	0	0	0
	骆驼刺	5.76	11.01	21.99	22.54	18.92	8.51	3.15	2.79	0	0	0

表 7-26　主要植物对数正态分布拟合曲线参数

植物种类	对数正态分布拟合曲线参数				
	μ	σ	X_{pm}（m）	$E(X)$（m）	$\sigma(X)$
胡杨	1.296 9	0.623 1	2.481 1	4.441 5	3.059
柽柳	1.115 7	0.527 3	2.311	3.506 9	1.985 4
芦苇	0.697 8	0.633	1.345 9	2.455 1	1.723 5
罗布麻	1.068 8	0.394 4	2.492 4	3.147 2	1.291
甘草	1.008 3	0.372	2.386 7	2.937 4	1.131 7
骆驼刺	1.289 1	0.488 5	2.859	4.089 6	2.123 3

注：植物出现频率最大值对应的地下水埋深 X_{pm}（众数），地下水位埋深的数学期望 $E(X)$ 及地下水位埋深方差 $\sigma(X)$。

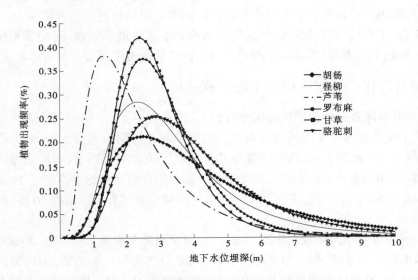

图 7-10　干旱区主要植物出现频率与地下水位埋深拟合曲线

由表 7-26 和图 7-10 可知：

（1）植物出现频率峰值所对应的地下水位埋深分别是：胡杨 2.60 m，柽柳 2.21 m，芦苇 1.41 m，罗布麻 2.51 m，甘草 2.37 m，骆驼刺 3.01 m，除芦苇外，均在 2~3 m，其中最适宜地下水位区间为 2~3 m，而芦苇为 1~2 m。

（2）数学期望是反映植物生长所对应的地下水埋深的平均程度的指标。各种植被分别为：胡杨 4.441 5 m，柽柳 3.506 9 m，芦苇 2.455 1 m，罗布麻 3.147 2 m，甘草 2.937 4 m，骆驼刺 4.089 6 m，因此适宜这些植物正常生长的地下水位埋深为 2~4 m，其中芦苇更适宜在较低的地下水位埋深（≤2 m）下生长，而胡杨、柽柳比较耐旱。

（3）方差反映植物对地下水位埋深变化的忍耐程度，其值越大，植物的忍耐区间越大，即可以在较大的地下水埋深范围内生存，如胡杨、柽柳、骆驼刺；其值越小，植物的忍耐区间越小，即只能在较小的地下水埋深范围内生存，如芦苇、罗布麻、甘草。

地下水埋深小于 2.5 m 的最适植物群落是湿生的芦苇；埋深在 2.5~3 m 的最适植物群落是以罗布麻、甘草为优势种的草甸植被；埋深在 3~3.5 m 的适宜植物群落有胡杨林；在 3.5~4 m 的最适植物群落有柽柳，同时 3~4 m 这一埋深范围也是以骆驼刺等植物为优势种的荒漠化草甸的适宜区。

7.3.1.3　对中游区沿河植被的影响

从黑河干流中游地下水埋深看，河道两侧现状地下水位在 0.5~3 m，最适植物群落是湿生的芦苇以及草甸植被，植物样方现状调查也证实这一点，胡杨林只在正义峡附近有零星分布。工程运行后，河水渗漏引起的地下水位下降区域主要位于莺落峡—草滩庄—黑河大桥一线河段两侧，9 月、10 月降深范围最大，地下水位下降 0.2 m 的范围沿河两岸分布，长约 20 km，河道两侧影响范围最大 1.67 km，面积约 62 km^2，降深最大值约为 0.47 m，远小于当地地下水位天然变幅，可由地下水系统自然调节，中游河道地下水位在 0.03~2.53 m，植被仍将以芦苇湿生植被和以罗布麻、甘草为优势种的草甸植被为主。因此，运行期，河道两侧地下水位变化不会对中游地区沿河湿地的植被造成显著影响。

总体来看，工程运行后，对中游地区沿河两侧地下水位的影响较小，地下水位可以满足中游地区植物生长需要，不会对中游地区沿河两侧的植被生长造成明显不利影响。

7.3.2　项目替代平原水库相关生态影响分析

7.3.2.1　平原水库及湿地保护区的历史成因

拟替代平原水库多位于黑河河道两侧。因为黑河无控制性调蓄工程，年内径流变化较大，随着黑河流域经济发展，部分需灌溉月份河道内经常引不到水，制约了灌区农业生产，为了缓解 5~6 月的"卡脖子旱"，黑河干流中游利用自然洼地相继修建了 27 座平原水库，近期治理期间废除了 7 座，截至 2012 年，黑河流域中游还有平原水库 20 座，总有效库容 4 382 万 m^3。

根据黑河中游河岸两岸现状生态环境调查，河岸两侧多为灌丛和草地，平原水库建成后逐步变成湿地生态系统，部分水库库周有乔木，多为芦苇和灌丛植被，为鸟类提供较为良好的栖息环境，随着鸟类的聚集及湿地的发育，2011 年 4 月 16 日由国务院批准设立张掖黑河湿地国家级自然保护区。

这些水库大部分库容都比较小，年蓄泄水次数 1~4 次不等，平均 2~3 次，平常也有干涸的时候。平均蓄水深度多在 1~2 m,水库蒸发渗漏损失量占总蓄水量的 30%~40%,替代平原水库可以减少水资源蒸发,有其必要性。根据实地调查,平原水库每年一般蓄水 2~3 次,第一次蓄水时间为 3 月 15 日左右,约 7 d 时间蓄满,5 月 15 日左右放水灌溉;第二次蓄水时间为 7 月 20 日左右,约 7 d 时间蓄满,8 月上旬灌溉;第三次蓄水时间为 10 月 20 日~25 日,11 月 20 日以后冬灌供水。

7.3.2.2　替代平原水库的必要性和可行性

据调查,黑河中游张掖地区现有 20 座平原水库,有效库容 4 382 万 m³,平均蓄水深度多在 1~2 m,水库蒸发渗漏损失量占总蓄水量的 30%~40%,替代平原水库可以减少水资源蒸发,有其必要性。根据现场查勘,拟替代平原水库多位于黑河河道两侧,并紧邻灌区农田,生态环境现状较好,植被类型有乔木、灌丛和草本以及农作物。这些水库在 2008~2012 年,均进行了除险加固。黄藏寺水库的建设,可有效缓解 5~6 月的"卡脖子旱",提供可靠的灌溉保障,为替代平原水库的灌溉功能提供可能。平原水库的废弃是黄藏寺项目建议书批复里明确提出的项目建设的前提条件,责成地方政府具体实施,并制定具体废弃时间。

替代的 19 座平原水库中,有 9 座位于张掖黑河湿地国家级自然保护区内,对于在保护区内的 9 座水库废除其灌溉功能,配置其一定的生态水量,维持其局部和周边的生态环境,其余 10 座平原水库完全替代。本章节重点分析不在保护区内的 10 座平原水库替代后的生态影响,9 座位于保护区内的水库替代后的生态影响详见自然保护区章节。

7.3.2.3　水库替代后地下水位变化情况

10 座平原水库灌溉功能完全替代,不再蓄水后,水库渗漏量减小,水库周边产生小范围的轻微水位下降。10 座水库周边的地下水年均降深统计见表 7-27。

表 7-27　10 座平原水库地下水降深统计

序号	名称	位置	距离水库不同距离处年内最大降深值(m)			
		地名(县乡)	0 km	1 km	2 km	3 km
1	二坝水库	张掖市碱滩乡	0.26	0.20	0.13	0.10
2	马郡滩水库	临泽县倪家营	0.28	0.21	0.16	0.09
3	新华水库	临泽县新华乡	0.27	0.19	0.09	0.05
4	田家湖水库	临泽县鸭暖乡	0.29	0.16	0.09	0.05
5	鲍家湖水库	临泽县蓼泉乡	0.38	0.22	0.16	0.11
6	大湖湾水库	高台县宣化乡	0.34	0.27	0.14	0.08
7	白家明塘湖	高台县罗城乡	0.20	0.12	0.07	0.05
8	小海子水库	高台县南华镇	0.20	0.11	0.06	0.04
9	公家墩水库	高台县合黎乡	0.22	0.16	0.11	0.05
10	夹沟湖水库	高台县宣化乡	0.25	0.14	0.06	0.06
最小值			0.20	0.11	0.06	0.04
最大值			0.38	0.27	0.16	0.11
平均值			0.27	0.18	0.11	0.07

由表 7-27 可见,平原水库渗漏减小后,工程运行预测年内地下水位与无工程预测年内地下水位比较,年内最大降深值为 0.38 m,平均值为 0.27 m。平原水库 3 km 范围平均降深 0.07 m。

对于平原水库周边的典型湿地植被芦苇,生态适宜水位为 0.5~1.0 m,变幅<0.5,生态警戒水位为 1.0~1.5 m,变幅<0.5。结合 2013 年黑河中游地下水埋深情况,平原水库范围内地下水埋深为 0.5~1.0 m。黄藏寺建库前后平原水库范围内地下水降深最大值 0.38 m,平均值只有 0.07 m,小于生态适宜水位的变幅,因此其微小变化不会对水库周边植被产生明显不利影响。

7.3.2.4　水库替代后植被演替趋势

通过对近期治理期间已废弃 7 座平原水库的调查,由于地势低洼,地下水位较高,其中 3 座水库自然恢复成了芦苇、草地和林地,2 座水库恢复成了耕地,1 座水库恢复成了人工林地和农田,1 座水库恢复成了农田、荒草地和灌木。黑河近期治理已废弃平原水库现状见图 7-11。

类比可知,平原水库不再蓄水后,在没有人为干预的情况下,水域将逐渐演变成为芦苇、草地、林(灌)木等,水生、湿生植被带宽会逐渐减少,旱生植被逐渐增加。

对于中游区分布的陆生保护植物,裸果木、中麻黄、沙拐枣、梭梭、绵刺、斧翅沙芥、华北驼绒藜、蒙古扁桃,这些物种在河西地区广泛分布,它们对防风固沙和沙漠防治起到重要作用,局部干扰和破坏不至于造成整体不可逆性影响;肉苁蓉分布区的环境条件与梭梭的分布区相同,寄生于梭梭根部,由于具有重要的药用价值和经济价值,人工采挖较为严重,对肉苁蓉的保护应着重加强对梭梭的保护;黄芪在中游区主要为人工栽培,工程建设对黄芪的影响不大。

7.3.2.5　陆生动物影响

替代平原水库后,水域面积减小,生境发生变化,对动物的影响主要是两栖类和鸟类。

1. 两栖类

中游地区平原水库替代后,对于分布在平原水库周边的 2 种两栖类动物花背蟾蜍、中国林蛙,其中花背蟾蜍的分布广,在沟渠、草甸沼泽、周边农田等生境中均很常见,数量较多,影响不会太大;中国林蛙则多分布于河滩湿地等处,水库替代后,适应其生活环境较大,也不会受很大影响。

2. 鸟类

对于完全替代的 10 座平原水库,湖泊水库湿地生境减小,但会增加其农田、村庄、人工林等生境,相应地村庄农田鸟类群落、人工林鸟类群落、荒漠鸟类群落的数量将会增加,湿地鸟类群落的数量会减少。

受影响较大的湿地鸟类中,尤以多在湖泊水库生境的水禽为主,替代平原水库会破坏这些水禽的生境和缩小水禽的家域面积,影响较大的是种群量较大鸟类,如黑鹳、小䴙䴘、凤头䴙䴘、苍鹭、大白鹭、白琵鹭、大天鹅、灰雁、赤麻鸭、赤膀鸭、斑嘴鸭、绿头鸭、绿翅鸭、琵嘴鸭、赤嘴潜鸭、骨顶鸡、金眶鸻、黑尾塍鹬、矶鹬、红脚鹬、普通燕鸥、渔鸥、棕头鸥、须浮鸥、黑翅长脚鹬等 25 种,这些鸟类主要常见于湖泊水库、浅水沼泽、河流漫滩,有时也偶见水库周围人工林、农田中活动。

(a)已废弃韩家墩水库

(b)已废弃赵阳堡水库

(c)已废弃临泽水库

(d)已废弃新民水库

(e)已废弃新墩水库农田

(f)已废弃唐家湾水库

图 7-11　黑河近期治理已废弃平原水库现状

　　完全替代的 10 座平原水库中,小海子水库和大湖湾水库鸟类种类和多样性较其他水库要高,在繁殖季节和迁徙季节(4 月、10 月、12 月)鸟类数量非常高,据文献资料及调查结果,大湖湾水库在繁殖期水禽种类有 16 种,小海子水库在迁徙季节赤嘴潜鸭数量最多可达 5 000 多只,骨顶鸡的数量约有 3 000 只,大天鹅有 800 多只,灰雁有 1 600 只左右,绿头鸭有 2 000 多只,赤麻鸭有近千只。因此,水库的替代将对以赤嘴潜鸭、赤麻鸭等为代表的水禽带来一定影响。

　　完全替代的 10 座平原水库水体面积所占区域范围相对黑河中游湿地总体面积很小,不足以影响张掖湿地大生态环境;平原水库现状蓄水方式具有季节性交替现象,冬季和枯水期为无水状态,从生态适应角度而言,水库灌溉功能的废弃,在区域内浅水沼泽、黑河河流漫滩等湿地生境还大量存在,不会对鸟类造成实质性影响;废弃水库的同时保留了 9 座平原水库,并保证了保留水库的生态需水,因此水库废弃只是在较小尺度上对群落造成影响,不会影响生态系统总体功能和格局;从长远角度而言,替代平原水库还可以改善局地鸟类栖息环境,改善局地盐渍化等生态问题,河流自然生态系统可以改善。

3.其他动物

拟替代的平原水库区域土地利用程度较高,人类活动相对频繁,野生动物较少,且区域内主要为耕地、半荒地、林地和河滩地等,未发现大型野生动物栖息地。平原水库如不再蓄水,水面将变成灌丛甚至草地,成为部分野生动物的栖息地,整体上废弃平原水库灌溉功能对其他野生动物影响很小。

7.4 下游陆生生态环境影响

工程实施后对下游生态的影响主要在有利方面,向下游生态调水将保证下游绿洲的生态水量和需水过程,评价将结合黑河流域调水后评估、黑河下游生态需水以及黑河流域综合规划环评的相关成果来分析工程实施后对下游的有利影响。

7.4.1 调水及近期治理对下游生态的影响回顾

根据调水及近期治理的生态影响回顾性评价相关研究,调水及近期治理实施后,黑河下游生态格局发生了一定变化,主要表现在:2010 年与 2000 年相比,裸岩、裸土和沙漠/沙地面积减少了 227.08 km^2,湖泊、水库/坑塘、河流等水面面积增加了 123.5 km^2,林地面积增加了 10.61 km^2,草地面积虽然减少了 16.4 km^2,但主要是稀疏草地减少了 13.928 km^2,下游生态环境明显改善,有效遏制了下游地区生态环境恶化趋势。从生态格局来看,黑河下游裸土面积所占比例减少了 0.28%,湖泊、水库/坑塘、河流等水面面积所占比例增加了 0.15%,其他土地面积所占比例变化很小,黑河下游生态格局总体变化不大。

调水及近期治理实施后,黑河下游生态恶化趋势得到遏制,部分地区有了明显的恢复,下游典型植被胡杨、红柳对黑河治理响应明显,治理后的长势明显比治理前好,且离河道越近越明显。草场退化趋势得到有效遏制,林草植被和野生动物种类增多,覆盖度明显提高,生物多样性增加。下游近期治理前后主要生态指标变化主要表现在调水及近期治理前后(1999~2009 年)乔木林平均株高由 9 m 提高到 12 m,幼苗株数由 0.2 株/m^2 提高到 2.2 株/m^2,郁闭度由 35% 提高到 74%;灌木林平均株高由 1.4 m 提高到 2.3 m,株数由 1.1 株/m^2 提高到 2.5 株/m^2,郁闭度由 32% 提高到 81%;红柳年胸径生长量由 0.83 mm 提高到了 1.67 mm;苦豆子均高由 30 cm 提高到 70 cm,覆盖度由 30% 提高到 96%。

东居延海及其周边生态环境变化尤为明显,周围的生态环境明显改善。东居延海水面面积逐年增加,最大水面面积超过 40 km^2。生态环境的改善也使生物多样性明显增加。

调水及近期治理实施后,下游的局地气候也有了一定的改善,其中对沙尘暴天气的改善最明显,治理前(1987~1999 年)13 年平均沙尘暴 5.85 次/年,治理后(2000~2009 年)10 年平均沙尘暴次数为 3.5 次/年,比治理前年平均减少了 2.35 次/年,2008 年、2009 年每年的沙尘暴次数只有 1 次。

7.4.2　黑河下游生态需水敏感期

从植物需水过程看,在黑河下游,4 月是下游天然植被种子发芽,植被萌蘖繁殖、更新复壮的最好季节,4 月来水对下游天然植被生存作用最显著;7 月为年内气温最高季节,天然植被生存需要消耗水量最大,也是绿洲区地下水埋深最深的季节,此时适时向天然植被供水对天然植被的生存是十分必要的;9 月秋灌可以有效恢复绿洲区的地下水位,为翌年天然植被的种子发芽,萌蘖繁殖、更新复壮提供水分条件。因此,黑河下游天然植被的供水关键期依次为春灌(4 月)、夏灌(7 月)和秋灌(9 月)。

从改善生态环境来看,4 月是额济纳沙尘暴的多发月份。适当减小或控制沙尘暴发生的成因,必将有效地减小沙尘暴发生的规模和频率。因此,在 4 月向下游额济纳河道输水,增加潮湿土地面积,不仅能有效地防治土壤侵蚀,控制干涸河道提供的沙尘暴源地,更能有效地改善额济纳绿洲小气候环境,在恢复绿洲规模的同时更应当注重当地生态环境的有效改善。

7.4.3　本工程建设对下游陆生生态的影响

工程运行对下游生态的影响主要表现在,水库运行后,改变了下游水资源时空分布,增加了来水量和过水时间,下游来水过程变化会对下游生态产生积极影响。

与现状调水相比,黄藏寺水利枢纽工程建设后集中输水时段、流量、输水量存在着变化。

从输水时段上看,拟定 4 月上旬、7 月中旬、8 月中旬和 9 月中旬输水,4 月上旬黄藏寺水库集中输水,满足下游生态关键期的 4~6 月用水;7 月中旬集中输水满足下游生态关键期的 7 月用水;8 月中旬集中输水满足下游生态关键期的 8 月用水;9 月中旬视正义峡断面当年来水满足分水方案要求而定,使正义峡断面年下泄水量达到国务院批复的分水方案要求水量。

保证正义峡断面 4~6 月来水量对逐步恢复额济纳绿洲生态系统达到 20 世纪 80 年代中期水平是非常重要的。20 世纪 50~80 年代,额济纳绿洲生态系统良好状态下 4~6 月正义峡断面来水量为 1.3 亿~1.4 亿 m^3。

根据水文情势分析,黄藏寺水利枢纽建库后,通过对中游灌区的水资源优化配置,正义峡断面多年平均来水量为 9.82 亿 m^3,可满足国务院对黑河干流分水方案当莺落峡来水量为 15.8 亿 m^3 时,正义峡下泄 9.5 亿 m^3 的有关要求。建库后不同典型年正义峡断面年径流量较建库前有所增加,基本能满足黑河干流分水方案相关要求,但年内旬均流量变化趋势与近十年平均的趋势基本一致,整体变化幅度不大,其中 4 月、8 月等生态关键期较建库前径流量有明显增加,这将有利于黑河干流下游生态系统的恢复。

总体来说,水库建成生效后,通过水库调节,额济纳绿洲春季关键需水期的来水量显著增加,汛期来水量相应减少的年内来水过程变化,与下游天然生态需水过程适应较好,可以较好地满足下游天然植被关键灌水期的需水要求,下游来水过程的改善与现状调水相比,将为实现国家批复的黑河水量分配方案提供有力保证,提高额济纳绿洲生态关键期用水保障率,持续改善黑河下游生态环境。

第 8 章　生态环境敏感区影响研究

8.1　生态环境敏感区调查与评价

8.1.1　甘肃省祁连山国家级自然保护区

8.1.1.1　地理位置与范围

甘肃省祁连山国家级自然保护区位于甘肃省境内祁连山北坡中、东段,地理位置在东经 97°23′34″～103°45′49″,北纬 36°29′57″～39°43′39″,南沿祁连山主脉与青海省接壤,西至肃南县界与肃北蒙古族自治县相邻,东至天祝县界与永登县相连,北至祁连山森林分布下线与河西走廊相邻,行政区划包括天祝、肃南、古浪、凉州、永昌、山丹、民乐、甘州八县(区)的祁连山林区部分地区。2014 年 10 月,生态环境部函《关于发布河北衡水湖等 4 处国家级自然保护区面积、范围及功能区划的通知》(环函〔2014〕219 号)公布了该自然保护区调整后的面积及范围。调整后的甘肃祁连山国家级自然保护区总面积 1 987 200 hm²,其中核心区面积 504 067.3 hm²,缓冲区面积 387 371.4 hm²,实验区面积 1 095 761.3 hm²。保护区设有外围保护地带 666 000 hm²,保护区由 7 个分区组成(含外围保护地带)。

8.1.1.2　保护区性质

该自然保护区是以保护祁连山北坡的典型森林生态系统、野生动植物及国家重点水源涵养生态系统为主要目的,集资源保护、科学研究、宣传教育、生态旅游和多种经营等为一体,是典型的综合生态公益型、社会公益性的自然保护区。

8.1.1.3　主要保护对象

主要保护对象为高山水源涵养生态系统、典型森林生态系统及国家重点保护野生动植物。

8.1.1.4　保护区类型

该保护区为"自然生态系统自然保护区"类"森林生态系统类型自然保护区"类型和"野生生物类自然保护区"类"野生动物类型自然保护区"类型,属于超大型复合类型自然保护区。

8.1.1.5　保护区功能分区

甘肃省祁连山国家级保护区功能区划范围 1 987 200 hm²,其中核心区 504 067.3 hm²、缓冲区 387 371.4 hm²、实验区面积 1 095 761.3 hm²,外围保护地带 666 000 万 hm²。调整后保护区设 12 个核心区,分别为野马大泉核心区、素珠链峰核心区、长干河核心区、野牛山核心区、冷龙岭第一核心区、冷龙岭第二核心区、闸渠河源核心区、祁连草车核心区、代乾山核心区、玛雅雪山核心区、毛毛山核心区和昌岭山核心区。调整后保护区设 14 个缓冲区。调整后保护区设 7 个实验区。

　　(1)核心区:海拔 2 900~3 000 m 以上人迹罕至,野生动物分布密集,分布有冰川、雪山、高寒草甸、高寒灌丛草甸、原始森林、高寒湿地等水源涵养功能突出的典型生态系统以及国家保护的野生动植物集中分布地带划分为核心区。核心面积 504 067.3 hm²,占保护区总面积的 25.4%。

　　(2)缓冲区:核心区外围南部以祁连山主脉为屏障,不再划分缓冲区和实验区,将核心区北部外围海拔 2 800~3 000 m,人为活动稀少,主要分布为高寒草甸、高寒灌丛草甸、原始森林、高寒湿地的区域划为缓冲区。缓冲区面积 387 371.4 万 hm²,占保护区总面积的 19.5%。

　　(3)实验区:海拔 2 800 m 以下的地带森林集中分布带及森林分布密集区内的道路、森林公园、风景名胜区等区域划为实验区,作为核心区之间的生物通道,并保持保护区的连贯和完整性。实验区是社区居民生产生活的重要区域,也是保护区最重要的经营管理活动区域。实验区面积 1 095 761.3 hm²,占保护区总面积的 55.1%。

　　(4)外围保护地带:实验区外的原管辖地带,因分布有较多的村镇、农田、牧场、矿山、水能等资源,同时分布有不少林地、湿地、草地等,也是祁连山重要的水源地和生态系统的重要组成部分,对保护好祁连山典型生态系统和水源地具有重要作用,划为外围保护地带,加强保护的前提下,合理开发利用自然资源,促进社区生态和经济协调发展。外围保护地带主要为:人口集聚的村镇,耕地集中分布区,林缘连片的牧草地,国家和省级公路、铁路沿线区域和历史遗留的矿区,总面积 66.6 万 hm²,占保护区总面积的 25.1%。

　　依据地形地貌、生态功能、重点保护对象分布、人为活动、交通道路及资源利用情况,区划核心区缓冲区 10 块,涉及黑河流域的共 5 个区,各区位置及主要保护对象如下:

　　Ⅰ区(野马大泉核心区):位于保护区最西段肃南县境内拖来山至陶勒南山之间区域,海拔高度在 3 000 m 以上,人为活动稀少。将贺大素南山至陶勒南山之间区域划为核心区,主要保护对象为藏野驴、野牦牛、雪豹、甘肃马鹿、棕熊等国家保护野生动物及冰川。贺大素南山至拖来山之间区域区划为缓冲区,拖来山北坡区划为实验区。

　　Ⅱ区(素珠链核心区):位于保护区西段肃南县境内,北大河以东、马氏河以西、光滑岭以南的区域。素珠链峰为保护区最高峰,海拔 5 564 m。是祁连山北坡冰川分布最集中分布区域。将海拔 3 200 m 以上区域划分为核心区,主要保护对象为冰川、雪山、高寒草甸、高山灌丛等水源地。外围 2 900~3 200 m 高山灌木林区划为缓冲区,海拔 2 600~2 900 m 森林集中分布带区划为实验区。

　　Ⅲ区(长干河核心区):位于保护区西段肃南县、甘州区境内,西至肃—宁公路(肃宁县至西宁)、东至黑河干流,南靠走廊南山,北临梨园河。是青海云杉林分布较为集中的区域。将大、小长干河流域和海牙沟上游青海云杉林区划为核心区,主要保护对象为青海云杉原始森林生态系统及甘肃马鹿、岩羊、雪豹等国家保护野生动物。外围 2 900 m 以上森林分布带区划为缓冲区,其余靠走廊的林区区划为实验区。

　　Ⅳ区(野牛山核心区):位于保护区中段肃南县和民乐县境内,西至黑河干流,东至宁张公路,南靠祁连山主脉,北至森林分布下线。分布大面积的灌木林、高寒草甸和青海云杉林,是民乐县的水源区。将海拔 3 000 m 以上区划为核心区,主要对象为雪山、高寒草甸、高山灌丛等水源地及雪豹、甘肃马鹿、岩羊等国家保护野生动物。外围海拔 2 800~

3 000 m 林带区划为缓冲区,其余靠走廊绿洲林区划为实验区。

Ⅴ区(冷龙岭核心区):位于保护区中段肃南、山丹、永昌县境内,西至宁张公路,东至西营河及上游宁禅河,南靠冷龙岭,北至森林分布下线。分布大面积的灌木林、高寒草甸和少量青海云杉林,是山丹县、永昌县、武威市和中牧山丹马场的水源区。将海拔 2 900 m 以上区划为核心区,主要保护对象为高山灌丛、高寒草甸、高寒沼泽等水源地及棕熊、雪豹、青海马鹿等国家保护野生动物。带外围海拔 2 800~2 900 m 林区划为缓冲区,海拔 2 800 m 以下林带划为实验区。

8.1.1.6 保护区现状评价

1.土地利用

黄藏寺水利枢纽工程坝址及库区淹没涉及甘肃省祁连山国家级保护区的部分实验区。评价区内甘肃省祁连山国家级自然保护区部分的土地利用情况见表 8-1。

表 8-1 评价区内甘肃省保护区部分的土地利用现状情况

土地利用类型		面积(km²)
一级类型	二级类型	
耕地	平原旱地	0.28
	小计	0.28
林地	有林地	4.14
	灌木林地	4.01
	疏林地	0.09
	小计	8.24
草地	高覆盖度草地	5.89
	中覆盖度草地	18.71
	低覆盖度草地	9.27
	小计	33.87
水域	河渠	0.18
	水库/坑塘	0.01
	滩地	0.39
	小计	0.58
建设用地	农村居民地	0.07
	小计	0.07
未利用地	裸土地	2.27
	裸岩	18.85
	其他	0.76
	小计	21.88
总计		64.92

2. 植物资源

根据调查,祁连山区的森林主要分布于石油河以东的祁连山北坡,建群树种主要有青海云杉和祁连圆柏,局部分布有油松、山杨、桦木等,总面积 198 681.8 hm²。

青海云杉是我国青藏高原东北边缘特有种,分布于我国青海、甘肃、宁夏、内蒙古等省(区),目前主要分布在祁连山和贺兰山两大山系。祁连山是青海云杉的分布中心,尤其位于甘肃省境内祁连山北坡分布面积最广。据 20 世纪初调查,青海云杉林总面积136 659 hm²。甘肃省境内祁连山北坡分布的青海云杉林面积、蓄积分别占当时青海云杉总面积、蓄积的 65.4% 和 59.8%。

祁连圆柏属寒温性常绿针叶树种和我国青藏高原东北边缘特有树种,在四川北部、青海东部、甘肃河西走廊以南均有分布,集中分布于祁连山东段北坡甘肃省境内,在阳坡形成优势林分布。因此,祁连山北坡是青海云杉林和祁连圆柏林典型生态系统的最佳保护区域。

此外,保护区内还分布有 65.4 万 hm² 灌木林,尤其是高山灌丛带或高山灌丛草甸带,灌丛枝叶繁茂,互相交织,覆盖度大,有较厚的苔藓层和丰富的伴生草灌植物,对冬季降雪的积存、春秋季降雨的截留、春季冰雪融水的调蓄、四季气温的调节、野生动物的栖息等都有很重要的作用,在涵养水源、保持水土、防止冰川雪线上移、高山草甸下移、维护森林正常演替、保护生物多样性和高山生态环境等方面有重要意义。

评价区内甘肃省祁连山国家级自然保护区部分的植被类型情况见表 8-2。

表 8-2 评价区内甘肃省祁连山国家级自然保护区部分的植被类型现状情况

序号	植被类型	面积(km²)
1	落叶阔叶林	0.62
2	常绿针叶林	3.52
3	落叶阔叶灌木林	4.01
4	稀疏林地	0.09
5	禾草、杂草、草甸	33.87
6	农田栽培植被	0.28
总计		42.39

3. 动物资源

保护区共有野生脊椎动物 28 目 63 科 286 种,其中有国家一级保护动物 14 种(鸟类 8 种、兽类 6 种),国家二级保护动物 39 种(鸟类 26 种、兽类 13 种)。国家保护的有益或有重要经济、科学研究价值的动物 135 种(两栖类 2 种、鸟类 121 种、兽类 12 种),甘肃省保护动物 6 种(鸟类 2 种、兽类 4 种),甘肃省保护的有益或有重要经济、科学研究价值的动物 24 种。动物中鸟类有 196 种、两栖爬行类 13 种,分别占甘肃省这些动物种数的44.4%、42.3%、16.0%,占全国种数的 16.5%、10.7%、2.0%。动物是以起源于第三亚热带、温带干旱荒漠与草原的古北界地理成分为主,有古北界高地型地理成分的野牦牛,古北界东北亚界的北方型地理成分的马鹿,古北界东北亚界中亚型地理成分,古北界东北界东北型地理成分等,东洋界地理成分有极少分布,总的特征是动物区系单调。工程坝址及库区占地为保护区的实验区,有野生动物活动,主要为鸟类及少量小型哺乳动物,由于人为干扰严重,不是大型野生动物的核心生境。

4. 珍稀保护物种

保护区分布有国家重点保护植物 8 种,其中二级保护植物 4 种、三级保护植物 4 种,列入《濒危野生动植物种国际贸易公约》(CITES)的兰科植物 12 属 16 种。资源植物 83 科 299 属 820 种。植物区系地理成分复杂,含有温带和热带属的多种地理成分:如北温带成分的杜鹃,温带亚洲成分的鬼箭锦鸡儿,东亚成分的星叶草,地中海成分的小叶鹰嘴豆,旧世界温带成分的鲜草花,泛热带成分,热带亚洲成分种中国特有成分等 13 个分布类型。其中,北温带成分计 166 属,热带成分少。表明祁连山植物区系成分复杂,北温带成分占优势,热带成分仅有微弱影响。

5. 坝址及库区生态环境现状

黄藏寺水库位于青海和甘肃两省交界处的黑河干流上,上距祁连县城 19 km,下距莺落峡约 80 km,左岸为甘肃省肃南县,右岸为青海省祁连县,青海祁连山省级自然保护区位于右岸。坝址控制流域面积 7 648 km²,坝址处天然年径流量 12.44 亿 m³。坝址区位于峡谷进口下游约 1 km 处,黑河呈 NE 向流经坝址区。坝址区河谷狭窄,两岸岸坡陡峻,两岸地形坡度一般为 50°～70°,河谷底宽 20～40 m,高程 2 635 m 时河谷宽约 190 m。坝址上下游局部可见短而窄的阶地出现。

根据现场查勘,黄藏寺坝址区及淹没区河道两岸台地为高寒草甸,盖度约 30%,河谷有部分杨树林,淹没区仅见有绥草一种保护植物,无其他珍稀濒危植物物种,坝址及淹没区环境现状见图 8-1。

8.1.2　青海省祁连山省级自然保护区

8.1.2.1　地理位置与范围

青海省祁连山自然保护区始建于 2005 年 12 月,位于青海省的东北部、青藏高原边缘。地理位置在北纬 37°03′～39°12′,东经 96°46′～102°41′。行政区域包括海北藏族自治州的门源县、祁连县和海西藏族蒙古族自治州德令哈市、天峻县等,保护区总面积为 794 000 hm²,其中核心区面积 365 483.0 hm²,缓冲区面积 175 076.0 hm²,实验区面积 253 840.6 hm²。

8.1.2.2　保护区性质

该自然保护区是以保护湿地、冰川、珍稀濒危野生动植物物种及其森林、草原草甸生态系统为宗旨,集物种与生态保护、水源涵养、科学研究、科普宣传、生态旅游和可持续利用等多功能于一体的保护冰川、湿地类型的自然保护区。

8.1.2.3　保护对象

(1)冰川及高原湿地生态系统,包括祁连县托勒南山、托勒山,门源县冷龙岭,德令哈市哈尔科山、疏勒南山等高山上的现代冰川和湿地。

(2)青海云杉、祁连圆柏、金露梅、高山柳、沙棘、箭叶锦鸡儿、柽柳等乔、灌木树种组成的水源涵养林和高原森林生态系统及高寒灌丛、冰源植被等特有植被。

(a)坝址区现状1

(b)坝址区现状2

(c)淹没区植被现状1

(d)淹没区植被现状2

图 8-1　坝址及淹没区环境现状

（3）高寒草甸、高寒草原。

（4）国家与青海省重点保护的野牦牛、藏野驴、白唇鹿、雪豹、岩羊、冬虫夏草、雪莲等珍稀濒危野生动植物物种及其栖息地。

8.1.2.4　保护区类型

以保护黑河、大通河、疏勒河、托莱河、党河、石羊河等河流源头冰川和高寒湿地生态系统为主要保护对象的自然保护区,兼有保护水源涵养林和野生动植物物种及其栖息地。根据保护区主体功能确定为以保护冰川及高寒湿地生态系统为主的自然保护区群体。

8.1.2.5　保护区功能区划

青海省祁连山自然保护区共划分为 8 个保护分区:团结峰保护分区、黑河源保护分区、三河源保护分区、党河源保护分区、油葫芦保护分区、黄藏寺保护分区、石羊河源保护分区、仙米保护分区。核心区面积为 365 483.0 hm²,缓冲区面积为 175 076.0 hm²,实验区面积为 253 840.6 hm²。

黄藏寺水利枢纽工程涉及的保护分区为黄藏寺保护—芒扎保护分区。该分区是以保护森林生态系统为主的保护分区,位于东经 100°01′~100°49′,北纬 38°07′~38°31′,属祁连县林场的黄藏寺营林区和芒扎营林区管辖。保护分区总面积 74 615.7 hm²,其中核心区面积 44 687.4 hm²,缓冲区面积 15 518.7 hm²,实验区面积 14 409.6 hm²。

8.1.2.6　保护区现状评价

　　1.土地利用

评价区内青海祁连山省级自然保护区部分的土地利用情况见表 8-3。

表 8-3　评价区内青海保护区部分的土地利用现状情况

土地利用类型		面积(km²)
一级类型	二级类型	
耕地	平原旱地	2.13
	小计	2.13
林地	有林地	14.43
	灌木林地	4.42
	疏林地	0.36
	小计	19.21
草地	高覆盖度草地	6.83
	中覆盖度草地	22.26
	低覆盖度草地	20.60
	小计	49.69
水域	河渠	0.77
	水库/坑塘	—
	滩地	1.49
	小计	2.26
建设用地	农村居民地	0.13
	小计	0.13
未利用地	裸土地	0.01
	裸岩	10.69
	其他	0.78
	小计	11.48
总计		84.90

2.植物资源

黄藏寺—芒扎保护分区主要包括祁连县林场的黄藏寺营林区和芒扎营林区,主要保护对象为水源涵养林。本区是黑河下游的峡谷地带水源涵养林区。海拔在 2 180~4 552 m,平均坡度为 30°。

黄藏寺营林区位于祁连县中部八宝镇北部,黑河上游的峡谷地带,是峡谷山地水源涵养林区。区内植被主要是青海云杉纯林、祁连圆柏疏林、杨树林,灌木有金露梅、高山柳、鲜草花、沙棘、鬼叶锦鸡儿、红柳、花楸、野蔷薇、水柏枝、枸子等;地被有针藓、羽藓、苔草、马先蒿、乔本科、莎草科、蓼科、豆科、菊科、毛茛科、虎耳草科、龙胆科及高山唐松草科等。芒扎营林区位于祁连县东部峨堡乡,是祁连林区东北部山地主要的水源涵养林区,区内植物主要是青海云杉次生中岭林,灌木有金露梅、高山柳、高山绣线菊、沙棘、鬼叶锦鸡儿、花楸等,成团分布于高山地带,集中于香拉河上游各支沟;地被有乔本科、莎草科、蓼科、豆科、菊科、苔藓、苔草等。

评价区内青海省祁连山省级自然保护区部分的植被类型现状情况见表 8-4。

表 8-4　评价区内青海省祁连山省级自然保护区部分的植被类型现状情况

序号	植被类型	面积(km²)
1	落叶阔叶林	—
2	常绿针叶林	14.43
3	落叶阔叶灌木林	4.42
4	稀疏林地	0.36
5	禾草、杂草、草甸	49.69
6	农田栽培植被	2.13
	总计	71.03

3. 动物资源

区内野生动物有岩羊、马鹿、旱獭、鹰、雕、雪鸡等,同时还有种类繁多的高原昆虫和其他小爬行类动物,动物种类丰富。

8.1.3　甘肃省张掖黑河湿地国家级自然保护区

8.1.3.1　地理位置与范围

甘肃省张掖黑河湿地国家级自然保护区地处甘肃河西走廊中部的"蜂腰"地带、张掖市中北部,由国务院于 2011 年 4 月 16 日批复建立,属黑河流域中部平原区,东邻阿拉善右旗,西接酒泉市的肃州区、金塔县,南临祁连山,北靠合黎山,涉及高台县、临泽县和甘州区。地理坐标为东经 99°19′21″ ~ 100°34′48″,北纬 38°57′54″ ~ 39°52′30″,总面积 41 164.56 hm²,其中核心区 13 640.01 hm²,缓冲区 12 531.21 hm²,实验区 14 993.34 hm²。

8.1.3.2　保护区性质

该自然保护区是以保护我国典型的内陆河流湿地和水域生态系统及其珍稀濒危野生动植物物种为主的自然保护区,是集生态保护、科研监测、科学研究、资源管理、生态旅游、宣传教育和生物多样性保护等功能于一体的自然生态类自然保护区。

8.1.3.3　保护对象和保护区类型

1. 保护对象

(1)我国西北典型内陆河流湿地和水域生态系统及生物多样性。

(2)以黑鹳为代表的湿地珍禽及野生鸟类迁徙的重要通道和栖息地。

(3)黑河中下游重要的水源涵养地和水生动植物生境。

(4)西北荒漠区的绿洲植被。

(5)典型的内陆河流湿地自然景观。

2. 保护区类型

保护区类别为"自然生态系统类",类型属"内陆湿地和水域生态系统类型"。

8.1.3.4　功能分区

1. 核心区

保护区的核心区包括黑河干流较宽地段及滩涂、湖泊、沼泽等湿地生态系统。该区域人为干扰小,生物多样性十分丰富,集中体现了黑河湿地生态系统的自然性、代表性和典型性,是保护区的精华所在。

核心区总面积 13 640.01 hm²,占保护区总面积的 33.14%。

2. 缓冲区

缓冲区为部分黑河干流以及沿河床分布的滩涂灌丛湿地、沼泽湿地、季节性河流湿地等。分布在核心区外围,是连接核心区和实验区的过渡地带。缓冲区的功能是:一方面防止和减少人类、灾害性因子等外界干扰因素对核心区的破坏;另一方面在导致生态系统逆行演替的前提下,可适当进行试验性的科学研究工作。缓冲区实行的也是严格的保护管理措施,禁止一切生产或经营性的开发利用活动。

缓冲区总面积 12 531.21 hm²,占保护区总面积的 30.44%。

3. 实验区

实验区主要为黑河干流狭窄地段及河床外围河流一级阶地的天然林草地及人工林地等。实验区受到人类干预程度较大,生物多样性相对较低。其主要功能是在保护区的统一管理下,进行科学实验和监测活动,恢复已退化的湿地生态系统。在维持生态平衡和环境容量允许的前提下,可适度开展生态旅游和生产经营性活动。

实验区总面积 14 993.3 4hm²,占保护区总面积的 36.42%。

8.1.3.5　保护区现状评价

1. 土地利用现状与评价

张掖市黑河湿地国家级保护区土地利用现状见表 8-5。

张掖市国家湿地自然保护区总面积 411.899 km²,以荒漠所占面积最大,占保护区总面积的 31.21%。荒漠中以戈壁所占面积最大,占荒漠总面积的 47.19%;其次是裸土地,占荒漠总面积的 34.38%;沙地占 17.97%,盐碱地和裸岩各占 0.42% 和 0.04%。保护区中草地占第二位,占总面积的 31.09%,主要是低盖度草地,占草地面积的 64.56%,中盖度草地占 30.02%,高盖度草地仅占 5.42%。

由于保护区主要位于黑河两岸,农田也占较大比例,占保护区总面积的 22.11%。耕地中绝大部分是平原旱地,占耕地面积的 99.82%,山区旱地占 0.17%,还有极少量水田,占 0.01%。

保护区内水域湿地占总面积的 11.59%,并以河流水渠占主要部分,占保护区水域总面积的 60.71%;其次是沼泽,占 15.77%;湖泊占 13.48%;水库坑塘占 10.04%。

保护区内林地分布很少,仅占总面积的 3.08%。林地中疏林地比例最大,为 36.98%,有林地占 28.93%。

人工建设用地最少,仅占保护区总面积的 0.93%,其中农村居民用地占的比例最大,达 73.45%;其次是工矿交通用地,占 14.18%;城镇居民用地占 12.38%。较少建设用地的现状,非常有利于湿地的保护。

2. 陆生植物调查与评价

保护区湿地包括天然湿地和人工湿地两大类 4 个类型 11 个类别。其中,天然湿地包括永久性河流、季节性河流、洪泛平原湿地、永久性淡水湖、季节性淡水湖、草本沼泽、灌丛湿地、内陆盐沼 8 个类别;人工湿地包括池塘、灌溉渠系及稻田、蓄水区 3 个类别。

表 8-5　张掖市黑河湿地国家级保护区土地利用现状

类型	核心区		缓冲区		实验区		总计	
	面积(km²)	比例(%)	面积(km²)	比例(%)	面积(km²)	比例(%)	面积(km²)	比例(%)
水田					0.008	0.01	0.008	0
山区旱地					0.159	0.10	0.159	0.04
平原旱地	18.834	14.15	19.975	16.32	52.11	33.31	90.919	22.07
农田合计	18.834	14.15	19.975	16.32	52.277	33.42	91.086	22.11
有林地	1.468	1.10	0.737	0.60	1.454	0.93	3.66	0.89
灌木林地	1.626	1.22	1.69	1.38	0.998	0.64	4.314	1.05
疏林地	2.437	1.83	0.581	0.47	1.661	1.06	4.679	1.14
森林合计	5.531	4.15	3.008	2.45	4.113	2.63	12.653	3.08
高盖度草地	1.12	0.84	2.548	2.08	3.274	2.09	6.942	1.69
中盖度草地	15.109	11.35	10.186	8.32	13.134	8.40	38.429	9.33
低盖度草地	27.708	20.82	26.519	21.66	28.42	18.17	82.646	20.07
草地合计	43.937	33.01	39.253	32.06	44.828	28.66	128.017	31.09
河流水渠	6.013	4.52	10.73	8.77	12.27	7.84	29.013	7.04
湖泊	2.317	1.74	1.984	1.62	2.143	1.37	6.443	1.56
水库坑塘	1.55	1.16	0.774	0.63	2.472	1.58	4.796	1.16
沼泽地	0.807	0.61	2.614	2.14	4.118	2.63	7.539	1.83
水域湿地合计	10.687	8.03	16.102	13.16	21.003	13.42	47.791	11.59
城镇居民地			0.001	0	0.473	0.30	0.474	0.12
农村居民地	0.733	0.55	0.62	0.51	1.459	0.93	2.813	0.68
工矿交通地					0.543	0.35	0.543	0.13
建设用地合计	0.733	0.55	0.621	0.51	2.475	1.58	3.83	0.93
沙地	7.746	5.82	6.736	5.50	8.617	5.51	23.099	5.61
戈壁	25.629	19.26	23.304	19.04	11.72	7.49	60.654	14.73
盐碱地	0.444	0.33	0.027	0.02	0.07	0.04	0.541	0.13
裸土地	19.533	14.68	13.381	10.93	11.265	7.20	44.179	10.73
裸岩					0.049	0.03	0.049	0.01
荒漠合计	53.352	40.09	43.448	35.49	31.721	20.27	128.522	31.21
总计	133.075	100.00	122.408	100.00	156.417	100.00	411.899	100.00

保护区多样化的湿地类型为多种生物的栖息生长提供了良好的生境,保护区内动植物资源丰富,生物多样性显著。

保护区种子植物 53 科 173 属 311 种(含种下等级,不含栽培种)。其中,裸子植物 1 科 1 属 3 种,即麻黄科、麻黄属 3 种;被子植物中,双子叶植物 40 科 133 属 244 种,单子叶植物 12 科 39 属 64 种。国家Ⅰ级保护的植物有裸果木和绵刺 2 种;国家Ⅱ级保护的植物有 8 种:中麻黄、沙拐枣、斧翅沙芥、梭梭、华北驼绒藜、蒙古扁桃、黄芪、肉苁蓉。

3. 陆生动物调查与评价

分布于保护区的野生脊椎动物 209 种,其中哺乳类 24 种,鸟类 155 种,两栖爬行类 11

种,鱼类 19 种。在保护区各类别湿地中,栖息着《湿地公约》规定的水禽 65 种,占我国《湿地公约》规定水禽种数的 25.10%,占保护区鸟类种数的 41.29%,其中繁殖类 41 种。湿地鸟类群落中鸻形目、雁形目和鹳形目占明显优势,分别有 21 种、20 种和 8 种。保护区已记录的昆虫 892 种,隶属 12 目 114 科 578 属,其中甘肃省新纪录 130 种,珍稀昆虫 11 种。昆虫种类以鳞翅目(319 种,占 35.76%)和鞘翅目(217 种,占 24.33%)昆虫占优势,区系成分以中亚耐干旱种类为主。

保护区内珍稀野生动物丰富,列入国家重点保护野生动物名录的种类有 28 种(I 级 6 种, II 级 22 种);其中国家 I 级保护的物种全为鸟类:黑鹳、金雕、玉带海雕、白尾海雕、大鸨、遗鸥。国家 II 级保护的物种有白琵鹭、大天鹅、小天鹅、鹗、鸢、苍鹰、白头鹞、棕尾鵟、大鵟、毛脚鵟、短趾雕、红隼、燕隼、灰鹤、雕鸮、短耳鸮、纵纹腹小鸮、长耳鸮以及哺乳动物草原斑猫、猞猁、兔狲、鹅喉羚。列入《濒危野生动植物种国际贸易公约》(CITES)附录的有 25 种,其中列入附录 I 的 2 种:白尾海雕、遗鸥,列入附录 II 的 23 种。

保护区有上百只的黑鹳种群,湿地生境繁殖的还有苍鹭、白琵鹭、灰雁等 41 种水禽,群落多样性指数相当高;在春秋鸟类迁徙季节,保护区的湖泊水库湿地可见到大天鹅、灰雁以及赤麻鸭、绿头鸭、赤嘴潜鸭等水禽成几百甚至上千只以上的大群,保护区对于水禽无论在繁殖还是迁徙和越冬方面都具有重要意义。

此外,保护区分布的甘肃省重点保护野生动物有 7 种:大白鹭、灰雁、斑头雁、红嘴潜鸭、渔鸥、狐、祁连裸鲤,其中 5 种鸟类占甘肃省重点保护鸟类的 50%。被列入中日保护候鸟及其栖息环境协定的鸟类有 73 种,中澳候鸟保护协定的鸟类 23 种,国家保护的"三有"(有益的或者有重要经济、科学研究价值)的野生脊椎动物 126 种,甘肃省保护的"三有"25 种。

8.1.3.6　保护区内替代的平原水库现状

据调查,涉及黑河湿地自然保护区的 9 座平原水库,有效库容 1 703 万 m^3,年实际蓄水量 2 617 万 m^3,年蓄水次数 1~4 次不等,平均蓄水深度多在 1~2 m,水库蒸发渗漏损失量占总蓄水量的 30%~40%。根据现场查勘,拟替代平原水库多位于黑河河道两侧,并紧邻灌区农田,生态环境现状较好,植被类型有乔木、灌丛和草本以及农作物。这些水库在 2008~2012 年间,均进行了除险加固。涉及黑河湿地自然保护区的 9 座平原水库现状见图 8-2。

(a)西湾水库1　　　　　　　　　　(b)西湾水库2

图 8-2　保护区替代平原水库环境现状

(c)平川水库1

(d)平川水库灌区

(e)三坝水库1

(f) 三坝水库2

(g)芦湾墩下水库1

(h)芦湾墩下水库2

(i)西腰墩水库1

(j) 西腰墩水库2

续图 8-2

(k)刘家深湖水库1

(l)刘家深湖水库2

(m)马尾湖水库1

(n)马尾湖水库周围环境现状

(o)后头湖水库1

(p)后头湖水库2

(q)白家明塘湖1

(r)白家明塘湖2

续图 8-2

8.2　生态环境敏感区影响分析

8.2.1　甘肃省祁连山国家级自然保护区

8.2.1.1　工程与保护区的位置关系及影响方式

目前工程方案水库正常蓄水位 2 628.00 m 情况下，根据工程淹没红线及施工布置占地与甘肃省祁连山国家级自然保护区的叠图成果，黄藏寺水库坝址在保护区实验区内，坝址距离最近的核心区是野牛山核心区，最近距离约 7.7 km。水库淹没保护区实验区部分区域，工程施工布置中 8 号道路、临时堆料场、1 号弃渣场、砂砾石料场在保护区实验区内。

黄藏寺水利枢纽工程建设占地涉及甘肃省祁连山国家级自然保护区的实验区，其中工程永久占地面积为 432 hm²，其中枢纽工程占地面积为 11 hm²，淹没占地面积为 421 hm²；临时占地面积为 12.28 hm²，均位于淹没区。扣除重复计算面积后，工程建设占压自然保护区面积为 432 hm²。工程施工布置和淹没区与甘肃省祁连山国家级自然保护区的叠图见附图 4。工程占压甘肃省祁连山国家级自然保护区土地情况见表 8-6。

表 8-6　工程占压甘肃省祁连山国家级自然保护区土地情况

占地性质	项目	土地类型及面积(hm²)						合计	说明
		耕地	林地	草地	水域	建设用地	未利用地		
永久占地	枢纽工程占地			10	1			11	
	淹没	28	78	150	45	7	113	421	
临时占地	1 号渣场			6.31			0.14	6.45	位于淹没区
	临时堆料场			1.22			0.11	1.33	
	砂砾石料场			0.03	3.63		0.36	4.02	
	8 号道路						0.48	0.48	
小计		28	78	160	46	7	113	432	扣除重复计算面积

黄藏寺水库工程对自然保护区的生态影响主要是工程施工和水库淹没。

8.2.1.2　施工期对保护区影响

1. 环境空气影响分析

根据工程特点，环境影响污染源主要来自车辆运输扬尘和尾气、临时堆料扬尘。在工程施工过程中，车辆运输及堆料产生的扬尘会对环境造成一些不良影响，主要表现为危害现场施工人员的健康，并对施工区附近环境空气质量产生一定不利影响。

由于保护区内施工活动规模较小，车辆运输产生的扬尘、尾气以及临时堆料产生的扬尘影响范围较小，整体上对区域环境空气质量影响较小。

　　2. 声环境影响分析

　　根据工程特点,施工期声环境污染源来自施工车辆噪声,其影响范围一般是车辆运输线路两侧 200 m 范围。根据噪声预测结果,距离运输车辆昼间 55 m、夜间 223 m 以外可以满足《声环境质量标准》(GB 3096—2008)0 类标准,因此施工期工程施工对自然保护区声环境质量有一定的不利影响。

　　3. 固体废弃物影响分析

　　施工期,保护区内固体废弃物主要表现为临时堆料及砂砾石料的堆放。固体废弃物对环境的影响主要表现为造成局部植被损失,并可能产生一定的水土流失。根据可行性研究设计,临时堆料及砂砾石料均为一般性固体废弃物,并不会对环境产生毒害作用,但其堆放将造成局部植被的破坏,使局部生物量有所降低,但由于占压面积较小,相对保护区实验区而言,其影响基本可以忽略。若堆料防护不当,汛期可能加重区域水土流失问题,并对地表径流进入水体,对附近黑河干流的地表水环境产生一定不利影响。

　　4. 生态影响

　　施工期甘肃省祁连山国家级自然保护区内占地面积 12.28 hm²。工程临时占地内分布植物区系为分布较广的植物种类,工程施工不会影响到植物种群繁衍而导致物种灭绝。工程施工区域内除绥草外,无其他珍稀保护植物,无本区特有种类。

　　施工区陆生动物种类相对贫乏,施工活动对陆生动物影响程度相对较弱。两栖、爬行动物在施工区有发现,但施工区不是其主要栖息生境,两栖爬行类在该区域种群数量稀少,活动性强,因此施工不会对其造成很大影响。

　　施工主要影响河流堤岸附近鸟类,会对鸟类栖息地生境造成干扰和一定程度破坏,影响较大的为河谷灌丛鸟类。施工区不是保护鸟类的主要生境,保护鸟类多为鹰隼类,多活动在高山地区,也不是鸟类的迁徙通道,在采取一定降噪及降尘措施的基础上,对鸟类的影响不大。

　　施工区及周边不是重点保护动物的核心生境,施工活动对重点保护动物影响不大。

8.2.1.3　运行期对保护区影响

　　1. 陆生生态影响分析

　　根据遥感解译成果,黄藏寺水库坝址在保护区实验区内,水库将淹没保护区实验区部分区域,运行期永久占地共 4.32 km²,其中枢纽工程占地 0.11 km²,水库淹没占地 4.20 km²,占保护区总面积(1 987 200 hm²)的 0.21‰,占实验区总面积(1 095 761.3 hm²)的 0.39‰。其中,耕地 0.28 km²,林地 0.78 km²,草地 1.60 km²,水域 0.46 km²,建设用地 0.07 km²,未利用地 1.13 km²。工程永久占用甘肃省祁连山国家级自然保护区土地利用类型情况见表 8-7。

　　工程永久占用保护区面积中,农田栽培植被 0.89 km²,落叶阔叶林 0.49 km²,落叶阔叶林灌木林 0.01 km²,禾草、杂草 1.22 km²,非植被区 1.71 km²。工程永久占用甘肃省祁连山国家级自然保护区植被情况见表 8-8。

表 8-7　工程永久占用甘肃省祁连山自然保护区土地利用类型情况

土地利用类型		面积（km²）	占总面积的比例（%）
耕地		0.28	6.48
林地	有林地	0.77	17.82
	疏林地	0.01	0.23
草地	高盖度草地	0.06	1.39
	中盖度草地	0.94	21.76
	低盖度草地	0.60	13.89
水域	河流	0.11	2.55
	水库/坑塘	0.01	0.23
	滩地	0.34	7.87
农村居民地		0.07	1.62
未利用地	裸土	0.01	0.23
	裸岩	1.12	25.93
总计		4.32	100

表 8-8　工程永久占用甘肃省祁连山国家级自然保护区植被情况

植被类型	面积（km²）	占总面积的比例（%）
农田栽培植被	0.89	20.60
落叶阔叶林	0.49	11.34
落叶阔叶林灌木林	0.01	0.23
禾草、杂草	1.22	28.24
非植被区	1.71	39.58
总计	4.32	100

　　工程淹没保护区所占比例不大，淹没区植被群落结构相对简单，植物种类为常见种，多为杨树林，淹没对保护区影响范围较小，影响对象为少量灌丛和杨树林、部分水域以及以此为栖息生境的部分两栖爬行类、鸟类和小型兽类等，影响程度不大，工程建设也不会对植物多样性造成影响，不会对自然保护区的功能造成明显改变。黄藏寺水库的建设对甘肃省祁连山国家级自然保护区总体影响不大，对试验区影响有限。

　　2. 水生生态影响分析

　　工程建设将改变水文情势，坝址以上局部河段由河流型生态转变成湖库型生态，对水生生态有一定的影响。黄藏寺水库上游已经建成几个梯级电站，现有工程已经对河道产生明显阻隔作用，河道的天然流态已经被改变，黄藏寺水库的建设将会强化河流的阻隔影响。另一方面,因为黄藏寺水库的调蓄作用,丰水期下游河段水量会减少,枯水期通过生态流量下泄和水量调度,下游河段水量会增加,且可以通过合理调度缓解黑河水量年内分布不均的状况下游河道断流时间缩短,对水生生态将会产生一定有利作用。库区水面面积的扩大及库周湿地发育,将形成水禽类候鸟的新栖息地,有利于鸟类的迁徙活动;库周局地气候的改善,有利于库周森林、草场植被资源的恢复,有利于野生动物繁衍生息;库周生态环境的改善将进一步促使自然保护区生物多样性的逐步恢复。

另外,工程建设后,部分保护区内民众外迁,人类活动减少,将有利于自然保护区生态保护管理,减少自然保护区与当地群众的矛盾。

8.2.2　青海省祁连山省级自然保护区

8.2.2.1　工程与保护区的位置关系及影响方式

根据工程淹没红线(2 628 m)及施工布置占地与青海省祁连山省级自然保护区的最新界限叠图,黄藏寺水库坝址在该保护区实验区内,坝址距离黄藏寺保护分区核心区的最近距离约 2.7 km。水库淹没保护区(黄藏寺—芒扎保护分区)实验区部分区域,工程施工布置中 1 号施工工厂、2 号施工工厂、1 号施工营地、2 号施工营地、3 号施工营地、砂石料加工厂、砂砾石料场、土料场、1 号道路、2 号道路、3 号道路、5 号道路、6 号道路、7 号道路、对外交通、2 号弃渣场、3 号渣场在保护区实验区内。

黄藏寺水利枢纽工程建设占地涉及青海祁连山省级自然保护区的实验区,其中工程永久占地为 574.68 hm²,其中枢纽工程占地面积为 59 hm²,淹没占地面积为 505 hm²,管理营地 0.7 hm²,道路 9.98 hm²;临时占地为 71.85 hm²,其中 58.12 hm² 位于淹没区内。扣除重复计算面积,工程建设占压自然保护区面积为 578.43 hm²。工程施工布置和淹没区与青海省祁连山省级自然保护区的叠图见附图 5。工程占压甘肃省祁连山自然保护区土地情况见表 8-9。

对于施工区布置,由于本工程施工区集中在坝址以上库区范围内,左右岸均涉及祁连山自然保护区,经与设计单位沟通,取土场、小型渣场等临时占地尽量布置于水库淹没区范围内,3 号渣场位于淹没线以上青海省祁连山自然保护区实验区内,本次经与设计单位沟通,调整至库尾保护区范围以外区域。

8.2.2.2　施工期环境影响分析

施工期青海省祁连山省级自然保护区内临时占地面积为 71.85 hm²。根据工程特点,工程对自然保护区的影响主要发生在施工期,运行期随着施工人员、机械等影响源的消失,工程运行基本不会对保护区产生影响。

两栖、爬行动物在施工区有发现,但施工区不是其主要栖息生境,两栖爬行类在该区域种群数量稀少,活动性强,因此施工不会对其造成很大影响。

根据工程特点,施工主要影响对象为工程区附近小型动物和鸟类,其影响作用表现为对其栖息和觅食造成一定影响,其中影响较大的为河谷灌丛群落中的鸟类。施工区不是保护鸟类的主要生境,保护鸟类多为鹰隼类,多活动在高山地区,也不是鸟类的迁徙通道,在采取一定降噪及降尘措施的基础上,对鸟类的影响不大。为减免施工活动对鸟类产生的不利影响,施工期应加强施管理工作,避免施工人员进入保护区。

表 8-9　工程占压青海省祁连山省级自然保护区土地情况

占地性质	项目	土地类型及面积(hm²)							说明
		耕地	林地	草地	水域	建设用地	未利用地	合计	
永久占地	枢纽工程占地			58	1			59	
	淹没	74	58	118	184		71	505	
	管理营地			0.7				0.7	
临时占地	1 号施工营地			1.03		1.63		2.66	位于淹没区
	2 号施工营地		0.31					0.31	
	3 号施工营地			3.08				3.08	
	1 号施工工厂区					3.74		3.74	
	2 号施工工厂区			0.63				0.63	
	砂石料加工厂					3.67		3.67	
	砂砾石料场			0.3	36.33	3.63		40.26	
	土料场					0.4		0.4	
	3 号道路	0.74		0.7		1.01		2.45	
	5 号道路				0.06	0.02		0.08	
	6 号道路					0.64		0.64	
	7 号道路		0.2					0.2	
	对外道路	3		2.38		2		7.38	
	1 号道路					2.04		2.04	永临结合
	2 号道路		0.5			0.06		0.56	
	3 号渣场			3.75				3.75	
小计		77	58.5	182.83	185	4.1	71	578.43	扣除重复

　　由于黄藏寺水库紧邻青海省祁连山省级自然保护区黄藏寺—芒扎保护分区核心区,工程施工可能会对保护区的保护动物产生一定干扰作用。保护区内大型重点保护动物,如野牦牛、藏野驴、白唇鹿、雪豹等均分布在高山上,由于坝址位于高山峡谷区,施工均在河谷内,施工区域不是大型重点保护动物的核心生境,施工活动对大型保护动物的影响较小。

8.2.2.3　运行期环境影响分析

　　1. 陆生生态影响

　　根据遥感解译成果,黄藏寺水库坝址在保护区实验区内,水库将淹没保护区实验区部分区域,运行期永久占地共 574.68 hm²,占保护区总面积(794 000 hm²)的 0.72‰,占实验区总面积(253 840.6 hm²)的 0.23%;占黄藏寺—芒扎保护分区总面积(74 615.7 hm²)的

0.77%,占该分区实验区面积(14 409.61 hm²)的3.99%。

　　工程淹没保护区面积中,耕地0.77 km²,林地0.585 km²,草地2.46 km²,水域1.85 km²,农村居民地0.041 km²,未利用地0.77 km²。工程淹没青海省祁连山省级自然保护区土地利用类型情况见表8-10。

表8-10　工程淹没青海省祁连山省级自然保护区土地利用类型情况

土地利用类型		面积(km²)	占总面积的比例(%)
耕地		0.77	12.00
林地	有林地	0.57	8.88
	疏林地	0.015	0.23
草地	高盖度草地	0.15	2.34
	中盖度草地	1.08	16.83
	低盖度草地	1.23	19.17
水域	河流	0.66	10.29
	水库/坑塘	—	—
	滩地	1.19	18.55
农村居民地		0.041	0.64
未利用地	裸土	0.01	0.16
	裸岩	0.70	10.91
总计		6.416	100

　　工程永久占用保护区面积中,农田栽培植被1.02 km²,落叶阔叶林0.595 km²,禾草、杂草1.65 km²,非植被区2.48 km²。工程永久占用青海省祁连山省级自然保护区植被情况见表8-11。

表8-11　工程永久占用青海省祁连山省级自然保护区植被情况

植被类型	面积(km²)	占总面积的比例(%)
农田栽培植被	1.02	17.75%
落叶阔叶林	0.595	10.36
禾草、杂草	1.65	28.72
非植被区	2.48	43.17
总计	5.745	100

　　工程淹没自然保护区所占比例很小,淹没区植被群落结构相对简单,植物种类为常见种,多为杂草、杨树林,淹没对保护区影响范围较小,影响对象为少量灌丛和杨树林、部分水域以及以此为栖息生境的部分两栖爬行类、鸟类和小型兽类等,影响程度不大,工程建设不会对植物多样性造成影响。

2. 水生生态影响

工程建设将改变水文情势,坝址以上局部河段由河流型生态转变成湖库型生态,对水生生态有一定的影响。黄藏寺水库上游已经建成几个梯级电站,现有工程已经对河道产生明显阻隔作用,河道的天然流态已经被改变,黄藏寺水库的建设将会强化河流的阻隔影响。因为黄藏寺水库的调蓄作用,丰水期下游河段水量会减少,枯水期通过生态流量下泄和水量调度,下游河段水量会增加,且可以通过合理调度缓解黑河水量年内分布不均的状况下游河道断流时间缩短,对水生生态将会产生一定有利作用。库区水面面积的扩大及库周湿地发育,将形成水禽类候鸟的新栖息地,有利于鸟类的迁徙活动;库周局地气候的改善,有利于库周森林、草场植被资源的恢复,有利于野生动物繁衍生息;库周生态环境的改善将进一步促使自然保护区生物多样性的逐步恢复。

另外,工程建设后,部分保护区内民众外迁,人类活动减少,将有利于自然保护区生态保护管理,减少自然保护区与当地群众的矛盾。

8.2.3　甘肃省张掖黑河湿地国家级自然保护区

8.2.3.1　工程与保护区的位置关系及影响方式

甘肃省张掖黑河湿地国家级自然保护区位于黑河中游张掖地区,黄藏寺水库工程建设对黑河湿地自然保护区无直接环境影响。水库运行后拟替代的 19 座平原水库中有 9 座平原水库涉及该湿地自然保护区,其中 3 座在核心区和缓冲区内,1 座全部在实验区内,5 座部分位于实验区内。其中,保护区内拟替代的平原水库详见表 8-12。拟替代的 19 座平原水库与甘肃省张掖黑河湿地自然保护区的位置关系见附图 6。

表 8-12　保护区内拟替代的平原水库

序号	水库名称	与保护区的关系	有效库容（万 m³）	年实际蓄水量（万 m³）	年蓄水次数（次）	最大水深（m）	水面面积（km²）	保护区内水面面积（km²）
1	白家明塘湖	全部在缓冲区内	281	281	1	2.3	2.15	2.15
2	后头湖水库	在核心区、缓冲区内	180	309	2	1.80	0.36	0.04
3	马尾湖水库	全部在核心区内	660	900	2	3.50	3.5	3.5
4	西腰墩水库	约 20% 在实验区	100	114	2	2.40	0.68	0.68
5	芦湾墩下水库	约 10% 在实验区	90	132	2	3.00	0.58	0.058
6	平川水库	全部在实验区	113	423	3	4.50	0.6	0.6
7	三坝水库	约 60% 在实验区	28	112	3	3.50	0.18	0.18
8	刘家深湖水库	约 12% 在实验区内	110	110	2	1.80	0.36	0.04
9	西湾水库	约 50% 在实验区	141	236	3	4.80	0.67	0.335
	合计		1 703	2 617			9.20	7.583

本工程的建设对甘肃张掖黑河湿地国家级自然保护区的间接生态影响主要表现在两

个方面:一是工程运行后,由于坝下水文情势及地下水位的变化,对湿地自然保护区沿河湿地的影响;二是替代平原水库对黑河湿地的影响。

8.2.3.2 替代部分平原水库灌溉功能的生态影响

1. 替代后对湿地生态系统的影响

根据近期治理废弃平原水库的调查,平原水库不再蓄水后,在没有人为干预的情况下,水域将成为芦苇、草地、林(灌)木等,将由湿地变为草地、林(灌)地或农田生态系统,不可避免地造成湿地面积的减少。

甘肃省张掖黑河湿地国家级自然保护区总面积 41 164.56 hm²,其中核心区 13 640.01 hm²,缓冲区 12 531.21 hm²,实验区 14 993.34 hm²。替代平原水库中涉及保护区范围的 9 座平原水库,若完全取代将减少湿地保护区水面面积约 7.583 km²,其中核心区约 3.52 km²,缓冲区约 2.17 km²,实验区约 1.893 km²,占总面积的 1.84%,分别占核心区 2.58%,缓冲区约 1.73% 和实验区约 1.26%。在落实评价提出的配置平原水库一定生态水量的措施基础上,平原水库蓄水量有减少,但不会影响到整个黑河湿地自然保护区湿地生态系统结构和功能的维持。

2. 替代后平原水库的生态演变

9 座平原水库替代灌溉功能后,保有一定的生态水量,水库蓄水减少后,水库渗漏量减小,水库周边产生小范围的轻微水位下降。9 座水库周边的地下水年均降深统计见表 8-13。

表 8-13 9 座平原水库地下水降深统计

序号	名称	位置	距离水库不同距离处年内最大降深值(m)			
		地名(县乡)	0 km	1 km	2 km	3 km
1	平川水库	临泽县平川乡	0.31	0.28	0.15	0.11
2	西湾水库	临泽县板桥乡	0.17	0.10	0.04	0.02
3	三坝水库	临泽县平川乡	0.39	0.28	0.17	0.12
4	芦湾墩下水库	高台县巷道乡	0.26	0.20	0.13	0.09
5	白家明塘湖	高台县罗城乡	0.20	0.12	0.07	0.05
6	后头湖水库	高台县罗城乡	0.16	0.11	0.08	0.05
7	西腰墩水库	高台县宣化乡	0.38	0.25	0.17	0.10
8	刘家深湖水库	高台县黑泉乡	0.37	0.28	0.19	0.11
9	马尾湖水库	高台县罗城乡	0.18	0.12	0.08	0.04
最小值			0.16	0.10	0.04	0.02
最大值			0.39	0.28	0.19	0.12
平均值			0.27	0.19	0.12	0.07

由表 8-13 可见,平原水库渗漏减小后,工程运行预测年内地下水位与无工程预测年内地下水位比较,年内最大降深值为 0.39 m,平均值为 0.27 m。平原水库 3 km 范围平均降深 0.07 m。

对于平原水库周边的典型湿地植被芦苇,生态适宜水位为 0.5~1.0 m,变幅<0.5,生态警戒水位为 1.0~1.5 m,变幅<0.5。结合 2013 年黑河中游地下水埋深情况,湿地保护区范围内地下水埋深为 0.5~1 m。建库前后湿地范围内地下水降深最大值 0.39 m,平均值只有 0.07 m,小于生态适宜水位的变幅,因此其微小变化不会对水库周边植被产生明显不利影响。

根据对近期治理期间已废弃 7 座平原水库的调查,由于地势低洼,地下水位较高,其中 3 座水库自然恢复成了芦苇、草地和林地,2 座水库恢复成了耕地,1 座水库恢复成了人工林地和农田,1 座水库恢复成了农田、荒草地和灌木。类比可知,平原水库不再蓄水后,在没有人为干预的情况下,水域将成为芦苇、草地、林(灌)木等,将减少湿地鸟类水面的栖息地,增加芦苇、草地、林(灌)地等栖息地。

综上分析,在保证平原水库生态需水量基础上,在没有人为干预的情况下,水域面积逐渐减小,水生、湿生植被带宽会逐渐减少,旱生植被逐渐增加。水库周围 3 km 范围内,地下水位降深值最大值 0.39 m,平均值最大为 0.27 m,平原水库 3 km 范围平均降深 0.07 m,地下水位的微小降深不会对周围植被的生长造成明显影响。

3. 替代后平原水库的生产力变化

根据地球上生态系统的净生产力和植物生物量平均值,替代前作为水库平均净生产力为 500 gC/(m² · 年),农田为 644 gC/(m² · 年),疏林和灌丛为 600 gC/(m² · 年),温带草原也为 500 gC/(m² · 年),由此,替代后的平原水库平均净生产力基本不会降低,甚至略有增加。

4. 替代平原水库对鸟类的影响分析

1) 湿地鸟类群落和数量及分布情况

(1) 鸟类群落和分布。

根据《甘肃张掖黑河湿地科学考察集》,保护区湿地鸟类的生境可分为湖泊水库湿地、河流漫滩、浅水湿地 3 种类型。繁殖季节在 3 种类型的湿地中记录到湿地鸟 16 种,占湿地鸟总种数的 28.07%;春秋鸟类迁徙季节在 3 类湿地中记录湿地鸟 35 种,占总种数的 61.40%。

无论在种类还是在数量上,鸻形目、雁形目和鹤形目鸟类在湿地鸟类群落中占明显优势,分别有 21 种、20 种和 8 种,依次占湿地鸟总种数的 32.81%、31.25% 和 12.50%。其中,黑鹳、骨顶鸡、苍鹭、斑嘴鸭、赤嘴潜鸭、黑翅长脚鹬在繁殖季节是湿地鸟类群落的优势种,大天鹅、灰雁、赤麻鸭、绿头鸭、赤嘴潜鸭等在迁徙季节集成成百上千只以上的大群。

保护区内的水库湿地是水禽的主要栖息环境,无论是繁殖季节还是迁徙季节,该类型湿地中的鸟类群落多样性都是最高的,水禽的数量也是非常高的。通过调查,在保护区主要的水库湿地,水禽的数量和分布见表 8-14、表 8-15。

表 8-14　繁殖期主要湖泊水库水禽数量分布(2008 年)　　　(单位:只)

种名	明塘湖	马尾湖	后头湖	刘家深湖	西湾
小鸊鷉		14			2
凤头鸊鷉	15	5	8		
普通鸬鹚	8				
苍鹭	56	51	16	20	8
夜鹭		1		1	
大白鹭	7	3	2	2	4
黄斑苇鳽				4	
黑鹳	5		2		
白琵鹭		9		9	5
灰雁					
赤麻鸭	50	2	4		
斑嘴鸭	2	93	12	30	
赤嘴潜鸭	200				
白眼潜鸭		9	11		
红头潜鸭		5			2
骨顶鸡	160	17	5		4
凤头麦鸡	4			2	4
灰头麦鸡		8			
金眶鸻					
环颈鸻		15		16	7
黑尾塍鹬					
白腰草鹬				13	
矶鹬		7			
红脚鹬	85	10		16	
扇尾沙锥		1			4
弯嘴滨鹬					
黑翅长脚鹬	180	100	12	25	16
反嘴鹬					
渔鸥	3				4
棕头鸥	6		6		6
须浮鸥	14	37			
普通燕鸥	18	15			9
种数	16	19	10	11	13
多样性指数 H	2.034 1	2.274 7	2.124 3	2.082 5	2.401 6
均匀性指数 E	0.733 7	0.772 6	0.922 6	0.868 5	0.936 3

表 8-15　迁徙季节主要湖泊水库水禽数量分布(2008 年)　　(单位:只)

种名	西腰墩	明塘湖	马尾湖	后头湖	刘家深湖	西湾
小鸊鷉	3	20	56	8		
凤头鸊鷉		56	89	16	2	
普通鸬鹚	5	40	8	2		
苍鹭	28	29	47	11	30	8
池鹭						
大白鹭	30	17	33	12	2	5
黑鹳	81	10	5	6		3
白琵鹭	16		13			7
大天鹅	4		540	13		
小天鹅			30			
灰雁		27	711	40		
豆雁			80	33		
斑头雁			18			
赤麻鸭	34	15	428	7	50	
翘鼻麻鸭			2		6	
赤膀鸭		60	110		13	
赤颈鸭		15	186			
斑嘴鸭	161	22	122	21	21	20
琵嘴鸭	48		54		16	
针尾鸭	7		6		35	
绿翅鸭	2		320			92
绿头鸭	342	780	400	250		
凤头潜鸭						
赤嘴潜鸭	12	1 130	4 214	25		
白眼潜鸭	28		59			
红头潜鸭			60			
青头潜鸭	8		12			
鹊鸭			67	20	5	
黑水鸡		5	2			4
骨顶鸡		1 190	748	19		
普通秧鸡	11	34	30		10	4

续表 8-15

种名	西腰墩	明塘湖	马尾湖	后头湖	刘家深湖	西湾
凤头麦鸡						
灰头麦鸡		15	18			5
金眶鸻		2				
环颈鸻		5			14	
金斑鸻	5					
白腰杓鹬						2
白腰草鹬	2					
矶鹬						
红脚鹬	8		6			7
青脚鹬	20	3	34			
扇尾沙锥	4					
青脚滨鹬		10			11	21
黑腹滨鹬		7				
黑翅长脚鹬	3		48		14	8
反嘴鹬						4
渔鸥	3	28	38	4	19	13
棕头鸥	5	16	70			8
种数	25	24	35	15	16	16
多样性指数 H	2.148 8	1.664 4	2.718 9	0.482 1	2.514 2	2.092 3
均匀性指数 E	0.667 6	0.523 7	0.764 7	0.178	0.906 8	0.754 7

（2）湿地鸟类数量。

保护区主要的平原水库中,马尾湖、明塘湖等的鸟类群落数量在迁徙季节和冬季(4月、10月和12月)非常高,其中迁徙季节赤嘴潜鸭数量最多,有5 000多只,骨顶鸡的数量约有3 000只,大天鹅有800多只,灰雁有1 600只左右,绿头鸭有2 000多只,赤麻鸭有近千只。可见评价区及张掖黑河湿地保护区的水禽资源是非常丰富的。

2）替代平原水库对鸟类的影响

根据平原水库区鸟类种类、数量以及群落分布的调查,平原水库蓄水减少后,水域面积减少,这将减少湿地鸟类水面的栖息地,但相应增加了芦苇、草地、林(灌)地等类型的栖息地。对常在湖泊水库生境活动的湿地鸟类将造成一定的不利影响,主要是栖息和繁殖地面积将被缩减,同时其食物也会由于栖息地缩减而减少。替代平原水库不会影响整个黑河湿地自然保护区的生态系统及功能,保护区内浅水沼泽、黑河河流漫滩等湿地生境还大量存在,不会引起湿地生境鸟类栖息环境的大面积丧失。

9 座平原水库中,受影响较大的是马尾湖、白家明塘湖、西湾水库,繁殖期(4~7 月)马尾湖和白家明塘湖分布的水禽种类分别有 19 种、16 种、13 种,水禽群落多样性最高的是西湾水库(多样性指数为 2.401 6)和马尾湖(多样性指数为 2.274 7);在迁徙季节,水禽种类最多的是马尾湖(35 种)、西腰墩水库(25 种)、明塘湖(24 种),水禽群落多样性最高的前 3 个是马尾湖(多样性指数为 2.718 9)、刘家深湖(多样性指数为 2.514 2)和西腰墩水库(多样性指数为 2.148 8)。

受影响较大的是种群量较大的鸟类,主要是水禽,且多是国家重点保护的种类,主要是小鸊鷉、凤头鸊鷉、苍鹭、大白鹭、黑鹳、白琵鹭、大天鹅、灰雁、赤麻鸭、赤膀鸭、斑嘴鸭、绿头鸭、绿翅鸭、琵嘴鸭、赤嘴潜鸭、骨顶鸡、金眶鸻、黑尾塍鹬、矶鹬、红脚鹬、普通燕鸥、渔鸥、棕头鸥、须浮鸥、黑翅长脚鹬等 25 种。

5. 对其他野生动物的影响分析

拟替代的平原水库区域土地利用程度较高,人类活动相对频繁,野生动物较少,且区域内主要为耕地、半荒地、林地和河滩地等,未发现大型野生动物栖息地。平原水库如不再蓄水,水面将变成灌丛甚至草地,成为部分野生动物的栖息地,整体上废弃平原水库灌溉功能对自然保护区其他野生动物影响很小。

第9章　水生生态环境影响研究

9.1　水生生态现状调查与评价

9.1.1　调查方法及断面布设

调查单位于 2014 年 6 月 1 日至 7 月 30 日进行现场实地调查,共布设调查断面 46 个,调查内容包括浮游生物、底栖生物和鱼类。

本次现场调查的范围为八宝河和黑河干流,根据地形地貌、水文特征和水生生物分布特性分段进行调查监测,主要为:八宝河口至八宝河入黑河河段、黑河干流河北村至地盘子水电站、地盘子水电站至黄藏寺水利枢纽坝址、宝瓶河水电站至莺落峡段、莺落峡至正义峡段。正义峡至居延海水生生物调查以历史资料为主。现场调查具体点位布设见表 9-1。

表 9-1　水生生物调查断面布设

序号	监测河段	采样捕捞断面	东经	北纬	海拔(m)
1	八宝河口至八宝河入黑河河段	小八宝河入八宝河口	100°38′71″	38°07′66″	2 884
2		八宝河卫视观测点	100°29′52″	38°12′60″	2 825
3		八宝河白杨沟	100°24′23″	38°19′06″	2 660
4		八宝河牛板筋水电站库区	100°21′67″	38°19′45″	2 618
5	黑河干流河北村至地盘子水电站	黑河干流河北村	100°05′94″	38°22′31″	2 716
6		黑河干流绵纱弯	100°10′70″	38°22′23″	2 649
7		黑河祁连县地盘子电站库区	100°14′40″	38°20′76″	2 610
8	地盘子水电站至黄藏寺坝址河段	黑河与八宝河交汇处	100°18′06″	38°22′19″	2 560
9		黑河干流肃南县宝瓶河段面	100°17′22″	38°25′17″	2 568
10	宝瓶河水电站至莺落峡段	宝瓶河水电站库区	100°11′47″	38°35′48″	2 488
11		宝瓶河水电站减水河段	100°11′35″	38°36′57″	2 405
12		宝瓶河水电站尾水河段	100°07′33″	38°41′40″	2 320
13		宝瓶河水电站库区	100°11′47″	38°35′48″	2 488
14		宝瓶河水电站减水河段	100°11′35″	38°36′57″	2 405
15		宝瓶河水电站尾水河段	100°07′33″	38°41′40″	2 320
16		二龙山水电站减水河段	99°97′84″	38°51′73″	2 161

续表 9-1

序号	监测河段	采样捕捞断面	东经	北纬	海拔（m）
17		二龙山水电站尾水河段	99°98′09″	38°52′11″	2 094
18		大孤山水电站库区	99°98′06″	38°56′26″	2 101
19		大孤山水电站减水河段	99°99′49″	38°57′84″	2 080
20		大孤山水电站尾水河段	100°02′47″	38°62′20″	2 039
21		小孤山水电站尾水河段	100°07′28″	38°71′68″	1 881
22	宝瓶河水电站	小孤山水电站减水河段	100°08′92″	38°71′30″	1 870
23	至莺落峡段	小孤山水电站库区	100°03′40″	38°64′15″	2 015
24		龙首二级水电站库区	100°08′73″	38°72′36″	1 862
25		龙首二级水电站减水河段	100°11′43″	38°76′59″	1 726
26		龙汇水电站尾水河段	100°13′61″	38°79′21″	1 700
27		龙首一级坝后河段	100°16′18″	38°80′81″	1 689
28		龙首一级水电站库区	100°13′99″	38°79′40″	1 686
29		黑河龙渠自然河段	100°24′46″	38°83′33″	1 587
30		黑河草滩庄水利枢纽	100°24′64″	38°83′94″	1 578
31		黑河湿地甘州区城北段	100°43′80″	38°97′69″	1 408
32		黑河张掖大桥	100°42′55″	38°99′67″	1 403
33		黑河甘州区乌江镇官寨桥	100°43′12″	39°06′52″	1 380
34		黑河高崖水文站	100°39′55″	39°13′81″	1 365
35		黑河临泽平川桥	100°09′80″	39°32′84″	1 323
36		黑河临泽湿地	100°09′99″	39°33′01″	1 322
37	莺落峡	黑河临泽平川水库	100°10′67″	39°33′17″	1 321
38	至正义	黑河高台城北桥	99°82′78″	39°38′87″	1 296
39	峡河段	黑河高台明塘湖水库	99°49′97″	39°75′04″	1 238
40		黑河高台罗城乡常丰村湿地	99°52′26″	39°72′97″	1 237
41		黑河高台罗城大桥	99°57′90″	39°65′85″	1 248
42		黑河高台马尾湖水库	99°62′57″	39°60′67″	1 257
43		黑河高台大湖湾水库	99°74′82″	39°41′24″	1 284
44		黑河湿地高台保护区核心区	99°75′27″	39°41′11″	1 282
45		高台县湿地公园橡胶坝	99°81′22″	39°39′28″	1 287
46		黑河高台小海子水库	99°88′93″	39°28′92″	1 317

9.1.2　调查结果

9.1.2.1　浮游植物

调查共采集到浮游植物 7 门 46 属,其中坝址上游河段采集到 5 门 34 属,坝址下游—莺落峡河段 6 门 39 属,中游莺落峡—正义峡河段 7 门 46 属,正义峡下游河段 6 门 43 属,详细情况见表 9-2。

表 9-2　评价范围浮游植物统计

序号	监测河段	种类	个体数量		生物量	
			范围(万个/L)	均值(万个/L)	范围(mg/L)	均值(mg/L)
1	黑河干流河北村至地盘子水电站	共 4 门 31 属,其中硅藻门 16 属,绿藻门 8 属,蓝藻门 6 属,隐藻门 1 属	17.8~21.6	19.1	0.146~0.177	0.157
2	八宝河	共 3 门 23 属,其中硅藻门 15 属,绿藻门 4 属,蓝藻门 4 属	14.6~19.3	17.6	0.128~0.163	0.144
3	黑河干流地盘子水电站至黄藏寺坝址河段	共 5 门 34 属,其中硅藻门 16 属,绿藻门 8 属,蓝藻门 6 属,裸藻门 3 属,隐藻门 1 属	21.7~21.9	21.8	0.177~0.179	0.178
4	宝瓶河水库至莺落峡河段	共 6 门 39 属,其中绿藻门 17 属、硅藻门 15 属、蓝藻门 3 属、裸藻门 2 属、甲藻门 2 属、黄藻门 1 属	22.5~51.3	40.9	0.176~0.335	0.274
5	黑河干流莺落峡至正义峡河段	7 门 46 属,其中绿藻门 19 属、硅藻门 16 属、蓝藻门 4 属、裸藻门 3 属、甲藻门 2 属、金藻门 1 属、黄藻门 1 属	37.2~64.7	55.1	0.237~0.343	0.301
6	正义峡至居延海河段	6 门 43 属,其中绿藻门 17 属、硅藻门 15 属、蓝藻门 4 属、裸藻门 3 属、甲藻门 2 属、黄藻门 1 属		39.7		0.352

从表 9-2 的监测结果可以看出:

莺落峡以上河段浮游植物的种类、生物量和个体数量自上而下呈递增趋势,现有水库库区最为丰富,尾水河段次之,减水河段最少,宝瓶河水库上游以上黑河干流自然河段最少。主要原因为:一是本次监测在夏季,气温、水温相对较高,是浮游植物生长和繁殖较为旺盛的季节,所以浮游植物的种类和个体数量多,生物量大;二是由于自上而下 8 座水库的建成运行,大水面的形成,水面增大,水体透明度增加,水温升高,为浮游植物提供了良好的生长繁殖环境;三是该河段从宝瓶水库自上而下海拔逐渐下降,水温和气温呈上升趋势,浮游植物的生存环境逐步向好;四是宝瓶河水库以上河段海拔较高,水流湍急、水质混浊,水温相对较低,河床多为卵石和砾石结果,水流变幅较大,不利于浮游植物的生长和繁殖;五是减水河段水流量大幅较小,水文情势变化较大,浮游植物的生存空间减小,河床周边植被覆盖度较低。

黑河莺落峡至正义峡河段浮游植物种类较多,但由于各段的生态环境的差异,浮游植物的种类和分布有显著的不同。自然河段甘州区段浮游植物的种类最少,生物量小,个体数量少;临泽段次之,高台段最为丰富。浮游植物湿地最为丰富,水库次之,自然河段最少。分析原因:一是张掖黑河湿地国家级自然保护区的建立,保护力度加大,水生生物的生存环境得到明显的改善,水生生态系统多样性越来越丰富;二是甘州区段紧连出山口河段,河床多为卵石结构,植被覆盖度较低,水流较急,水体较为混浊。越往下游,黑河河床植被覆盖度越高,且河床多为砂砾石和泥土结构,再加上多座水库的调节作用,水流较缓,水质清澈,浮游植物的生存环境越来越好;三是张掖湿地生态环境特别是水生生态环境恢复明显,水生维管束植物生长茂盛,底质越来越肥沃,有利于浮游植物的生长和繁殖;四是水库水生生态环境优于自然河段,库区浮游植物的生存环境同样优于自然河段;五是本次监测在夏季,是浮游植物生长最旺盛的时期,本次监测自然河段自高台县城北橡胶坝以下河段多为干枯的河床,无法开展自然河段浮游生物监测,所以本次浮游植物采样最下游为正义峡上游的明塘湖水库。

八宝河从本次监测结果来看,监测到的浮游植物种类和个体数量少,生物量小,是由于该段河流浮游植物种群组成符合山区流水型的种群结构特点:种类少,结构简单。分析原因:一是调查河段海拔相对较高,水源主要为雪山融雪补给,温度较低;二是人为活动较少,外源性营养物的来源少;三是水流较快,泥沙含量很高,底质以砾石为主,这些都是高山流水型浮游植物的典型特点,不利于浮游植物生长和繁殖。

9.1.2.2　浮游动物

调查共采集到浮游动物 4 类 37 种,其中坝址上游河段采集到 4 类 11 种,坝址下游—莺落峡河段 4 类 18 种,中游莺落峡—正义峡河段 4 类 37 种,正义峡下游河段 4 类 21 种,详细情况见表 9-3。

从表 9-3 的监测结果可以看出:

(1)八宝河浮游动物种类少、生物量小、个体数量少。分析原因:一是调查河段海拔相对较高,水源主要为雪山融雪补给,温度较低;二是人为活动较少,外源性营养物的来源很少;三是水流较快,水体泥沙含量高,底质多以砾石为主,这些都是高山流水型浮游植物的典型特点,不利于浮游动物繁殖和生长。

(2)莺落峡以上河段浮游动物的种类、生物量和个体数量整体趋势同浮游植物,其主要原因同浮游植物。

(3)黑河莺落峡至正义峡浮游动物也同浮游植物一样。

9.1.2.3　底栖动物

调查共采集到底栖动物 25 种,其中坝址上游河段采集到 7 种,坝址下游—莺落峡河段 7 种,中游莺落峡—正义峡河段 25 种,正义峡下游河段 11 种。详细情况见表 9-4。

表 9-3　评价范围浮游动物统计

序号	监测河段	种类	个体数量		生物量	
			范围（个/L）	均值（个/L）	范围（mg/L）	均值（mg/L）
1	黑河干流河北村至地盘子水电站	共 3 类 10 种,其中原生动物 6 种,轮虫类 3 种,桡足类 1 种	6.7~11.6	8.8	0.043~0.098	0.04
2	八宝河	共 3 类 8 种,其中原生动物 5 种,轮虫类 2 种,桡足类 1 种	4.22~5.96	5.04	0.032~0.039	0.036
3	黑河干流地盘子水电站至黄藏寺坝址河段	共 4 类 11 种,其中原生动物 6 种,轮虫类 3 种,枝角类 1 种,桡足类 1 种	11.7~11.9	11.8	0.044~0.048	0.046
4	宝瓶河水库至莺落峡河段	共 4 类 18 种,其中原生动物 10 种,轮虫类 4 种,枝角类 2 种,桡足类 1 种	57~177	116	0.059~0.186	0.129
5	黑河干流莺落峡至正义峡河段	共 4 类 37 种,其中原生动物 19 种,轮虫类 10 种,枝角类 6 种,桡足类 2 种	136~317	246	0.099~4.136	1.982
6	正义峡至居延海河段	共 4 类 21 种,其中原生动物 11 种,轮虫类 5 种,枝角类 3 种,桡足类 2 种		68		1.049

表 9-4　评价范围底栖动物统计

序号	监测河段	种类	密度		生物量	
			范围（个/m²）	均值（个/m²）	范围（g/m²）	均值（g/m²）
1	黑河干流河北村至地盘子水电站	共 5 种,其中节肢动物门的摇蚊科幼虫 3 种,环节动物门的水生寡毛类 2 种	摇蚊科幼虫 0.8~1.3	1.1	0.001 9~0.002 2	0.002
			水生寡毛类 0.29~0.32	0.3	0.000 76~0.000 82	0.000 8
2	八宝河	共 5 种,其中节肢动物门的摇蚊科幼虫 3 种,环节动物门的水生寡毛类 2 种	摇蚊科幼虫 0.9~1.3	1.1	0.001 9~0.002 2	0.002
			水生寡毛类 0.29~0.32	0.03	0.000 78~0.000 82	0.000 8
3	黑河干流地盘子水电站至黄藏寺坝址河段	共 7 种,其中节肢动物门水生昆虫的摇蚊科幼虫 4 种,环节动物门水生寡毛类 3 种	摇蚊科幼虫 1.2~1.4	1.3	0.001 9~0.002 1	0.002
			水生寡毛类 0.29~0.31	0.3	0.000 89~0.000 91	0.000 9

续表 9-4

序号	监测河段	种类	密度		生物量	
			范围 （个/m²）	均值 （个/m²）	范围 （g/m²）	均值 （g/m²）
4	宝瓶河水库至莺落峡河段	共 7 种，其中节肢动物门水生昆虫的摇蚊科幼虫 4 种，环节动物门的水生寡毛类 3 种	摇蚊科幼虫 0.7~1.6	1.2	0.001 7~ 0.002 4	0.002
			水生寡毛类 0.25~0.36	0.3	0.000 74~ 0.000 98	0.000 9
5	黑河干流莺落峡至正义峡河段	共 25 种，其中环节动物门的寡毛类 6 种；节肢动物门的水生昆虫 17 种、甲壳类 1 种；软体动物 1 种	节肢动物门 0.62~11.43	4.94	0.001 9~ 0.038	0.017
			水生寡毛类 0.24~2.32	1.01	0.000 75~ 0.005 6	0.003
			软体类 0.007 2~0.014	0.01	0.000 73~ 0.001 31	0.001
6	正义峡至居延海河段	共 11 种，其中节肢动物门水生昆虫的摇蚊科幼虫 7 种，环节动物门的水生寡毛类 4 种	摇蚊科幼虫	19		0.087
			水生寡毛类	8		0.010

从表 9-4 的监测结果可以看出：

（1）本次黑河干流莺落峡以上河段监测到的底栖动物的种类、密度和生物量宝瓶河水库以下河段自上而下库区呈递减的趋势，减水河段和尾水河段呈递增趋势，尾水河段和自然河段最为丰富，减水河段次之，库区最少。宝瓶河以上河段底栖动物的种类、密度和生物量多于和大于库区，但少于和小于减水河段、尾水河段。分析原因：一是由于水库的建成运行、减水河段的形成，水文情势发生了较大的变化，对底栖动物的生存环境产生了一定的不利影响；二是水库运行的时间越长，泥沙沉积越严重，破坏了底栖动物的生存环境；三是减水河段大面积河床裸露，水环境缩减，底栖动物的生存环境相应减少；四是宝瓶河水库以下河段自上而下水库建成运行的时间呈递减趋势，泥沙覆盖相应呈下降趋势；五是自上而下海拔呈递减趋势，水温呈递增趋势，底栖动物的生存环境逐步向好；六是随着水库的建成，水流减缓，水温相对升高，促进底栖动物的生长和繁殖；七是宝瓶河水库以上自然河段虽然建有一座水电站，但规模较小，对黑河水文情势影响不大，同时该段河流海拔较高，河床多为卵石和石块结构，水位相对较低，水流较急，不利于底栖动物的生长和繁殖。

（2）本次黑河莺落峡至正义峡监测到底栖动物以中下游段（临泽至高台段）种数最多，密度最高，生物量最大；中上游段种数最少，密度最低，生物量最小。湿地底栖动物最为丰富、自然河段次之，水库最少。

（3）本次监测到八宝河底栖动物种类少，密度和生物量小，分析原因：主要是该断河床多为卵石和石块结构，水流变幅交大，又正值雨季，水位上涨，水流大，不利于底栖动物的生长和繁殖，同时底栖动物难以采集。

9.1.2.4　鱼类

1. 黑河干流河北村至地盘子水电站

黑河干流河北村至祁连县地盘子水电站河段共调查到鱼类4种32尾,质量3.44 kg。渔获物的组成祁连裸鲤(21尾)、新疆高原鳅(4尾)、修长高原鳅(2尾)、酒泉高原鳅(5尾),渔获物组成以祁连裸鲤为主,优势度(按渔获物的质量计)非常明显,优势度达86%以上。本次黑河干流河北村至地盘子水电站河段鱼类名录见表9-5,本次渔获物的统计见表9-6。

表 9-5　黑河干流河北村至地盘子水电站鱼类名录　　　　　　(单位:尾)

种类	河段		
	地盘子村	棉纱村	河北村
祁连裸鲤	12	6	3
新疆高原鳅	2	2	
修长高原鳅	2		
酒泉高原鳅	2	2	1

表 9-6　黑河干流河北村至地盘子水电站渔获物统计

鱼类种类	尾数		质量		体长(cm)		体重(kg)	
	(尾)	百分比(%)	(kg)	百分比(%)	范围	平均	范围	平均
祁连裸鲤	21	65.63	2.98	86.63	7~16	11.7	0.045~0.21	0.15
新疆高原鳅	4	12.50	0.15	4.36	6~6.4	6.2	0.036~0.038	0.037
修长高原鳅	2	6.25	0.08	2.33	5.3~10.8	8.05	0.036~0.040	0.038
酒泉高原鳅	5	15.62	0.23	6.99	5.4~14	9.8	0.036~0.042	0.039
合计	32		3.44					

2. 八宝河

八宝河河段共调查到鱼类27尾,总质量为2.39 kg。渔获物有祁连裸鲤(19尾)、新疆高原鳅(2尾)和酒泉高原鳅(6尾),优势种为祁连裸鲤,优势度较为明显,占渔获物总量的70.37%以上;本次八宝河调查河段历史至今只分布着上述3种鱼类。鱼类区系组成单一,只有鲤形目的鲤科和鳅科2种。本次捕获到的八宝河渔获物统计见表9-7。

从本次现场调查结果来看,八宝河调查河段鱼类资源自上而下呈递减趋势。分析原因:可能主要是因为该段自上而下河流海拔、水文情势、河床结构变化不大,但下游流经祁连县城,人为因素干扰较多,对鱼类影响较大。

3. 黑河干流地盘子水电站至黄藏寺坝址河段

地盘子水电站至黄藏寺河段共捕到4种35尾,质量5.21 kg。渔获物的组成为祁连裸鲤(22尾)、新疆高原鳅(5尾)、修长高原鳅(2尾)、酒泉高原鳅(6尾),渔获物组成以祁连裸鲤为主,优势度(按渔获物的质量计)非常明显,占渔获物总量的88.87%以上。

该河段鱼类区系组成单一,只有鲤形目的鲤科和鳅科 2 种。鱼类资源自上而下呈递增趋势,区系组成相同,种群结构相近,种组成以幼鱼和成鱼为主。本次调查到的地盘子水电站至黄藏寺鱼类名录见表 9-8。本次捕获的地盘子水电站至黄藏寺渔获物的统计见表 9-9。

表 9-7　八宝河河段渔获物统计概况

河段	鱼类种类	尾数		质量		体长(cm)		体重(kg)	
		(尾)	百分比(%)	(kg)	百分比(%)	范围	平均	范围	平均
八宝河	祁连裸鲤	19	70.37	2.09	87.45	7~14	11.2	0.045~0.19	0.11
	新疆高原鳅	2	7.41	0.07	2.93	6~6.4	6.2	0.036~0.003 8	0.037
	酒泉高原鳅	6	22.22	0.23	9.62	5.4~14	9.8	0.036~0.042	0.039
	合计	27		2.39					

表 9-8　地盘子水电站至黄藏寺坝址鱼类名录　　　　　　(单位:尾)

种类	河段	
	小八宝河口	宝瓶河牧场
祁连裸鲤	8	14
新疆高原鳅	2	3
修长高原鳅	1	1
酒泉高原鳅	2	4

表 9-9　地盘子水电站至黄藏寺坝址渔获物统计概况

鱼类种类	尾数		质量		体长(cm)		体重(kg)	
	(尾)	百分比(%)	(kg)	百分比(%)	范围	平均	范围	平均
祁连裸鲤	22	62.86	4.63	88.87	7~19	16.9	0.046~0.23	0.17
新疆高原鳅	5	14.29	0.19	3.65	6~6.5	6.3	0.037~0.003 9	0.038
梭形高原鳅	2	5.71	0.15	2.88	5.3~11	8.15	0.036~0.041	0.038
酒泉高原鳅	6	17.14	0.24	4.60	5.4~14.1	9.9	0.036~0.042	0.039
合计	35		5.21					

黑河干流地盘子水电站至黄藏寺坝址河段保持了一段的自然河段,鱼类受影响程度相对较小,本河段鱼类资源区系组成相同,种群结构相近,自上而下呈递增趋势,主要是因为该段河流自上而下海拔呈下降趋势,鱼类的生存环境越来越好,有利于鱼类的生存和繁殖。

4. 宝瓶河水库至莺落峡河段

宝瓶河水库至莺落峡段共捕到鱼类 1 种 97 尾,质量 25.3 kg,全部为祁连裸鲤。同时,在宝瓶河、三道湾、小孤山、龙首二级、龙首一级库区浅水湾均发现有祁连裸鲤的鱼苗在游动,但未捕到其他鱼类;各减水河段均未捕到鱼类。

通过查阅历史资料及走访调查,该河段除祁连裸鲤外,原鳅科鱼类也较多,主要为酒泉高原鳅和新疆高原鳅,也有少量的修长高原鳅,但是近年来在宝瓶河水库至莺落峡段已很少捕到上述 3 种鱼类,只是偶尔可在库区捕到上述 3 种鱼类,鳅科鱼类总体资源量已经很少。本次调查到的宝瓶河水电站至莺落峡段鱼类名录见表 9-10。

表 9-10　本次调查到的宝瓶河至莺落峡段鱼类名录

目	科	鱼类名称
鲤形目	鲤科	祁连裸鲤
	鳅科	新疆高原鳅
		修长高原鳅
		酒泉高原鳅

宝瓶河水电站至莺落峡河段鱼类资源自上而下呈递增趋势,鱼类区系和种类相同;已建成运行的水电站库区鱼类资源最为丰富,其次为尾水河段,减水河段最少,本次现场调查中减水河段未捕到鱼类。本次调查结果表明,此河段梯级电站开发并未导致祁连裸鲤生物量明显减少,但是对高原鳅影响较大。分析原因主要可能是该段水电站工程基本为引水式开发方式,尾水河段入库区口为激流断面,与祁连裸鲤的产卵环境相似,祁连裸鲤可以完成其生殖习性,而水电站库区水面增大,水体透明度增加,饵料生物相对丰富,为祁连裸鲤索饵及越冬提供了理想的场所,有利于其生长和育肥。而高原鳅多栖居河水浅水区的堆积物下或渠沟,梯级电站的开发破坏了其生境,因此对其生长发育影响较大。

5.黑河干流莺落峡至正义峡河段

黑河干流莺落峡至正义峡自然河段共捕到和钓到鱼类 139 尾,质量 16.52 kg;湿地共捕到和钓到鱼类 207 尾,质量 34.2 kg;平原水库库区鱼类资源非常丰富,现场跟踪调查过程中捕获的鱼类达 3 068 kg(未进行鱼类个体数量和规格统计)之多,渔获物的组成主要以人工养殖的品种为主。本次调查到的 20 种鱼类,分属 4 目 5 科 15 属,其中鲤形目鲤科最多为 10 种,其次为鲤形目鳅科 7 种,鲇形目鲇科 1 种,鲑形目狗鱼科 1 种,鲈形目青鳉科 1 种。调查河段分布的 20 种鱼类中土著鱼类 13 种,引进鱼类 8 种,鲤鱼和鲫鱼既有野生种类,也有引进种类。鱼类区系组成较为复杂,从起源上看,既有属于中国江河平原区系复合体的种类如麦穗鱼,也有属于第三纪区系复合体的种类如鲤鱼、鲫鱼、鲇鱼等,还有属于中亚高原区系复合体的种类如祁连裸鲤和高原鳅等。经济价值较高的鱼类有鲤鱼、鲫鱼、花白鲢、草鱼、祁连裸鲤、鲇鱼、白斑狗鱼、大鳍鼓鳔鳅等 9 种,土著鱼类种经济价值较高的有祁连裸鲤、鲤鱼和鲫鱼、大鳍鼓鳔鳅等 4 种。本次调查到的莺落峡至正义峡自然河段、库区和湿地鱼类的种类、数量、种群组成和优势度(按渔获物质量计算)见表 9-11。

本次黑河莺落峡至正义峡(自然河段和湿地)渔获物统计以优势种群鱼类为主,鳅科鱼类作为一个鱼类种群进行统计。本次捕获到的黑河干流莺落峡至正义峡(自然河段和湿地)段渔获物统计见表 9-12。

表 9-11 本次调查到的鱼类种类、数量、种群组成和优势度

地点	种类	数量	优势种群	优势度
自然河段甘州区段	鲫鱼、祁连裸鲤、马口鱼、麦穗鱼、中华细鲫、酒泉高原鳅、新疆高原鳅	21 尾	鲫鱼、马口鱼、祁连裸鲤、中华细鲫	96%
自然河段临泽县段	鲤鱼、鲫鱼、祁连裸鲤、马口鱼、麦穗鱼、中华细鲫、酒泉高原鳅、新疆高原鳅、梭形高原鳅、青鳉	49 尾	鲤鱼、鲫鱼、祁连裸鲤、马口鱼、中华细鲫	95.85%
自然河段高台县段	鲤鱼、鲫鱼、祁连裸鲤、马口鱼、麦穗鱼、中华细鲫、鲶鱼、酒泉高原鳅、新疆高原鳅、泥鳅、大鳞副泥鳅、大鳍鼓鳔鳅、重穗唇高原鳅、梭形高原鳅、青鳉	69 尾	鲤鱼、鲫鱼、祁连裸鲤、鲶鱼、马口鱼、中华细鲫	88.49%
甘州区湿地保护区	鲤鱼、草鱼、鲫鱼、祁连裸鲤、马口鱼、鲶鱼、麦穗鱼、棒花鱼、中华细鲫、酒泉高原鳅、新疆高原鳅、梭形高原鳅、青鳉	74 尾	鲤鱼、草鱼、鲫鱼、祁连裸鲤、马口鱼、中华细鲫	88.41%
临泽县湿地保护区	鲤鱼、草鱼、鲫鱼、祁连裸鲤、马口鱼、鲶鱼、麦穗鱼、中华细鲫、棒花鱼、酒泉高原鳅、新疆高原鳅、梭形高原鳅、青鳉	62 尾	鲤鱼、草鱼、鲶鱼、鲫鱼、祁连裸鲤、马口鱼、中华细鲫	89.39%
高台县湿地保护区	鲤鱼、鲫鱼、祁连裸鲤、草鱼、马口鱼、鲶鱼、麦穗鱼、中华细鲫、酒泉高原鳅、新疆高原鳅、泥鳅、大鳞副泥鳅、大鳍鼓鳔鳅、重穗唇高原鳅、梭形高原鳅、青鳉	71 尾	鲤鱼、草鱼、鲫鱼、祁连裸鲤、马口鱼、中华细鲫	90.36%
甘州草滩庄水利枢纽	鲤鱼、草鱼、鲫鱼、花白鲢、祁连裸鲤、马口鱼、麦穗鱼、中华细鲫、棒花鱼	21 kg	鲤鱼、草鱼、鲫鱼、花白鲢	96%
临泽平川水库	鲤鱼、草鱼、鲫鱼、花白鲢、祁连裸鲤、马口鱼、麦穗鱼、中华细鲫、棒花鱼	27 kg	鲤鱼、草鱼、鲫鱼、花白鲢	97%
高台小海子水库	鲤鱼、草鱼、鲫鱼、花白鲢、鲶鱼、祁连裸鲤、马口鱼、麦穗鱼、中华细鲫、棒花鱼	1 853 kg	鲤鱼、草鱼、鲫鱼、花白鲢	98%
高台大湖湾水库	鲤鱼、草鱼、鲫鱼、花白鲢、鲶鱼、祁连裸鲤、马口鱼、麦穗鱼、中华细鲫、棒花鱼	45 kg	鲤鱼、草鱼、鲫鱼、花白鲢	96%
高台马尾湖水库	鲤鱼、草鱼、鲫鱼、花白鲢、白斑狗鱼、鲶鱼、祁连裸鲤、马口鱼、麦穗鱼、中华细鲫、棒花鱼	1 030 kg	鲤鱼、草鱼、鲫鱼、花白鲢、白斑狗鱼	98%
高台明塘湖水库	鲤鱼、草鱼、鲫鱼、花白鲢、白斑狗鱼、鲶鱼、祁连裸鲤、马口鱼、麦穗鱼、中华细鲫、棒花鱼	92 kg	鲤鱼、草鱼、鲫鱼、花白鲢、	96%

表 9-12　本次捕获到的黑河干流莺落峡至正义峡河段渔获物统计概况(自然河段、湿地)

河段	鱼类种类	尾数		质量		体长(cm)		体重(kg)	
		(尾)	百分比(%)	(kg)	百分比(%)	范围	平均	范围	平均
自然河段 甘州区段	祁连裸鲤	4	20	1.08	48.00	12~30	17.4	0.1~0.6	0.27
	鲫鱼	6	30	0.73	32.44	7~21	14.7	0.05~0.24	0.12
	马口鱼	4	20	0.24	10.67	9~17	11.6	0.04~0.08	0.06
	中华细鲫	3	15	0.11	4.89	4~6	5.1	0.03~0.05	0.037
	鳅科鱼类	3	15	0.09	4.00	4~14	6.4	0.02~0.04	0.03
自然河段 临泽县段	祁连裸鲤	7	14.29	2.03	34.72	13~32	18.6	0.21~0.7	0.29
	鲤鱼	6	12.44	1.68	27.91	16~26	21.3	0.24~0.66	0.28
	鲫鱼	11	22.45	1.27	21.10	7~21	14.7	0.05~0.25	0.12
	马口鱼	10	20.41	0.62	10.30	12~17	14.2	0.04~0.09	0.062
	中华细鲫	6	12.24	0.17	2.82	4~6	5.2	0.04~0.05	0.044
	麦穗鱼	3	6.12	0.08	1.33	3~5	4.1	0.02~0.03	0.028
	鳅科鱼类	6	12.24	0.17	2.82	4~14	6.5	0.02~0.04	0.031
自然河段 高台县段	祁连裸鲤	7	10.14	2.10	25.45	12~30	18.7	0.21~0.74	0.30
	鲤鱼	6	8.70	1.92	24.27	17~28	20.6	0.25~0.75	0.32
	鲫鱼	12	17.39	1.56	18.91	7~22	14.9	0.06~0.26	0.13
	马口鱼	21	30.43	1.32	16.00	12~18	14.8	0.04~0.10	0.063
	中华细鲫	9	14.04	0.40	4.85	4~6	5.7	0.04~0.05	0.044
	鲶鱼	1	1.45	0.41	4.97	32	32	0.41	0.41
	麦穗鱼	1	1.45	0.03	0.36	4.7	4.7	0.03	0.03
	鳅科鱼类	12	17.39	0.51	6.18	4~22	7.3	0.02~0.12	0.043
湿地保护区 甘州区段	祁连裸鲤	8	10.81	2.40	18.42	13~29	21.6	0.26~0.82	0.30
	鲤鱼	7	9.46	2.31	17.73	17~27	21.9	0.29~0.96	0.33
	鲫鱼	14	18.92	1.82	14.97	7~23	14.9	0.08~0.28	0.13
	草鱼	5	6.76	4.02	30.85	29~45	32.6	0.72~1.53	0.81
	马口鱼	11	14.86	0.54	4.14	12~18	14.9	0.04~0.11	0.049
	中华细鲫	10	14.51	0.44	4.38	4~6	5.7	0.04~0.05	0.044
	鲶鱼	2	2.70	0.93	7.15	33~36	34.5	0.42~51	0.48
	鳅科鱼类	12	16.22	0.37	2.84	4~14	6.6	0.02~0.04	0.031
	其他鱼类	5	6.76	0.20	1.53	3~16	5.76	0.03~0.05	0.04

续表 9-12

河段	鱼类种类	尾数		质量		体长(cm)		体重(kg)	
		(尾)	百分比(%)	(kg)	百分比(%)	范围	平均	范围	平均
湿地保护区临泽县段	祁连裸鲤	7	11.29	2.17	22.44	12~31	18.4	0.22~0.71	0.31
	鲤鱼	7	11.29	1.75	18.10	16~26	19.61	0.27~0.73	0.25
	鲫鱼	11	17.74	1.21	12.51	8~19	12.3	0.08~0.27	0.11
	草鱼	6	9.68	2.82	29.16	19~39	27.6	0.25~1.12	0.47
	马口鱼	10	16.13	0.63	6.51	12~18	15.1	0.04~0.10	0.063
	中华细鲫	8	12.90	0.35	3.62	4~6	5.5	0.04~0.05	0.044
	鲶鱼	1	1.61	0.33	3.41	29	29	0.33	0.33
	鳅科鱼类	8	12.90	0.25	2.59	4~14	6.6	0.02~0.04	0.031
	其他鱼类	4	6.45	0.16	1.65	3~17	5.82	0.03~0.05	0.04
湿地保护区高台县段	祁连裸鲤	9	12.68	2.88	25.04	12~33	22.6	0.25~0.79	0.32
	鲤鱼	8	11.27	2.64	22.96	17~33	20.42	0.29~0.81	0.33
	鲫鱼	10	14.09	1.20	10.43	8~21	14.7	0.05~0.33	0.12
	草鱼	5	7.04	2.45	21.30	20~41	28.1	0.28~1.33	0.49
	马口鱼	12	16.90	0.77	6.70	12~19	15.2	0.04~0.11	0.064
	中华细鲫	7	9.86	0.34	2.96	4~6	5.5	0.04~0.05	0.045
	鲶鱼	1	1.41	0.37	3.22	31	31	0.37	0.37
	鳅科鱼类	14	17.92	0.60	5.22	4~22	7.3	0.02~0.12	0.043
	其他鱼类	5	7.04	0.25	2.17	3~17	5.82	0.03~0.05	0.04

6. 正义峡至居延海河段

历史资料记载的黑河正义峡至居延海河段鱼类名录见表 9-13。

7. 鱼类调查结论

根据调查结果和文献资料整理,黑河流域共分布有鱼类 25 种,其中土著鱼类 12 种,外来鱼类 13 种,主要为养殖种类及携带的一些小杂鱼种类(见表 9-14)。土著鱼类中以高原鱼类为主,包括祁连裸鲤和 9 种高原鳅,另外鲫和中华细鲫均是我国分布较广泛的种类。

从鱼类分布特征来看,黑河流域以莺落峡为界,上游鱼类区系应属青藏高原鱼类区系,种类组成相对简单,鱼类组成的主体是裂腹鱼属和高原鳅属鱼类;下游鱼类种类相对较为丰富,有青藏高原鱼类和东部江河平原鱼类,以及一些养殖引进品种。

表 9-13　历史资料记载的黑河正义峡至居延海河段鱼类名录

序号	鱼类名称
1	叶尔羌高原鳅 *Triplophysa yarkandensis*
2	新疆高原鳅 *Triphysa strauchii*
3	酒泉高原鳅 *Triplophysa hsutshouensis*
4	泥鳅 *Misgurnus anguillicaudatus*
5	重穗唇高原鳅 *Triplophysa papillosolabiatus*
6	大鳞副泥鳅 *Paramisgurnus dabryanus*
7	草鱼 *Ctenopharyngodan idellus*
8	鲤 *Cyprinus Carpio*
9	鲫 *Carassius auratus*
10	麦穗鱼 *Pseudorabora parava*
11	棒花鱼 *Abbotina rivularis*
12	鳙 *Aristichthys nobilis*
13	祁连裸鲤 *Gymnccypris chilianensis*
14	鲢 *Hypophtlmichthys molitrix*
15	中华细鲫 *Aphyocypris chinensis*

表 9-14　黑河流域鱼类种类组成及其分布

序号	种类	出现区域	土著种
1	祁连裸鲤 *Gymnocypris eckloni*	上中游	是
2	草鱼 *Ctenopharyngodon idellus*	中下游	
3	鳙 *Aristichthys nobilis*	中下游	
4	鲢 *Hypophthalmichthys molitrix*	中游	
5	鲤 *Cyprinus carpio*	中下游	
6	鲫 *Carassius auratus*	全流域	是
7	麦穗鱼 *Pseudorasbora*	全流域	
8	棒花鱼 *Abbotina rivularis*	中游	
9	马口鱼 *Opsariichthys bidens*	中游	
10	中华细鲫 *Aphyocypris chinensis*	中游	是
11	餐条 *Hemiculter leucisculus*	中下游	
12	叶尔羌高原鳅 *Triplophysa yarkandensis*	下游	是
13	东方高原鳅 *Triplophysa orientalis*	中游	是

续表 9-14

序号	种类	出现区域	土著种
14	短尾高原鳅 Triplophysabrevicauda	上游	是
15	修长高原鳅 Triplophysa leptosoma	上中游	是
16	酒泉高原鳅 Triplophysa hsutschouensis	中游	是
17	长身高原鳅 Triplophysa teunis	上中游	是
18	重穗高原鳅 Triplophysa labiata	中下游	是
19	新疆高原鳅 Triplophysa strauchii	中上游	是
20	泥鳅 Misgurnus anguillicaudatus	中游	
21	大鳞副泥鳅 Paramisgurnus dabryanus	中游	是
22	波氏吻鰕虎鱼 Rhinogobius cliffordpopei	中游	
23	粘皮鯔鰕虎鱼 Mugilogobius myxodermus	中游	
24	鲇 Silurus asotus	中游	
25	白斑狗鱼 Esox Lucius		

从本次现场调查结果总体来看,黄藏寺水利枢纽工程影响河段鱼类资源自上而下呈递增趋势,鱼类种类越来越多,种群和区系组成越来越复杂,鱼类生境越来越趋好。

(1)莺落峡以上河段鱼类资源自上而下呈递增趋势,鱼类区系和种类相同,均为鱼类规格呈递增趋势;已建成运行的水电站库区鱼类资源最为丰富,其次为尾水河段,减水河段最少,本次现场调查中减水河段未捕到鱼类。同时,在青海省祁连县河北村至甘肃省肃南县宝瓶河牧场自然河段捕获的鱼类同历史资料记载的种类,自上而下鱼类种类和区系组成相同,种群结构相近。分析原因:一是黑河干流祁连县河北村至甘肃省肃南莺落峡段自上而下海拔逐渐降低,水温呈递增趋势,鱼类生存环境逐渐向好,有利于鱼类的生长和繁殖;二是亲鱼规格呈递增趋势,相应鱼类的繁殖能力也呈递增趋势;三是鱼类的生存环境越来越好,饵料生物呈递增趋势,鱼类的生长、繁殖和摄食环境越来越好;四是库区水面增大,水体透明度增加,水温、饵料生物及其生存环境相应呈增加趋势,为鱼类的生长和繁殖提高了良好的空间;五是自然河段海拔变化不大,水文情势基本相同,水生生物生存环境大致相同;六是减水河段由于水文情势变化较大,局部河段已不适宜鱼类的生长和繁殖。

(2)莺落峡至正义峡(明塘湖水库)段鱼类资源较为丰富,自然河段自上而下鱼类资源呈递增趋势,鱼类种类越来越多,种类组成越来越复杂,鱼类种群结构大致相同。高台段鱼类资源最丰富,种类组成最复杂,临泽县段次之,甘州区段鱼类资源最少。湿地甘州区段鱼类资源最为丰富,高台段此次,临泽段最少;区系组成高台段最复杂,临泽段和甘州区段相同。

(3)八宝河调查河段鱼类资源自上而下呈递减趋势,鱼类种类和区系组成相同。分析原因:该段河流海拔、水文情势、河床结构大致相似,但下游人为因素干扰较多,流经祁连县城,且在八宝河入黑河口上游已建成天桥山水电站,而上游基本为自然河段,且人为干扰较少。

9.1.2.5　鱼类三场调查

1. 产卵场

根据本次调查访问结果,结合历史和水文资料,八宝河入黑河口上游,黑河与八宝河交汇处上游,宝瓶河、二龙山、大孤山、小孤山、龙首二级、龙汇等电站尾水进入库区上游激流河段,龙渠激流断面及自然河段激流断面均为祁连裸鲤产卵场;根据调查,在5月中上旬可见成群的祁连裸鲤亲鱼游往上述河段产卵。

黑河中游湿地浅水草滩、黑河中游的浅水河湾等为鲤、鲫、中华细鲫和马口鱼等的产卵场,在5月下旬可见鱼类在上述水鱼产卵;黑河干流浅水区的砾石间或乱石间的洞、缝为鳅科鱼类和鲇等的产卵场。鳅科鱼类和鲤、鲫等无固定的产卵场,其产卵环境随水文情势的变化而变化。

2. 索饵场

成鱼的索饵场一般在浅滩急流水域,幼鱼的索饵场一般在缓流水的浅水水域。鱼类的活动场所往往也是其索饵场所。索饵场多位于静水或缓流的河汊、河湾、河流的故道及岸边的缓流河滩地带,根据水文条件、历史资料和本次调查结果,黑河干流浅水湾、浅水草滩及库区浅水湾、湿地浅水湾为祁连裸鲤、鲤、鲫、马口鱼、中华细鲫和鳅科鱼类等幼鱼的育肥场,在5月下旬和6月初可见仔幼鱼在上述水域游动。

3. 越冬场

根据该工程影响黑河流域水文资料、历史资料和本次调查结果,黑河干流水库,湿地深水区域和干流深水区域为鱼类的主要越冬场。

9.1.2.6　主要鱼类特征

黄藏寺水利枢纽工程影响河段分布的主要特有土著鱼类有祁连裸鲤,且2007年被列入《甘肃省重点保护野生动物名录(第二批)》,其特征如下:

流水或静水均可生活,但多栖息于流水水中。平时分散或集小群在栖地觅食。繁殖期集大群到通往干流、水库或湖泊的较大支流。性成熟的雄鱼背鳍基较大,2~3根不分枝鳍条间隔颇宽;臀鳍4~5根分枝鳍条变硬;吻、眼眶、尾柄、背鳍、臀鳍和尾鳍上均有细粒状的珠星,雌鱼虽有但较小,解冰后约于5月间即可产卵。一般5月产卵(莺落峡以上河段解冰后后产卵,产卵水温在7~11 ℃;黑河干流莺落峡以下河段5月中下旬产卵,产卵水温在12~13 ℃;目前,甘肃省渔业技术推广总站在张掖市临泽县虹鳟鱼养殖场流水池塘进行祁连裸鲤亲鱼的驯养繁殖,在池塘水位达12~13 ℃时,进行人工催产,一般情况下72 h内即开始产卵)。成熟卵呈黄色,略具黏性,沉入水底沙面、坑凹内发育。仔鱼孵出后,随水流进入干流湾汊或湖、库岸边浅水处肥育。杂食性,食高等水生维管束植物叶、嫩枝和碎屑,也吃水生底栖无脊椎动物和掉入水面的陆生昆虫,如金龟虫甲、粪虫甲和步行虫甲。

9.1.2.7　水生生态功能

黑河流域尚未开展水生生态功能区划,无明确的水生生态功能定位。目前,水生生态保护对象主要为张掖黑河湿地和居延海,该河段分布的祁连裸鲤为甘肃省重点保护的水生野生动物。

9.1.3　水产种质资源保护区

9.1.3.1　黑河特有鱼类国家级水产种质资源保护区概况

黑河特有鱼类国家级水产种质资源保护区总面积为 100 万 hm²,其中核心区面积为 54.4 hm²,实验区面积为 45.6 hm²。核心区特别保护期为全年。保护区位于青海省黑河流域海北州祁连县境内。核心区分两段,一段位于黑河上游干流流域,地理坐标范围分别为:起点(98°35′40″E,38°57′00″N)—终点(99°32′28″E,38°27′14″N);另一段位于八宝河上游段,地理坐标范围分别为:起点(100°23′30″E,38°04′00″N)—终点(101°05′00″E,37°47′24″N)。实验区位于黑河中游野牛沟至黄藏寺段,包括黑河的支流八宝河下游段(草达坂至黄藏寺),地理范围分别为:起点(99°32′28″E,38°27′14″N)—终点(100°23′30″E,38°04′00″N)。保护区主要保护对象为祁连裸鲤、东方高原鳅、黄河裸裂尻鱼、长身高原鳅、修长高原鳅、河西叶尔羌高原鳅。

9.1.3.2　工程与保护区的关系

本工程将淹没水产种质资源保护区实验区约 5.3 km,其中八宝河约 2.2 km,黑河干流约 3.1 km;其位置关系详见图 9-1。

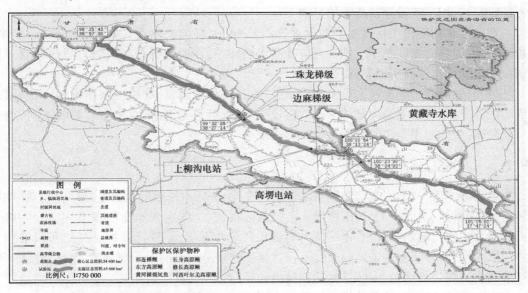

图 9-1　黄藏寺水库与黑河特有鱼类国家级水产种质资源保护区位置关系

9.2　水生生态影响分析

9.2.1　对水生生境的影响

黄藏寺水利枢纽建成蓄水后,将大大增强对下游生态用水和生产生活用水的调配能力,并能够更加科学合理地调和生态用水与生产生活用水的矛盾,一定程度上对下游水生生境的改善将起到积极作用。另外,水库形成后,由于库区河段水量的增加、水面面积的增大,有利于改善处于干旱地区的库区水生生态环境。

不利影响方面,工程的建设将进一步影响黑河中上游的连通性,水库的形成使上游来水的营养物质在水库富集,减少了营养物质向下游的输移。

9.2.2　对浮游植物的影响

9.2.2.1　对库区浮游植物的影响

水库形成后,库区浮游植物种类和现存量会增加。由于水文情势和生态环境变化的不同,库区不同区域浮游植物种类的变化也存在一定的差异。

水库坝前区域流速明显减缓,泥沙沉降,透明度增大,营养盐累积,适合浮游植物生长繁殖,其种类和现存量将有所增加,由于黄藏寺水库海拔在 2 600 m 以上,且来水以融雪为主,水温低,外源性营养输入有限,浮游植物增加主要以硅藻门种类为主,其他门类的种类虽可能增加,但增加数量很少,浮游植物密度和生物量增加也有限;库尾仍具一定的水流,水环境条件较建坝前变化不大,浮游植物的河流群落结构特点较为明显,种类和现存量也会增加,但增加幅度较小;库中段浮游植物的变化介于坝前和库尾之间。

9.2.2.2　对坝下河段浮游植物的影响

黄藏寺水利枢纽正常蓄水位和死水位相差 64 m,坝前会出现一定的分层现象,水深越深,浮游植物的密度越小。坝下河段受泄水的影响,浮游植物种类组成与坝前相似,但密度和生物量比坝前明显要低。

另外,黄藏寺水利枢纽上游来水以融雪为主,泥沙含量低,梯级电站建设和运行所造成的泥沙淤积、清水下泄问题的累积效应较小,对下游河道形态、水生生境等的不利影响均较轻微,因此对坝下江段浮游植物的影响较小。

9.2.3　对浮游动物的影响

水库形成后,由于水文情势和生态环境的变化,库区由原来的急流生态环境向湖泊相转化,水深增加、水面扩大、透明度增大。淹没区植被、土壤内营养物质渗出,引起水中有机物质及矿物质增加,加上水体滞留时间延长和泥沙沉降,导致营养物质滞留和积累,水体初级生产力提高,上述条件的改变不仅直接影响浮游动物的生长与繁殖,而且间接影响浮游动物的数量与结构,库区浮游动物种类和现存量也会有所增加。

库区形成后,库区浮游动物的种类稍有下降,但现存量增加。坝下因坝前水下泄,坝下浮游动物的种类和数量明显下降,但到一些支流由于外源性营养输入的增加浮游动物种类和数量有所恢复。

9.2.4　对底栖动物的影响

9.2.4.1　对库区底栖动物的影响

梯级水库形成后,因库区各区段和天然河流的底栖动物生存环境均有差异,因此库区各区段的底栖动物种类有所不同。在坝前段区域,由于泥沙沉积,水体溶解氧不足,耐氧性种类如寡毛类生物等有大量滋生可能;库区中游区域沿岸浅水带宽大,底质一般为泥沙与植物残体混合物,溶解氧含量相对不高,主要分布物种为是摇蚊幼虫及寡毛类生物;库尾区域水较浅,有明显水流,水底淤积物少,溶解氧含量较高,是部分寡营养性摇蚊、流水性种类如蜉蝣目生物等的主要分布区域。

9.2.4.2　对坝下河段底栖动物的影响

根据水文泥沙情势预测,总体上,梯级电站建设和运行所造成的泥沙淤积、清水下泄问题的累积效应较小,对下游河道形态、水生生境等的不利影响均较轻微,因此对坝下江段底栖动物的影响较小。

9.2.5　对鱼类的影响

9.2.5.1　对鱼类的阻隔影响

黑河流域鱼类资源主要由高原鱼类和东部江河鱼类组成。莺落峡山口以上基本上为高原鱼类,主要由祁连裸鲤和高原鳅组成,鱼类种类少;莺落峡山口以下,为高原鱼类和东部江河鱼类共同分布的水域,高原鱼类向下有逐渐减少的趋势,正义峡以下至居延海高原鱼类仅有高原鳅,而东部江河鱼类种类较为丰富,由于人工养殖的发展,外来物种也多。黄藏寺水电站位于莺落峡上八宝河汇口以下,属典型的高原鱼类分布区域。分布于该水域的省级保护鱼类和重要经济鱼类祁连裸鲤,属短距离洄游鱼类,适应缓流、静水生境,但需要在流水环境中产卵繁殖。莺落峡以下黑河干支流,已建、在建梯级水电站11座,特别是莺落峡峡谷河段,已建在建梯级水电站7座,多为坝高、落差大、调节性能差的引水式水电站,河流的连通性已受到极大破坏,黄藏寺水利枢纽建成后将进一步影响河流的连通性。从鱼类资源调查的结果看,库区、库尾以上减水河段、支流等斑块生境为祁连裸鲤完成生活史提供了基本条件,形成了相对稳定的异质种群。而高原鳅适应缓流、静水环境,迁移洄游的需求较祁连裸鲤弱。因此,黄藏寺水电站建成后,莺落峡及以下各梯级间以及黄藏寺坝上坝下河段仍存在该区域分布鱼类完成生活史的基本条件,形成多个大小不等、相对独立的异质种群,异质种群间由于隔离会逐渐出现遗传分化,不利于物种遗传多样性的维持。特别是阻隔了宝瓶河库区和库尾祁连裸鲤上溯的通道,会影响宝瓶河水电站至黄藏寺水利枢纽河段祁连裸鲤的种群增长;同时,宝瓶河水电站至黄藏寺水利枢纽河段将与上游阻隔,影响鱼类种群间的交流,影响种群遗传多样性。

9.2.5.2　水文情势改变对鱼类资源的影响

黄藏寺水利枢纽工程影响区分布的珍稀濒危保护鱼类和(或)重要经济鱼类仅祁连裸鲤一种,该种类流水或静水均可生活,但多栖息于流水水中。水库形成后,库区流水变缓并不影响祁连裸鲤的生存,相反,由于水面增加,营养物质富集,水生生物的生物量增加,有利于祁连裸鲤的生长觅食,同时由于水库水深增加,也为祁连裸鲤提供了较好的越冬场所。因此,水库形成后,库区鱼类资源将有所增加。另外,黄藏寺电站建成后,宝瓶河水库及库尾将形成异质生境,库尾流水河段将是祁连裸鲤产卵繁殖的重要场所,黄藏寺水电站的调节运行,水量、流速等非自然的变化将对宝瓶河库尾鱼类产卵场产生较大影响。

9.2.5.3　低温水下泄对鱼类的影响

根据水温专题的预测成果,黄藏寺水库的建成和运行对下游水温有一定影响。由于水库的蓄热作用强,各典型年年均下泄水温与坝址天然水温相比平均升高 1.2 ℃。在敏感统计时段内(5 月至 7 月初),各工况下,宝瓶河断面、二龙山断面和龙首二级断面水温变化范围为 3.2~11.4 ℃、4.0~13.6 ℃和 4.8~15.0 ℃,基本均能满足 7 ℃和 11 ℃作为产卵所需特征水温需求,建库后较天然情况下相比,达到特征水温需求的时间有所延迟,平均延迟半月左右。

裂腹鱼和高原鳅均是在春夏季繁殖,低温水下泄将会对鱼类繁殖和生长产生一定的影响,使鱼类繁殖期延后、生长期缩短,幼鱼的存活率可能下降,对坝下鱼类种群发展造成一定的影响,其影响范围主要集中在宝瓶河库区河段,越往下游影响程度越小。

9.2.5.4　对鱼类种类组成和资源量的影响

黄藏寺水利枢纽影响区鱼类种类组成简单,仅祁连裸鲤和 3 种高原鳅,这些鱼类均能适应流水和静水生境,且其繁殖不需要特殊的水文条件,祁连裸鲤在支流或库尾流水河段即可产卵繁殖,高原鳅对产卵环境的要求更低,一般在河岸浅滩、水草处等即可产卵繁殖,水库形成后,淹没后形成的大片浅滩均是高原鳅的适宜生境。因此,黄藏寺水利枢纽的建设不会影响鱼类完成生活史,鱼类种类组成不会改变。黄藏寺水电站建设运行后,阻隔了宝瓶河水库鱼类上溯产卵繁殖的通道,使宝瓶河水库鱼类适宜产卵的场所缩小;黄藏寺水电站的调节运行使宝瓶河库尾水位波动频繁,影响鱼类产卵繁殖,宝瓶河水库鱼类资源将有所下降。

9.2.5.5　对鱼类三场的影响

黄藏寺水利枢纽工程建成运行后,将淹没八宝河和黑河交汇处,鱼类原来在该处的产卵场将不复存在。电站的建设运行,也阻隔了宝瓶河水库鱼类上溯产卵繁殖的通道,使宝瓶河水库鱼类适宜产卵的场所缩小到仅限宝瓶河库尾流水河段;黄藏寺水电站的调节运行将使宝瓶河库尾水位产生较大和较频繁的波动,影响鱼类产卵繁殖。黄藏寺水库形成后,随着水位的升高,八宝河和黑河将在不同的位置分别流入黄藏寺水库,形成黄藏寺水库新的两条支流。根据本次宝瓶河水库至莺落峡段鱼类三场的调查结果,随着时间的推移,八宝河、黑河干流入黄藏寺水库上游激流河段,将形成祁连裸鲤新的产卵场;黄藏寺水库浅水库湾将成为祁连裸鲤幼鱼的育肥场;黄藏寺水库将成为鱼类良好的越冬场。

9.2.6　对种质资源保护区的影响

黄藏寺水利枢纽工程建成后将淹没黑河特有鱼类国家级水产种质资源保护区实验区 5.3 km,其中八宝河 2.2 km,黑河干流 3.1 km。根据工程建成后对鱼类影响分析可知,本次工程建成后对种质资源保护区内的祁连裸鲤以有利影响为主,结合本次工程水生生态保护措施,通过对地盘子电站以上河段进行栖息地保护,并站在流域角度出发,在地盘子电站拦河坝上建设过鱼设施;结合本次工程建设以祁连裸鲤为主的增殖放流站,本次工程建成后对黑河特有鱼类国家级水产种质资源保护区祁连裸鲤资源量将有所提升保护区的保护功能。

第 10 章　施工期环境影响预测

10.1　施工期水环境影响分析

10.1.1　施工期水文情势影响分析

10.1.1.1　施工导流对坝址水文情势影响

施工期由于施工围堰建设,改变了原河道的水流流态,工程初期导流采用河床一次断流、围堰挡水隧洞导流的导流方式,并采用全年挡水围堰方案;后期导流采用坝体临时挡水,导流洞泄流,导流洞封堵后,由供水泄洪洞控制泄洪、坝体挡水。

工程开工后第二年 10 月截流,截流后第一个汛期(第三年汛期)由围堰挡水,导流洞过流。第四年汛期由坝体挡水,导流洞过流。第五年 10 月初导流洞下闸,10~12 月,水库开始蓄水。第六年汛前,坝体浇筑至 2 630 m,汛期(6 月)由坝体挡水,两个导流底孔过流,工程完工。

施工期第二年 10 月前仍采用原河道导流,当遇小于 $P=20\%$ 洪水流量 574 m^3/s 时,原有河流水文情势变化不明显。第二年 10 月初,河床截流,由导流洞排泄,$P=10\%$ 非汛期月平均流量 44.2 m^3/s,坝前水位变化在 3 m 以内;第二年 10 月后导流洞设计流量最大能满足 $P=2\%$ 的洪水流量 887 m^3/s,水库水位变化范围在 40 m 以内。

总体来说,施工期第二年 10 月前,原有河流水文情势变化不明显。第二年 10 月至第五年 10 月前,原河流水文情势有一定影响,主要体现在坝前后水位变化上,当遇 $P=2\%$ 的洪水流量时,坝前水位在 2 538~2 376 m 变化。

10.1.1.2　初期蓄水对坝址水文情势影响

黄藏寺水库死库容 0.61 亿 m^3,根据黄藏寺水库坝址径流资料,选取 $P=50\%$(1985~1986 年)和 $P=75\%$(1965~1966 年)进行初期蓄水分析(见表 10-1、表 10-2)。

表 10-1　$P=50\%$ 条件下黄藏寺水库初期蓄水情况　　　　(单位:m^3/s)

月份	10 月	11 月	12 月	1 月	2 月	3 月	4 月	5 月	6 月
建前坝前来水	31.2	16.8	14.3	10.9	10.7	14.2	20.4	42.9	89.2
大坝泄水	21.5	9.0	9.0	9.0	9.0	14.2	20.4	42.9	89.2
建库前后变化	9.7	7.8	5.3	1.9	1.7	0	0	0	0

按保证率 $P=50\%$ 的来水进行蓄水,第五年 10 月初进行导流洞下闸,下闸水位为 2 538 m。蓄水至 2 565 m 后,由两个底孔下泄洪水,相应蓄水库容约为 2 248 万 m^3,蓄水历时约 27 d,其间坝址水位升高了 27 m。考虑区间来水量以及 10~11 月中游灌溉用水

表 10-2　　$P=75\%$ 条件下黄藏寺水库初期蓄水情况　　　　（单位:m^3/s）

月份	10 月	11 月	12 月	1 月	2 月	3 月	4 月	5 月	6 月
建前坝前来水	22.6	16.4	11.9	10.0	9.5	12.5	22.0	42.0	53.7
大坝泄水	13.0	9.0	9.0	9.0	9.0	9.0	22.0	42.0	53.7
建库前后变化情况	9.6	7.4	2.9	1.0	0.5	3.5	0	0	0

期,扣除损失及农业用水后,到翌年 2 月可蓄至死水位 2 580 m,坝址水位较蓄水初期升高了 42 m,相应库容为 6 100 万 m^3。

按保证率 $P=75\%$ 的来水进行蓄水,第五年 10 月初进行导流洞下闸,蓄水至 2 565 m 后由两个底孔下泄洪水,相应蓄水库容约为 2 248 万 m^3,蓄水历时约 27 d,期间坝址水位升高了 27 m。考虑区间来水量,扣除损失及农业用水后,到第六年 3 月可蓄至死水位 2 580 m,坝址水位较蓄水初期升高了 42 m,相应库容为 6 100 万 m^3。

总体而言,第五年 10 月至翌年 2 月初期蓄水期,坝前水位影响较为明显,坝前水位较蓄水初期升高了 42 m。同时,对坝址径流及对坝址下游径流量有一定影响。黄藏寺坝址将减少下泄水量 6 100 万 m^3,坝前水位较蓄水初期升高了 42 m。其中,坝址下泄流量较蓄水前平均减少 30%左右,这将对下游河道水文情势造成一定影响。考虑到第五年 10~11 月为中游灌溉用水区,这将对中游灌溉造成一定影响。由于 10 月至翌年 2 月为下游生态非关键期,初期蓄水对黑河干流下游生态用水影响有限,但对坝下至宝瓶河电站回水末端 800 m 的脱流河段会有一定影响。根据工程初期蓄水计划,在导流洞封堵后,从高程 2 538~2 565 m 区间可行性研究未设计任何泄水通道,为保证下泄 9.0 m^3/s 生态流量,研究要求在导流洞埋设钢管下泄生态流量,在导流洞底部一侧需设置内径为 1.2 m 的放流管,并设闸阀 1 个。放流管位于初期封堵段。初期封堵段位于大坝轴线上游附近,封堵段混凝土塞长 20 m,管道长度 23 m,导流洞进口底部高程 2 532.0 m,导流洞底板高程 2 530 m,管道底部高程 2 530.2 m,导流洞比降 $i=0.7\%$,管道比降与导流洞相同。10 月初,75% 保证率月均流量为 33.3 m^3/s,采用导流洞闸门控泄 9 个流量,在洞内设置袋装土隔堤,在导流洞一侧形成施工基坑,先在底部浇筑垫层 20 cm,然后安装放流管和闸阀,闸阀设置在下游侧,放流管用混凝土包封,当混凝土强度满足要求后,施工另一侧混凝土和上部封堵段混凝土,其间利用放流管放流 9 个流量,等水库水位上升至 2 566 m 时,导流洞闸门完全封闭,利用大坝底孔泄流 9 个流量。

10.1.2　施工期水环境影响分析

本工程施工期废水污染源主要为生活污水、砂石料加工废水、混凝土拌和系统废水、车辆冲洗废水和基坑排水等。

10.1.2.1　施工期生活污水影响分析

本工程生活污水主要污染因子为 COD_{Cr}、BOD_5、SS、氨氮等,其中 COD_{Cr}、BOD_5 的浓度分别约为 300 mg/L 和 200 mg/L,悬浮物浓度约为 250 mg/L。根据工程可行性研究,本次工程生活用水量为 180 m^3/d,生活污水量为 144 m^3/d。

本次工程在各施工营地均设置 WSZ 型污水处理设备处理生活污水,处理后达到《污水综合排放标准》(GB 8979—1996)一级排放标准后回用于施工区、道路抑尘及绿化;正常情况下施工期生活污水不会对黑河地表水体造成影响。

10.1.2.2　施工期混凝土拌和系统冲洗废水影响分析

混凝土拌和系统废水来源于混凝土料罐、搅拌机和地面冲洗,排放方式为间歇式。本工程混凝土拌和系统每班冲洗一次,一次冲洗约 8.1 m^3,则混凝土拌和楼冲洗废水量为 24.3 m^3/d。混凝土拌和系统冲洗废水中含有较高的悬浮物且含粉率较高,悬浮物浓度约 5 000 mg/L;废水呈碱性,pH 为 11~12。

本工程混凝土拌和系统废水采用加絮凝剂沉淀的方法达到《混凝土用水标准》(JGJ 63—2006)后回用于混凝土拌和系统。由于其水量很少,废水经处理后,悬浮物浓度小于 200 mg/L,已达到可回用浓度,利用水泵从蓄水池抽取废水和新鲜水混合,可完全满足混凝土拌和水的要求。正常情况下施工期混凝土拌和系统冲洗废水不会对黑河地表水体造成影响。

10.1.2.3　施工期砂石料加工系统冲洗废水影响分析

砂石料加工废水主要污染物为 SS,具有废水量大、SS 浓度高的特点。砂石料加工系统的废水产生量为 414 m^3/h,排放方式为连续排放,本工程采用混凝沉淀法处理砂石料加工系统废水,处理后的废水 SS 浓度为 150 mg/L,回用于砂石料加工系统,不外排,不会对黑河地表水体产生影响。

10.1.2.4　施工期车辆冲洗废水影响分析

施工期汽车冲洗废水排放量为 30.24 m^3/d(每天一班)。汽车冲洗废水污染物以石油类和悬浮物为主,石油类产生浓度约 40 mg/L,悬浮物浓度为 2 000 mg/L。

本工程拟采用成套油水分离器的方法对该废水进行隔油处理。处理过后的出水回用于车辆冲洗,不外排,不会对黑河地表水体产生影响。

10.2　施工对大气环境的影响

本工程施工期对环境空气质量产生影响的污染源主要来自砂石加工系统的粉尘、坝基爆破开挖及填筑时排放的粉尘、炸药爆破作业时排放的废气、交通运输中的扬尘和燃油排放的废气、混凝土拌和系统排放的粉尘等。

10.2.1　施工粉尘环境影响分析

根据多个水电工程施工现场环境监测的结果,相对而言,施工区域中主要的空气污染物是粉尘。

在工程施工过程中,产生的扬尘会对环境造成一些不良影响。首先,会直接危害现场施工人员的健康;其次,灰尘随风吹扬会影响周围大气环境,并使大气能见度降低。扬尘主要产生在以下环节:施工机械挖土时的扬尘、废土堆放场的扬尘、运输过程中的扬尘、场地自身的扬尘。此外,土方填筑过程也会增加扬尘,而其中机械挖土和车辆运输两个环节产生的扬尘对环境的影响最大。

相对于施工作业粉尘的连续排放而言,爆破粉尘排放具有间断性、短暂性等特点,本工程施工期的粉尘主要来自砂石料加工系统、混凝土拌和系统、交通运输系统等,其排放具有连续性特点。

从工程分析中可以看出,在不考虑坝基开挖及爆破的情况下,采取措施后,工程施工粉尘排放量在高峰日仅为 0.075 t/d,其主要来源为砂石料加工系统(粉尘排放量 0.026 t/d)和混凝土拌和系统(粉尘排放量 0.049 t/d)。

研究采用《环境影响评价技术导则大气环境》(HJ 2.2—2018)中推荐的估算模式计算可知,采取措施时,砂石料加工系统和混凝土拌和系统 TSP 叠加的地面质量浓度贡献值在 2 500 m 范围内均小于《环境空气质量标准》(GB 3095—2012)二级标准限值。

综上所述,在采取适当保护措施的前提下,工程施工产生的粉尘对周边环境空气质量的影响较小。

10.2.2　施工废气影响分析

本工程外来物资器材全部采用公路运输,同时在工程施工中要承担混凝土、废渣等的运输,因此工程需使用大量的车辆作为运输工具。汽车燃油将产生 CO、NO_x 等废气,同时车辆行驶过程中也会产生扬尘。

工程施工区域地域为峡谷地形,空气扩散条件较好,施工机械和运输车辆可能产生的废气对周围环境造成影响的可能性不大,尤其是进入 21 世纪以后,随着科技水平的提高,施工机械和运输车辆的性能已有了很大程度的改良,多数机械和车辆在运行过程中机械废气可达标排放。

根据研究单位以往工作经验,水电站施工场地的 CO 和 NO_x 等污染物在空气中的浓度很低,基本不会对当地大气环境质量产生较大影响。

10.3　噪声影响分析

10.3.1　源强分析

根据工程分析,本工程施工期噪声源主要有:固定、连续式的钻孔和机械设备产生的噪声;短时、定时的爆破噪声;移动的交通噪声。根据工程施工总体布置,噪声较高的噪声源主要分布在大坝施工区、混凝土骨料加工系统、混凝土拌和系统和主干道交通运输道路。

固定声源来自土石方开挖及混凝土拌和系统等机械设备在工作时产生的噪声,按本研究工程分析章节所述,具体噪声源及噪声等级见表10-3。

表 10-3　工程施工期噪声源及其声级

类别	来源	噪声值[dB(A)]
固定噪声源	大坝施工区	110
	混凝土骨料加工系统、混凝土拌和系统	100

10.3.2　预测模式

采用无指向性点源几何发散衰减模式预测：

$$L_n = L_{p_0} - 20\lg(r/r_0) - \Delta L$$

式中：L_n 为距声源 $r(m)$ 处的声压级；L_{p_0} 为声源 $r_0(m)$ 处的声压级；r 为距声源的距离；r_0 为距声源 1 m；ΔL 为各种衰减量（除发散衰减外），dB(A)。

本次点源噪声预测不考虑除发散外的其他衰减，即 $\Delta L = 0$。

10.3.3　预测结果

噪声源及其声级距离见表 10-4。

表 10-4　施工期噪声源及其声级距离

类别	来源	噪声值[dB(A)]			
		55	60	65	70
固定噪声源	大坝施工区	562	316	178	100
	混凝土骨料加工系统、混凝土拌和系统	178	100	56	32

10.4　施工固体废弃物的影响

固体废弃物包括工程弃土、弃渣及生活垃圾。弃渣对环境的影响主要表现为新增水土流失和对自然景观的影响。

工程施工高峰人数为 2 000 人，类比相似工程情况，生活垃圾日产生量按定额 0.5 kg/(人·日)，垃圾容量 0.6 t/m³ 计算，产生生活垃圾约为 0.6 m³/d。通过类比分析，水电工程施工期间生活垃圾组成较为单一，约 60% 为无机建筑垃圾，40% 左右为有机垃圾。如不采取有效的收集和处置措施，导致生活垃圾乱扔乱放，将污染周围环境、影响景观，也可能影响施工区卫生和施工人员健康。

第 11 章　环境保护措施研究

11.1　工程保障措施

11.1.1　全面落实流域和区域监督管理措施

工程建成后,严格按照国务院要求和《黑河流域综合规划》,加强流域监督管理措施,主要体现如下:

(1)完善流域管理体制。加强水资源管理和调度;河道与水工程管理;水行政执法;信息监测共享管理;生态保护与建设、流域水资源保护和水土保持;抗旱防汛管理。

(2)强化流域管理运行机制。完善流域管理议事协商机制;水资源统一管理和调度机制;全面推进节水型社会建设,建立健全有利于节约用水管理机制;建立完善水行政执法体系,完善水量调度监督检查机制等。

(3)政策法规建设。制定《黑河流域管理条例》;研究生态用水的补偿政策、水权转让制度。

(4)管理能力建设。加强管理机构能力建设、水行政执法能力建设、监督能力建设、宣传和信息发布能力建设。

(5)强化基础研究工作。全面和认真落实本项目环境影响报告书提出的环境观测、监测评估与应用研究项目。根据水资源和生态保护要求,开展黑河干流分水方案的生态保护目标的对策优化研究,深入开展项目对流域和区域生态保护影响的观测、实时调查、评估和工程调度运行的生态适应性调整,开展尾闾合理水面及其生态修复方案研究。项目应开发应用于黑河生态水量调度的中常期径流预报模型、黑河干流不同流量级调度的径流演进规律及生态影响研究等。

11.1.2　中游灌区节水配套措施

(1)控制中游灌区规模,为确保流域下游生态水量指标的泄放,提高农业用水的控制。黑河中游地区严格按照《黑河流域近期治理规划》国务院批复的黑河中游 182.69 万亩灌溉面积进行灌溉。

(2)进一步落实《黑河流域综合规划》和《甘肃省河西走廊国家级高效节水示范区项目实施方案》,黑河中游灌区在现有评价区域高效节水灌溉面积 44.57 万亩的基础上,新增高效节水面积 64.48 万亩,实现整体中游灌区高效节水面积达到 109.05 万亩的目标。

(3)落实《黑河流域综合规划》相关工程措施,实时对黑河中游灌区的渠系进行衬砌、改造,对田间实施配套措施,以及继续发展高效节水灌溉面积,工程建成后黑河中游灌区综合灌溉水利用系数从 0.56 提高到 0.65。

11.1.3　工程调度运行保障措施

（1）按照现阶段的水库调度原则进行调度运行，该调度原则是基于生态保护和农业灌溉用水保证的综合调度，可以较好协调中游社会经济与下游生态保护之间的矛盾。

（2）按照现阶段的水库调度原则进行生态调度，生态调度流量和时间均按照现阶段确定方案进行，并在生态调度期对中游农灌取水口门进行闭口等管理措施的落实。

（3）工程建成后，建设单位应结合黑河水情预报结果，建议在水库特丰来水的情况下，工程应根据年际水量情况积极塑造中常洪水，改善下游河流形态和生态良性演替的条件。

（4）强化对流域中下游地下水、生态系统的监测和观测，全面落实和强化水库运行的生态保护观测与研究项目，为水库生态调度和流域生态修复提供管理依据和调度优化意见。

（5）建立完善的运行调度管理体系，建立完善的档案保存制度，落实环境后评估工作。

11.2　下泄流量保障措施

11.2.1　初期蓄水下泄流量措施

根据工程初期蓄水计划，在导流洞封堵后，从高程 2 538~2 565 m 区间可行性研究未设计任何泄水通道，为保证下泄 9.0 m³/s 生态流量，在导流洞底部一侧需设置内径为 1.2 m 的放流管，并设闸阀 1 个。放流管位于初期封堵段。初期封堵段位于大坝轴线上游附近，封堵段混凝土长 20 m，管道长 23 m，导流洞进口底部高程 2 532.0 m，导流洞底板高程 2 530.0 m，管道底部高程 2 530.2 m，导流洞比降 $i = 0.7\%$，管道比降与导流洞相同。10 月初，75%保证率月均流量为 33.3 m³/s，采用导流洞闸门控泄 9 个流量，在洞内设置袋装土隔堤，在导流洞一侧形成施工基坑，先在底部浇筑垫层 20 cm，然后安装放流管和闸阀，闸阀设置在下游侧，放流管用混凝土包封，当混凝土强度满足要求后，施工另一侧混凝土和上部封堵段混凝土，其间利用放流管放流 9 个流量，等水库水位上升至 2 566.00 m 时，导流洞闸门完全封闭，利用大坝底孔泄流 9 个流量。

11.2.2　运行期生态流量保障措施

可行性研究设计文件中针对工程任务和调度运行方式，在主体工程设计中为了泄放生态基流，发电机组按 2×16.5 MW+2×8 MW 设计，其中单台 8 MW 机组最小引水发电流量为 9.0 m³/s，以保证 12 月至翌年 3 月水库泄放生态基流，并兼顾发电。

针对工程需在生态关键期进行生态流量调度，主体工程设计在 4#、6# 坝段分别设置大、小两个底孔。通过两孔的不同运用方式组合，可满足生态流量调度要求，同时可满足工程 4 台机组同时检修时，下泄生态基流。

正常情况下，本次工程生态调度的小底孔能够保证 4 台机组全部检修时生态基流正常下泄;为了进一步保障生态基流泄放措施,主体工程可研在本阶段拟选定在最左边的一台 8 MW 小机组前的发电岔管上设立旁通管,管径采用 1.2 m,旁通管上设置电控闸门和减压阀,旁通管尾接尾水洞,长 5.2 m;以进一步保证 4 台机组全部检修时,生态流量的正常下泄,消能采用减压阀。

11.3　陆生生态保护及恢复措施

针对评价区域的陆生生态现状及生态功能分区,结合工程可能对陆生生物及生态环境带来的不利影响,工程应开展的同时采取一系列切实可行的保护措施和恢复措施,以减小由于工程建设带来的对陆生生态系统的不利影响,达到积极的保护、恢复及改善作用。

11.3.1　避让措施

11.3.1.1　陆生植物避让措施

在施工时,施工活动要保证在征地范围内进行,施工便道及临时用地要采取"永临结合"的方式,尽量缩小范围,减少对林地和农田的占用。施工人员不要对沿途的自然保护区进行干扰,严禁施工人员采挖中草药。

11.3.1.2　陆生动物避让措施

(1)采用封闭式施工方式,施工活动不得超越征地范围。尽量减少对陆生动物及其栖息地的破坏,施工中避免破坏野生动物集中栖息的洞穴、窝巢等,对工程建设区域内的各类生物群落予以保护。

(2)防止爆破噪声对野生动物的惊扰。根据动物的生物节律安排施工时间和施工方式,施工爆破期尽量避免动物繁殖的春季,同时应做好爆破方式、数量、时间的计划,并力求避免在晨昏、正午等动物休憩时间开山放炮,运输过程中尽可能不鸣笛,避免对动物的惊扰。

11.3.2　减缓措施

11.3.2.1　水库工程影响区

1.水库下泄生态基流

工程建成运行后,莺落峡—正义峡河段,地势平坦,河床形状稳定,多为宽浅河道,沿河湿地多处于河道浅滩及周边区域,重点保护目标位于沿河湿地植物群落所生成的生物栖息地,以及河道内基本水生生态功能,本评价采用莺落峡断面多年平均流量的 20% 作为该断面的生态基流量,进而工程要求最小下泄生态流量为 9.0 m³/s,该流量既满足了下游梯级电站用水要求,也有利于减少对减水河段植被及水生生物的影响。

2.中游湿地生态关键期需水

黄藏寺水利枢纽建成后,4 月上中旬采用 110 m³/s 的输水流量向下游输水 15 日,7 月、8 月采用 300~500 m³/s 的输水流量向下游输水 3~6 d。经调算黑河湿地代表断面在 4 月上中旬对应流量 98.79 m³/s;7 月、8 月对应流量 397.21 m³/s,基本能够保证中游沿河湿地关键时段生态用水。

3. 占地影响减缓措施

施工期间,施工占地周围设置 5 m 宽的作业范围,施工车辆、人员必须在作业带内活动,严禁随意扩大扰动范围;施工期间,根据实际情况,对施工布置进行进一步优化,对施工方法进一步优化,最大潜力地减少施工占地。严格落实水土保持方案措施,取土场在施工结束后,安排土地平整、植被恢复措施;弃渣场堆土结束后在渣顶和边坡均进行植物种草绿化措施;施工结束后,对施工道路进行土地平整、植被恢复;施工营地在施工结束后进行施工迹地恢复,彻底清理生活垃圾,做好土地平整和植被恢复措施。

4. 植被影响减缓措施

严禁随意砍伐、破坏非施工影响区内的各种野生植被;加强环境保护力度,植被恢复可采用人工种植垂穗披碱草、鹅绒委陵菜、早熟禾等当地优势植物的方式。在干旱季节,一些耐旱植物常呈现出"假死"状态,在度过干旱季节或年度后又可"复活",并开花结实。因此,在干旱季节施工时,不可任意践踏此类植物而对其造成破坏,并注意对此类植物的保护。

蓄水期和运行期对动植物和生态环境的影响主要表现在库区水位上升,水生植物群落面积增大,湿地动物种群数量增多,消落带范围增大,因此应加强对动植物保护,加强对水土侵蚀监测,避免和减少水土流失和山体滑坡对动植物造成的影响。

5. 野生动物影响减缓措施

施工单位在进场前,必须制定严格的施工组织和管理细则,提高施工人员环境保护意识,设专人负责施工期的管理工作,严禁施工人员捕捉野生动物;加强对施工人员生态保护的宣传教育,以公告、宣传册发放等形式,教育施工人员,通过制度化严禁施工人员非法猎捕野生动物;工程实施时,根据鸟类具体分布情况,施工单位可对施工占地进行微调,并在施工结束后做好恢复工作;施工期间加强对鸟类的观测,发现鸟类在施工区周围聚集,则必须停止施工;在施工期如遇到鸟类的幼鸟、鸟卵、幼兽,妥善保护并及时送交有关部门,不得擅自处理;严格控制电气设备的选型,尽量采用低噪音施工设备,从声源上加以控制,将噪声对周围动物的影响降到最低。

6. 保护植物保护措施

根据相关资料与文献记载,评价区分布有国家二级重点保护植物绶草,本评价在现场调查时也发现在施工区内有实际分布。因此,在施工过程中应予以充分注意,若发现有绶草分布,工程施工考虑采取规避措施,应尽量避让,实在规避不了,应进行引种栽培。

11.3.2.2　替代平原水库影响区

1. 配置湿地内平原水库生态需水量

工程建设运行后拟替代的 19 座平原水库中,有 9 座涉及张掖黑河湿地国家级自然保护区,工程仅替代其灌溉功能,每年会配置其一定的水量,维持其生态的功能,根据沼泽湿地生态需水量分析,工程配置其水量为 1 218.11 m^3/年。

2. 加强运行期中游动植物监测

运行期平原水库替代后,周围地下水位下降,水生植物群落,比如芦苇、香蒲、眼子菜等面积缩小,动物取水周期受到影响,因此运行期应加强对中游动植物群落大小、组成、分布的监测,做到合理分配水资源,避免和减少水资源变化对动植物的影响。

11.3.3 补偿措施

（1）封山育林，保护现有森林植被，增加森林生产力。

补偿一部分因工程损毁植被而造成植被生产力降低量，再新增部分森林面积使区域生产力保持在一个正常水平，而维护生态平衡。有局部地段的森林植被相对较好，足以满足保护和改善生态环境的需要，在工程施工期间及运营阶段，应高度重视对森林植被的保护，加强对评价区域现有森林的有效保护，充分发挥林地的生态效应。通过封山育林，灌草丛为主的植被类型将向森林植被类型演替，有利于库区生态环境的改善。为使封山育林得到很好的执行，达到保护生态环境的预期目标，必须采取以下保护措施：

①施工前印发环境保护手册，组织专家对施工人员进行环保宣传教育。

②坚决制止评价区域森林资源的乱砍滥伐、过量采伐，保护和培育现有森林，防止利用工程建设之机大肆砍伐林木；在工程施工、移民搬迁、公路修建和房屋建筑等人为活动中都应该重视对森林资源的保护。

③严禁山火，加强森林病虫害防治，强化对现有森林的管理。

④在移民搬迁中对当地居民及移民进行环境保护意识的宣传教育，同时注意制止搬迁及移民安置过程中引起的乱砍滥伐、毁林开荒等不良现象发生；在移民房屋建筑、道路营建等工程中均应充分考虑节约木材，充分注意对现有森林的保护，尽量减少对现有森林植被的破坏。

⑤大力实施封山育林措施，促进本区域植被的自然恢复。在库周地势陡峭的灌丛和灌草丛成片集中分布的区域划定封山育林区，设置明显的标志，采取行之有效的封禁措施，并配以人工促进措施（如撒播适宜该地区土壤的树种等），促进灌丛、灌草丛向森林植被的顺向演替。

⑥注意保护现有森林植被，并在工程施工的同时，采取有效措施促进森林植被的恢复，可以充分利用河谷斜坡地带现存植被中灌丛植被分布较多的特点，加强人工封育或人工促进措施，做好封山育林工作，使灌丛植被尽快地向森林植被演替。

通过以上措施，坝址以上区域加强天然林和草地保护，强化预防监督，禁止开荒、毁林毁草和超载放牧，加强森林植被保护，实现涵养黑河水源的目的，使库区生态环境得到改善，水库水源量充足，减少库区的水土流失，改善当地环境质量。

（2）生态修复。

工程永久占地和临时占地均会使植被遭到不同程度破坏。对于工程占用耕地、草原的表层土（30~50 cm）进行剥离，临时堆存，后期用于古树移植或临时占地植被恢复；对临时用地要进行植被恢复，可采用人工种植垂穗披碱草、鹅绒委陵菜、早熟禾等当地优势植物的方式进行补偿、恢复；对临时道路、临时堆料场等临时占地，在工程结束后要及时清理、平整。一方面，使受水库淹没被迫迁徙的陆生动物得到新的生存空间；另一方面，由于实施生态修复措施，使得库区森林植被增加，也为陆生动物生存提供了更大的栖息空间。加强生态监测，明确监测单位，制订详细计划，按国家颁布的标准方法，对项目区珍稀动植物、对地表侵蚀等进行定期监测，发现问题及时向有关部门通报，采取措施，及时解决。

（3）植树造林。

　　建议在水库运行期对库周的灌草丛及未利用地进行植树造林,使这些地类由生产力低的灌草丛向生产力高的林地演替,从而使库周的生产力达到乃至超过当前植被生产力水平。

11.3.4　重建措施

　　在黄藏寺水库枢纽工程淹没线以下有 168 株古树,全部为小叶杨,树龄在 200~400 年,建议按照古树进行保护,项目建成蓄水,这 168 株树将被淹没。古树是一地区的生态文明的象征,是当地民族文化的瑰宝,不能因其水库的修建而消亡,必须将古树迁地保护。具体重建措施如下:

　　为减少对古树移栽的影响,建议古树实行后靠移栽,拟移栽到业主营地及进场道路两旁。移植区与这些古树现在所在区域相同,位于淹没线以上区域,生态环境及生境条件一致,环境适宜可行。小叶杨为杨柳科杨属植物,树木自身适应能力强,移植成活可能性大。尽管由于其生活年龄较长,对其移植造成一定困难,但在做到足够的保护措施(如断根以增加呼吸作用、去叶以降低蒸腾作用等)下,其移植成活可行性高。

　　移栽过程中建立古树档案,并请有资质的单位设计可行的整套古树移植方案,包括施工、栽植、管护、运输、病虫害防治、扶壮等的设计等,并由林业、居建等部门同时进行跟踪监督,按设计、指定地点进行施工。迁地保护还必须建立追踪制度,保证古树在迁入地健康生长,并得到有效保护。

11.3.5　加强环境保护宣传教育

　　环境问题主要是认识问题,只要全社会认识到保护环境的重要性,大家都来参与环境保护,许多污染、破坏环境的事情就有可能不会发生。所有避让、减免、补偿、重建措施能高质高效完成,也离不开思想认识的提高,要提高认识就必须依靠宣传教育。对施工人员的教育特别重要,因此应编印施工环境保护手册,发给施工人员,在施工前聘请有关专家对施工人员集中培训。运行期对当地居民进行教育宣传生态保护的重要性,使当地居民也积极加入环境保护行列中来。

11.4　生态环境敏感区保护措施

11.4.1　祁连山自然保护区影响减缓措施

11.4.1.1　植被保护措施

　　祁连山自然保护区占地主要为主体工程占地、施工占地以及水库淹没,主体工程属于永久占地,其保护措施主要是优化工程布局,尽量减少自然保护区占地。

　　植被恢复保护措施主要有:

　　(1)本工程施工区集中在黑河河谷范围内,左右岸均涉及祁连山自然保护区,经与设计单位沟通,因施工区域场地受限,取土场、小型渣场等临时占地尽量布置于水库淹没区范围内,3 号渣场位于淹没线以上青海省祁连山自然保护区实验区内,本次经与设计单位沟通,调整至库尾保护区范围以外区域;评价提出,施工期间严格控制施工范围,尽量减小施工活动区域,减小临时占地对植被的影响。

（2）施工前进行植被状况调查,严格记录施工前植被状况,施工完成后进行绿化,尽可能使生物量损失降到最低。

（3）通过采集保护区内植物种子或移植保护区内植物幼株的方式对植被进行恢复。

（4）对于黄藏寺水库淹没区,建议考虑异地补偿新建林地,选择适应当地环境的耐寒或耐旱品种,如云杉、圆柏、杨树、柽柳、梭梭和苦豆子等,以利于植物的存活。

11.4.1.2　动物保护措施

（1）工程施工前应划定施工范围,施工必须限制在划定范围内,并且在工程施工区设置警示牌,禁止施工人员和车辆在保护区内进入到施工范围以外的区域,尽可能减少占地、噪声、扬尘等,尽可能最大限度地消除和减缓对自然保护区野生动物正常栖息的影响。

（2）加强环境保护方面法律法规宣传,设立宣传告示牌,施工单位进入施工区域之前必须对施工人员进行培训教育,提高施工人员环境保护意识,通过制度化严禁施工人员非法猎捕野生动物,以减轻施工对自然保护区陆生动物的影响。

（3）优化施工路线,工程物料运输路线以已建道路为主,避免车辆惊扰栖息的动物。

（4）根据自然保护区主要保护对象栖息繁殖习性,合理安排施工期,避开主要保护对象繁殖期。

11.4.1.3　管理措施

依据自然保护区相关法规及地方要求,施工人员必须认真贯彻《中华人民共和国自然保护区管理条例》,并自觉遵守以下行为规范:

（1）组织有环境监理资质的单位参与施工活动,加强施工期环境管理,严格划定施工活动区域。

（2）施工人员进驻施工场地之前,在自然保护区管理人员的配合下,接受自然保护区相关法律法规方面的教育。

（3）施工人员一律佩戴出入证,并自觉接受建设单位、自然保护区管理人员的检查、监督。

（4）严禁利用施工之便在自然保护区内进行砍伐、放牧、狩猎、捕捞、采药、开垦、烧荒、开矿、采石、挖砂等活动。

（5）施工人员不得在自然保护区内四处走动,严禁进入自然保护区核心区。

（6）施工人员必须严格执行自然保护区相关法规规定和建设单位的施工要求,按照指定路线、区域行走、活动、施工。

（7）施工人员严禁携带与施工无关的物品进入自然保护区。

（8）在施工过程中,施工人员应自觉维护周围的生态环境,不得擅自破坏植被,干扰野生动物,污染环境。

（9）车辆进入保护区时,应限速行驶,禁止鸣笛。

11.4.1.4　保护区内固体废弃物处置措施

自然保护区内建筑垃圾尽量回收利用,如不能回收利用则运至附近城镇固体废弃物填埋场进行处理。

11.4.1.5 保护区施工噪声及扬尘控制

(1)自然保护区内禁止夜间施工。

(2)进入自然保护区内车辆应限速行驶,并禁止鸣笛。

(3)自然保护区内施工道路要及时洒水降尘。

(4)自然保护区内物料运输需对物料进行遮盖,防止撒漏。

(5)自然保护区内土料临时堆放,结合水土保持措施,使用防尘网进行覆盖。

11.4.2 张掖黑河湿地自然保护区减缓措施

(1)工程运行蓄水后,再逐步替代中游平原水库,对于涉及黑河湿地自然保护区的 9 座平原水库,应仅替代其灌溉功能,每年需配置一定的生态水量(1 218.11 万 m³/年),该水量应纳入张掖市总用水量指标中。

(2)替代平原水库,将对平原水库鸟类造成一定的影响,多数鸟类为候鸟,夏季来湿地保护区,冬季则迁走,还有部分留鸟,鸟类繁殖期多集中在 4~8 月,因此湿地景观的保护对其栖息地非常重要。在湿地保护内的 9 座平原水库应保证全年有水,并在平原水库安装水量计量设施。

(3)张掖湿地自然保护区内拟替代的平原水库,禁止开垦成农田,并在工程运行期加强水库周边植被类型、覆盖度以及周围地下水井的监测和观测,跟踪分析黑河湿地水源补给和湿地生态的影响,以便随时采取补救措施,保证植被恢复,避免出现荒漠化问题。

11.5 水生生态保护措施

11.5.1 栖息地保护

黄藏寺工程水域属典型的高原鱼类区系,分布有祁连裸鲤及高原鳅。其中,省级保护鱼类祁连裸鲤仅分布于我国河西走廊三条内陆河系,黑河流域是主要的分布水域,由于人类活动的影响,祁连裸鲤资源日益枯竭,目前均退缩于各支流山口以上水域,特别是宝瓶河水电站以上的黑河干支流,种群数量相对较大,是黑河流域乃至祁连裸鲤分布水域最大的群体,对保护祁连裸鲤种质资源有着极其重要的意义。黑河流域综合规划环境影响评价报告书及其批复意见,也将黄藏寺库区及以上 186 km 干流作为祁连裸鲤栖息地予以重点保护,取消了地盘子电站以上黑河干流 3 个规划梯级电站。同时,进一步探讨八宝河 3 个低坝电站的连通性恢复措施,使黄藏寺库区、库尾以上黑河干流及支流八宝河形成区域性的保护,以有效保护其资源。

黄藏寺水库建成后,水库回水至地盘子电站坝址,流水生境严重萎缩,而地盘子大坝阻隔后,库区鱼类无法上溯至地盘子电站以上流水河段繁殖。同时地盘子电站库区小,以上黑河干流丰枯水量变化大,无法满足枯水期鱼类栖息的需求,部分鱼类下坝后无法再上溯至坝上,186 km 黑河干流鱼类资源不断流失,资源量难以维持。因此,地盘子电站大坝的阻隔影响,成为祁连裸鲤种质资源保护的关键影响因子,必须进行连通性恢复,使黄藏寺库区与库尾以上黑河干流形成完整的河湖复合生态系统,以达到有效保护鱼类资源的目的。

11.5.1.1 保护范围

黄藏寺库区及库尾以上 186 km 黑河干流及其支流。

11.5.1.2 保护方法

以黑河特有鱼类国家级水产种质资源保护区为基础,将不属于保护区的黄藏寺库区纳入保护区管理范畴,按国家级水产种质资源保护区的管理要求,进行统一管理。

11.5.1.3 连通性恢复

1.过鱼对象

栖息地保护水域主要分布有祁连裸鲤和 3 种高原鳅,均应作为过鱼对象,祁连裸鲤是主要过鱼对象。

2.过鱼目的与过鱼季节

通过建设过鱼设施,沟通库尾以上 186 km 黑河干流与水库库区的连通性,形成完整的河湖复合生态系统,为祁连裸鲤上溯至黑河干流流水环境产卵繁殖、完成其生活史提供条件,以有效保护鱼类资源。

依据祁连裸鲤等鱼类生物学特性及繁殖习性,主要过鱼季节为 4~7 月,鉴于环境、水文等综合因素的变化,建议过鱼季节确定为 3~9 月。

3.过鱼设施选型

地盘子电站坝高约 9 m,为溢流式低坝,上游库区水位变动大,枢纽区两岸较为开阔、平缓,适合建设仿自然旁道。仿自然旁通道是在岸上人工开凿的类似于自然河流的小型溪流,通过溪流底部、沿岸由石块堆积成的障碍物的摩阻起到消能减缓流速的目的。

4.仿自然旁道的初步工艺布置

1)建设地点

枢纽左岸山势陡峭,右岸较为平缓、开阔。因此,仿自然旁道建设于右岸,总体布置见图 11-1。

图 11-1　仿自然旁道总体布置

2)结构形式

仿自然旁道一般有 3 种形式。

（1）平铺石块式。

仿自然通道底部平铺不同大小的石块,以底部沿程摩阻起到减低流速的目的。根据铺设石块大小的不同又分为两种类型,见图 11-2。

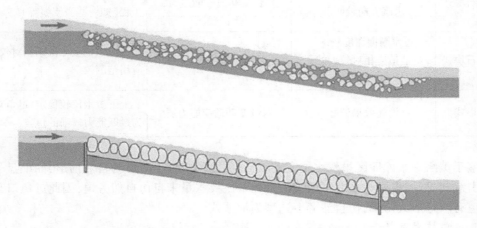

图 11-2　两种类型的平铺石块式仿自然通道示意图

（2）交错石块式。

在仿自然通道底部铺设碎石块的同时,沿程设置大石块,束窄过水断面,产生局部跌水和水流对冲以消能和减缓流速,见图 11-3。

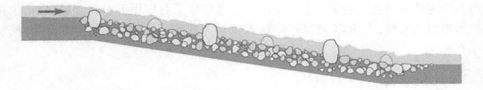

图 11-3　交错石块式仿自然通道示意图

（3）池堰式。

在仿自然通道中使用石块将通道分隔成一个个小的水池,通过局部跌水消能并降低流速,如图 11-4 所示。

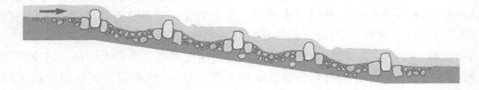

图 11-4　池堰式仿自然通道示意图

以上 3 种仿自然通道结构都有各自的优缺点,分别适应不同的鱼类、工程以及水文特征。3 种结构的优缺点比较见表 11-1。

表 11-1　三种仿自然通道形式优缺点

通道形式	优点	缺点	适用范围
平铺石块式	结构简单，水流方向较明确	消能效果较弱，水位变动适应能力弱，水深较浅	水头差很小、水位变动不大的工程（如一些溢流坝等）
交错石块式	过水断面深度较深，能适应相对较大的水位变动	结构不够稳定	适应水位变化范围相对较大，应用范围较广
池堰式	消能效果较好	水位变动适应能力弱	上下游水位较稳定，过鱼对象为跳跃能力较强的鱼类

　　鉴于黄藏寺水库库区虽然水位变动较大，但库尾水位下降后为自然河道，而地盘子电站为引水式电站，电站大坝在不溢流的情况下主要水量来自仿自然旁道，因此进鱼口与库尾河道有较好形式协调，仿自然旁道选型为池堰式。

　　5. 主要技术参数

　　仿自然旁道内最大流速不超过 1.0 m/s，平均流速 0.5~0.6 m/s。仿自然通道采用浆砌卵石和堆石相结合的池堰式，底宽 1.5~3.0 m，边坡为 1∶1.5，水深 1.0~1.5 m，通道纵坡 1%，鱼道长约 900 m。为使通道内部保持较好的流场，相邻流速控制断面间距为 8~10 m。

　　6. 进出口布置

　　仿自然旁道出口位于右岸坝上 130 m 处。进口位于右岸坝下 160 m 处，进口模拟支流汇口形态自然交接，水流以 45°角入流，入流口略收窄，以适当增大入流流速，控制在 0.8~1.0 m/s。

11.5.2　过鱼设施

　　黑河流域鱼类主要由青藏高原鱼类和东部江河及北方高寒鱼类组成，莺落峡是东部江河鱼类的上限，莺落峡以上为典型的高原鱼类，自然状态下，莺落峡以下的东部江河鱼类无法上溯至莺落峡以上水域繁衍栖息。高原鱼类向下可以分布于黑河中下游，甚至居延海，理论上有上溯至莺落峡以上的需求。但莺落峡以下河段长期断流，人类活动强烈，高原鱼类仅残存于沿河湿地沼泽和平原水库等局部水域，已无上溯至莺落峡以上的高原鱼类自然群体，而分布于莺落峡以下水域的主要鱼类为人工养殖类群，外来物种占有很高的比例，不仅没有上溯的必要，而且容易导致外来物种入侵。

　　阻隔于黄藏寺坝下与莺落峡之间的高原鱼类，由于多级落差很大的梯级建设后，形成了能够自我繁衍的多个异质种群，各梯级电站水库面积小，流水河段短且多为减水河段，异质种群数量均很有限，没有大量鱼类过鱼需求，过鱼的目的主要是为了缓解异质种群遗传多样性下降的问题。而从鱼类资源的演变趋势看，栖息地保护实施后，流域最大的种群为黄藏寺库区及以上干支流水域的种群，能够维持较高的遗传多样性，遗传交流更主要是将黄藏寺以上的鱼类种群放流于莺落峡至黄藏寺间各梯级的异质种群，以维持其遗传多样性。因此，黄藏寺水电站建成后，莺落峡及以上各梯级间以及黄藏寺坝上坝下河段仍存在该区域分布鱼类完成生活史的基本条件,形成多个大小不等、相对独立的异质种群。从解决鱼类完成生活史的需求出发,黄藏寺水电站建设过鱼设施的必要性不是很强。但各异质种群间由于隔离会逐渐出现遗传分化,不利于物种遗传多样性的维持。同时,考虑到莺落峡各梯级电站坝高落差大,沿岸山势陡峭,河道狭窄,建设工程型过鱼设施难度非常大,因此推荐采用捕捞过坝的方式。鉴于莺落峡以下以东部江河鱼类为主,这些鱼类进入莺落峡以上水域后可能会对高原鱼类产生生存竞争影响,捕捞过坝过鱼仅限于山口以上各梯级,且重点是捕捞黄藏寺以上高原鱼类放流于莺落峡至黄藏寺坝址间的各梯级。捕捞过坝每年进行 1~2 次,可选择春秋两季进行,捕捞采用定置张网等伤害小的渔具捕捞法。鉴于各梯级库区小,种群数量有限,且过鱼目的为遗传交流,每个梯级过鱼量控制在 5 kg 左右。

11.5.3　增殖放流

11.5.3.1　放流种类

鱼类人工种群建立及增殖放流是目前保护鱼类物种、增加鱼类种群数量的重要措施之一,在一定程度上可以缓解水利工程对鱼类资源的不利影响。增殖放流一般按放流目的可分为物种保护放流和渔业补偿放流,物种保护放流一般以珍稀濒危特有鱼类为主,渔业补偿放流一般以经济鱼类为主。因此,本工程增殖放流的对象仅祁连裸鲤。

11.5.3.2　放流标准

放流的苗种必须是由野生亲本人工繁殖的子一代。放流的苗种必须是无伤残和病害、体格健壮的。供应商水产苗种生产和管理应符合农业农村部颁发的《水生生物增殖放流管理规定》(2009 年),并有省级水产管理部门核发的《水产苗种生产许可证》。

11.5.3.3　放流苗种数量和规格

放流数量:增殖放流数量的多少一般与增殖放流的目标,放流水体自然环境、水文气候、理化性质、饵料生物资源、鱼类资源现状和种群结构特点以及放流对象生物学特性、规格大小与质量、放流频次和时间等相关联,水利水电工程建设后实施的增殖放流保护措施,属补偿性放流,因此增殖放流数量的确定还与工程建设和运行对鱼类资源的影响范围和程度紧密联系。由于增殖放流数量的确定需要考虑的因素较为复杂,不确定的因素较多,针对开放性的天然水体合理放流数量的确定很困难,至今没有统一的规范计算方法。

祁连裸鲤主要食物对象为硅藻、桡足类、枝角类、轮虫类、端足类、水生昆虫、摇蚊幼虫等,根据调查江段渔业资源状况及黄藏寺水电站建设运行后水域面积、鱼类饵料的丰富度、鱼类对饵料生物的利用、P/B 系数(饵料生物年生产量与年平均生物量之比)等初步确定年放流祁连裸鲤 4 万尾。至于长期增殖放流的数量,需要根据水库生态环境及鱼类资源的调查研究,适时调整。

11.5.3.4　增殖放流站建设

人工增殖放流站的主要工作任务是:进行放流对象野生亲本捕捞、运输、驯养,实施人工繁殖和苗种培育,提供苗种进行放流。鱼类增殖放流站不仅需要有专门的亲鱼、孵化设施、苗种培育池、亲鱼培育池及其他附属设施,而且需要有丰富经验的专门技术人员。

1. 选址及布置

规划在黄藏寺大坝左岸下游业主营地,建设增殖放流站。该地块土地较为平缓,面积既能满足目前的需要,又有扩大规模的余地,水源水质、水量能够得到有效保证,同时交通便利。

规划黄藏寺鱼类增殖放流站占地 3 000 m²,紧邻管理营地,由于受地形限制,增殖站呈 75 m×80 m 的直角三角形。增殖站设产孵车间一个,其他配套设施包括鱼池、办公、试验、供电、供水、交通、通信等相关设施。室外池包括流水亲鱼培育池 2 口,每口面积 20 m²;鱼种培育池 6 个,每个 8 m²;大规格苗种池 2 口;活饵料培育池 1 口;后备亲鱼池 2 口。产孵车间包括亲鱼催产、人工孵化及鱼苗开口培育 3 部分。内设亲鱼催产池 2 口,配备底冲式孵化桶 6 套,直径 1 m 的玻璃缸 10 个。建设 500 m³ 蓄水池 1 个。

蓄水池:蓄水池的水主要为保证产孵车间用水,其余鱼池用水一般是根据需要直接抽取入池。

亲鱼培育池:亲鱼培育是鱼类繁殖的关键环节,性腺发育良好的雌雄亲鱼是鱼类人工繁殖的物质基础。亲鱼对水体条件要求较高,常规方式培育亲鱼放养密度一般为 0.15 kg/m²,亲鱼培育放养密度主要由水体溶氧决定,如果采用微流水、流水培育方式,则可以增加放养密度。亲鱼培育采取微流水方式,以保证亲鱼充足的溶氧和一定的水流刺激。

鱼种培育池:培育池地面露出 0.6 m,地面下挖 0.4 m。水泥池结构为砖墙加水泥底,底部进水口高,出水口低。进各池支管为 φ50 mmPVC 管,支管与地面成水平进入池内,池壁外用相应球阀控制。培育池的另一端排水,拦鱼设施、排水管、控制水位管、球阀和集鱼池等结构同室内水泥鱼种培育池。为便于排水,池底需有一定坡度,排水管 φ110 mm。

大规格鱼种培育池:深度 1.2 m,池结构和进排水系统同亲鱼培育池。

活饵料培育池:一般位于增殖站地势最低处,在培育池内衬砌 20 cm 厚的 C20 混凝土用以防渗。池的一端上部进水。另一端底部排水,池内每 0.4 m 高设置 1 个溢水口,最上面的溢水口为 1.2 m 高,溢水口为阶梯式,具体结构同亲鱼培育池。

后备亲鱼池:池深 2 m,控制水深 1.5 m。池结构和进排水系统同亲鱼培育池。

催产池:深 1.0 m、1.3 m,要求池底面向中心斜为 15°,中心排水口直径 110 mm,要有防逃板。

鱼苗培育缸:苗种培育成活率的高低与开口摄食密切相关,只有适时开口摄食了饵料的鱼苗才能成活。鱼苗开口期的合理放养密度、饵料大小和密度、水质条件等直接影响鱼苗能否及时开口摄食。为了提高鱼苗培育的成活率一般采用鱼苗培养缸,培养缸为直径 1.0 m 的玻璃钢圆形缸,缸深 0.8 m,控制水位 0.6 m。

产孵车间主要仪器设备配置:①多功能水质分析仪;②室内养殖水处理系统,包括自动过滤器;③鱼苗孵化系统,包括底冲式孵化桶直径 1 m 的玻璃缸等。

2. 人员及经费

本工程鱼类增殖放流站的建设、运行管理均由业主负责,每年放流时由水产、环保部门进行验收。

1) 增殖放流站建设费用

增殖放流站建设费用,包括土地征用、地基处理费用,产孵设施、苗种培育车间、亲鱼驯养池、鱼种培育池、供排水系统、房屋仓库、试验仪器设备、电教展示系统、通信电力、道路绿化等建设和购置费用等,共 1 500 万元。

2)机构设置和人员编制

设技术部、生产部、财务和物资管理部等机构。编制 6 人,即站长 1 人,技术员 2 人,财务和物资管理人员 1 人,技术工人 2 人。

3)放流的经费预算

鱼类增殖放流的运行成本由以下 3 个方面构成:

(1)放流苗种亲本成本:主要包括亲本资源费、捕捞费、驯养费等,需要经费 60 万元/年。

(2)人工繁殖、苗种培育费用:需要经费 40 万元/年。

(3)人工增殖放流费用:主要包括人工繁殖实验费、设备维修费、放流苗种运输费、监理费、放流现场组织管理费等,费用概算 50 万元/年。

以上 3 项所需经费概算合计 150 万元/年。前 3 年计入工程建设成本,即 450 万元,3 年以后计入电站运行成本。

11.5.3.5　放流周期

近期放流暂按 20 年考虑。20 年以后,根据鱼类资源的恢复情况,对拟定的近期放流对象进行相应的调整,并制订长期的放流计划。

11.5.3.6　标志和遗传档案的建立

为了使人工增殖放流达到预期效果,必须进行放流效果的评价,即所有物种的人工增殖放流必须进行部分或全部标志。

11.5.4　生态调度

黄藏寺水利枢纽工程是黑河流域库容最大的水利工程,工程对于流域内水资源的调配将具有重要作用,在保证下游生态用水和工农业生产生活用水的同时,水库的调度运行还应考虑坝下和库区鱼类的影响。大坝的水文调节作用会对坝下水生生物产生较大的影响,特别是水位的陡涨陡落会严重影响坝下着生藻类、底栖动物的生长,从而影响鱼类的觅食。另外,影响区的鱼类以产沉性卵鱼类为主,鱼类在繁殖期间会将卵产于浅滩的沙砾上,在水流的刺激下孵化,坝下和库区水位的陡涨陡落会严重影响鱼类的繁殖。因此,在保证坝下生态基流的基础上,电站的调节还应保证坝下和库区水位的连续性和稳定性。

11.5.5　生物入侵防控

黑河流域鱼类区系应属青藏高原鱼类区系,但是由于人类活动的影响,外来鱼类占比较高,特别是在中下游人类活动密集区域,外来鱼类已成为渔获物的主体。外来种不仅会挤占土著种的生存空间、争夺其食物资源,而且会直接捕食土著鱼类的鱼卵、幼鱼,甚至是成鱼(如黑河流域出现的外来凶猛性鱼类白斑狗鱼);有些外来种可能给土著种带来病菌、病毒和寄生虫,危害土著鱼类的种群健康;另外,外来种具有极强的生命力,在竞争中总是技高一筹,于是不可避免地造成土著种类的衰退,导致生物多样性严重下降。黑河流域,特别是黑河上游,属高原生态系统,鱼类组成相对简单,生态系统脆弱;且高原鱼类一般生长缓慢、性成熟晚,其种群一旦受到破坏将难以恢复。因此,应高度重视黑河上游的外来鱼类防控。在目前上游受到外来鱼类入侵影响较小的情况下,一方面,黄藏寺水利枢纽的修建一定程度上可以阻挡中下游的外来鱼类向上游入侵,有利于维持上游高原水生生态系统的健康;另一方面也应加强生物入侵的防控,避免上游相对纯净的区域受到外来鱼类的影响。影响区内的藏族同胞有放生的习惯,因此应加强监管,积极宣传和引导。

11.5.6　渔政管理

本工程的影响区是藏族等少数民族聚居区,由于宗教信仰和生活习惯等原因,鱼类捕捞较少,渔政管理的难度较小,但是黄藏寺水利枢纽建成后,库区渔业面积增大,随着鱼类资源量的增加,可能会促使一部分群众进行渔业捕捞,因此也需要适当进行管理,合理适量开发渔业资源,严禁过度捕捞及非法渔具、渔法的使用。

11.5.7　科学研究与监测

科学研究与监测是开发与保护的基础,目前关于高原河流生态学、高原鱼类的生物学和生态学等方面研究基础还相当薄弱,严重制约了高原河流的开发与保护。因此,应积极开展相关监测与研究。黑河流域属青藏高原边缘,是我国三大内陆河流之一,河流生态系统独特,需要开展以下几个方面的研究:

(1)河流常规生态监测,通过对黄藏寺水电站影响范围内不同断面的浮游生物、底栖动物、固着类生物、周丛生物、水生维管束植物、鱼类集合和种群动态、鱼类种质与遗传多样性、水域生态健康状况、生态保护措施效果等方面的监测,及时反映工程修建前后水生生态变化趋势,为环境保护措施的制订和调整提供科学依据。

(2)水生生态保护措施效果监测,包括栖息地保护、鱼类增殖放流、地盘子电站鱼道等保护措施的效果监测,其中栖息地保护效果监测以栖息地物理结构复杂性即生境多样性及生物多样性监测为主;鱼类增殖放流效果监测采取标志放流法及鱼类种群估算法等评价放流的成活率、放流鱼类在全部鱼类中的比例、鱼类种群数量恢复程度等;地盘子电站鱼道监测主要包括过鱼种类、数量、个体大小、时间等监测,并对过鱼效果见效评价。通过以上监测,对保护措施效果进行评价,并对保护措施改进和完善。

(3)鱼类生物学与生态学及人工繁殖技术研究,是开展鱼类保护的重要基础,本工程影响区需要重点保护的鱼类仅有祁连裸鲤,目前已有其人工繁殖成功的报道,应进一步开展其遗传多样性、种群动态等方面的研究,为其种群的恢复及遗传多样性的保护提供科学支撑。

11.6　水环境保护措施

11.6.1　施工期水环境保护措施

11.6.1.1　施工期生活污水处理措施

1.污水概况

本工程生活污水主要来源于 $1^{\#}$ ~ $3^{\#}$ 施工营地。各营地生活污水产生量详见表 11-2。生活污水设计水质为 BOD_5 浓度 200 mg/L、COD_{Cr} 浓度 300 mg/L。本次设计在污水处理设施前设置调节池,考虑不均匀系数为 1.2。

表 11-2　施工营地生活污水产生量一览表

污染源位置	施工人数 （人）	用水量 （m³/d）	污水量 （m³/d）	设计水量 （m³/d）
1#施工营地	800	72	57.6	70.0
2#施工营地	200	18	14.4	17.5
3#施工营地	1 000	90	72.0	86.0
合计	2 000	180	144.0	145.5

2. 处理目标

本工程所有生活污水经处理后达到《污水综合排放标准》（GB 8979—1996）一级排放标准后回用于施工区、道路抑尘及绿化。

3. 处理工艺

本次设计考虑将各污水集中至调节池再进行处理，可提高整个污水处理系统的抗冲击性能并减小后续设备的设计规模，因此生活污水处理系统进水量仅按平均污水产生量进行设计。拟采用成套生活污水处理设备；成套污水处理装置有多种，使用较为广泛的有 WSZ 型污水处理设备，其工艺流程示意见图 11-5。

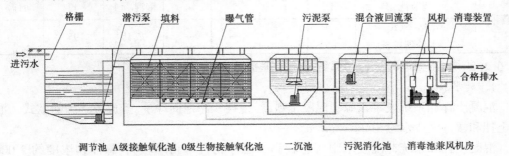

图 11-5　成套生活污水处理设备工艺流程

4. 工艺设计参数

工艺设计参数见表 11-3。

表 11-3　生活污水处理系统构筑物设计处理参数

污水处理系统	构筑物名称	主要工艺参数
成套生活污水处理设备	隔油池	停留时间 10 min，清除周期 7 d
	化粪池	停留时间 24 h，清掏周期 90 d
	调节池	停留时间 8 h
	WSZ 型污水处理设备	—

5. 污水处理主要构筑物及设备

各生活污水处理系统主要构筑物见表 11-4。

表 11-4　生活污水处理系统主要构筑物

构筑物名称		数量（座）	单池净尺寸（m）			结构	占地面积（m²）	说明
			长	宽	高			
1# 施工营地	ZG-3F 型隔油池	2	2.5	1	2.5	砖砌	14	加盖
	Z6-16QF 化粪池	14	6.48	3.24	3.5	砖砌	444	加盖
	调节池	1	6	5	4	钢混凝土	42	加盖
	WSZ-4FB 污水处理设备	1	—	—	—	成套	95	
2# 施工营地	ZG-1F 型隔油池	1	3	1	2.8	砖砌	8	加盖
	Z8-25QF 化粪池	1	6.88	6.48	3.5	砖砌	60	加盖
	调节池	1	4	4	3	钢混凝土	25	加盖
	WSZ-1FB 污水处理设备	1	—	—	—	地埋式		
3# 施工营地	ZG-4F 型隔油池	2	3	1	2.8	砖砌	35	加盖
	Z6-16QF 化粪池	14	6.48	3.24	3.5	砖砌	444	加盖
	调节池	1	6	5	4	钢混凝土	42	加盖
	WSZ-5FB 污水处理设备	1	—	—	—	成套	95	

11.6.1.2　施工期混凝土拌和系统废水处理措施

1. 废水特点

混凝土拌和系统废水来源于混凝土料罐、搅拌机和地面冲洗，排放方式为间歇式。混凝土拌和楼冲洗废水量为 24.3 m³/d。

混凝土拌和系统冲洗废水中含有较高的悬浮物且含粉率较高，悬浮物浓度约 5 000 mg/L。废水呈碱性，pH 为 11~12。

2. 处理目标

由于废水的悬浮物浓度高，水量少，加上混凝土搅拌用水要求不高，该废水经处理后回用。

3. 方案设计

本工程混凝土拌和系统废水采用加絮凝剂沉淀的方法达到《混凝土拌和用水标准》后回用于混凝土拌和系统的冲洗，处理流程见图 11-6。由于其水量很少，采用间断处理的方式。废水先流进平流式沉淀池，经初步沉淀处理后进入集水池。在集水池中，通过提升泵来将废水定量打到机械搅拌反应池，在提升泵后管道里加混凝剂聚合氯化铝，同时加入酸调整废水的 pH 到 8 左右。经过混合后到机械搅拌反应池中，在混凝剂的作用下，废水中的悬浮颗粒形成比较大的颗粒体。机械搅拌反应池出水流进斜管沉淀池，在沉淀池中实现固液的高效分离。沉淀池出水到回用水池提供回用循环水。平流沉淀池和斜管沉淀池底部的污泥排到干化池脱水，过滤水回到集水池再处理，干泥可作为回填土用于各施工场所。

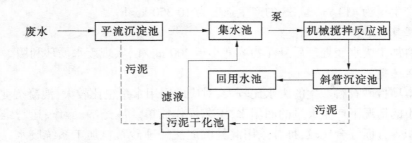

图 11-6　混凝土拌和系统废水处理流程

4. 方案流程设计

(1)平流沉淀池 1 座。起初步沉淀作用,使废水中的大颗粒物得到去除,并除去部分悬浮物。配置排泥泵两台。

(2)集水池。作为贮水用途。配置 2 台提升泵,1 用 1 备。

(3)机械搅拌反应池 1 座。保证废水与药剂充分混合反应。

(4)斜管沉淀池 1 座。反应混合物在此实现固液分离,普通沉淀池。配置排泥泵 1 台。

(5)回用水池 1 座。贮存沉淀池出水用于混凝土搅拌和系统冲洗用水,配置 2 台回用水泵。

(6)干化池 2 座。干化池主要用途为污泥干化。由于沉淀池排出来的污泥含水率很高,不易作回填等用途。通过干化池的脱水后含水率可达 50% 左右,可以用于施工回填等。2 个池子轮流使用。各构筑物具体参数见表 11-5。

表 11-5　混凝土搅和系统废水处理站主要构筑物

构筑物名称	内部规格尺寸	数量(座)	停留时间(h)	有效容积(m^3)	说明
平流沉淀池	10 m×3 m×4 m	1	—	105	框架
集水池	5 m×5 m×3 m	1	20	62.5	框架
机械搅拌反应池	2 m×2 m×2 m	1	1.2	6	框架
斜管沉淀池	4 m×4 m×4 m	1	11.2	56	框架
回用水池	4 m×4 m×4 m	1	11.2	9.8	框架
干化池	3 m×2 m×1.5 m	2		12	框架

5. 废水循环利用的可行性

混凝土拌和系统废水的产生量远小于系统用水量。废水经处理后,悬浮物浓度小于 200 mg/L,已达到可回用浓度,利用水泵从蓄水池抽取废水和新鲜水混合,可完全满足混凝土拌和水的要求,因此废水循环利用可行。

11.6.1.3　施工期砂石料加工系统废水处理措施

1. 废水特点

砂石料加工废水主要污染物为 SS,具有废水量大、SS 浓度高的特点。砂石料加工系统的废水产生量为 414 m³/h,SS 的产生强度为 10 350 kg/h。

2. 处理目标

砂石料加工废水经处理后悬浮物浓度小于 200 mg/L,实现废水循环利用。

3. 方案选择

由于本项目砂石料产生的废水比较大,对应的回用水量也比较大,混凝沉淀法可以在占地比较小的情况下产生大量的回用水,工艺操作简单。从经济、操作、运行维护和避免污染物累积等方面综合比较,推荐采用混凝沉淀法处理砂石料加工系统废水。具体处理过程为:

废水流出后,先经预沉调节池把粗砂、微小的碎石和体积较大的悬浮物除去,再通过提升泵进入平流沉砂池。在预沉调节池和平流沉砂池中,沉下来的砂石通过泥浆泵抽上来,经脱水筛后,送回成品砂堆场。

经过除砂石后的废水流入反应池中,在反应池里加混凝剂聚合氯化铝,经过混合反应池后,废水中的悬浮颗粒形成比较大的颗粒体。反应池里面继续投加助凝剂聚丙烯酰胺,利用其桥架的作用,较大的颗粒体进一步絮凝,形成悬浮体。反应池出水流进辐流沉淀池,在沉淀池中实现固液的高效分离。沉淀池出水到回用水池,为砂石场提供回用循环水;底部的污泥排到厢式压滤机进行脱水,过滤水回到调节池处理,干泥可作为回填土用于各施工场所。具体见图 11-7。

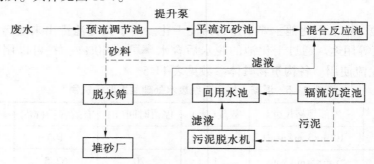

图 11-7 砂石料加工系统废水处理流程

4. 施工方案设计

(1)预沉调节池 1 座。预沉调节池作为废水的收集池,同时兼初沉池的作用。在其前端为沉淀区,砂石微粒和其他大悬浮物在此沉淀。配置 2 台排砂泵,两台提升泵。

(2)平流沉砂池 1 座。去除细砂。配置刮砂机 1 台,排砂泵 2 台。

(3)混合反应池 1 座。主要为废水与混凝剂(聚合氯化铝)和助凝剂(聚丙烯酰胺)反应提供充分的混合,利用管道和水力来达到搅拌的目的。

(4)辐流沉淀池 1 座。反应混合物在此实现固液分离。配置刮泥机 1 台,排泥泵 2 台。

(5)回用水池 1 座。贮存沉淀池出水用于料场用水,配置 2 台泵,规格同调节池提升泵。

砂石料加工废水站主要构筑物见表 11-6。

表 11-6　砂石料加工系统废水处理站主要构筑物

构筑物名称	内部规格尺寸	数量(座)	停留时间	有效容积(m³)	说明
预沉调节池	40 m×30 m×5.5 m	1	4 h	6 600	混凝土结构
沉砂池	20 m×5 m×4.0 m	1	12.7 min	350	
混合反应池	20 m×4 m×5.5 m	1	16.3 min	400	混凝土结构
平流沉淀池	φ 45 m×5.5 m	1	5.41 h	7 948	混凝土结构
回用水池	30 m×20 m×5.5 m	1	2.04 h	3 000	混凝土结构

5. 处理效果分析

一般情况下预沉淀池和沉砂池的处理效率能达到 80%,SS 初始浓度为 25 000 mg/L 的废水经沉淀后,浓度可降为 5 000 mg/L;混凝沉淀处理效率能达 97%,出水悬浮物达 150 mg/L 左右,可以满足砂石料冲洗的用水要求。

11.6.1.4 施工期汽车冲洗废水处理措施

1. 废水特点

工程建设期在黑河右岸设施工汽车保养站 1 座,可同时停放汽车约 84 标准辆。汽车冲洗废水排放量为 30.24 m³/d(每天一班),汽车冲洗废水污染物以石油类和悬浮物为主,石油类产生浓度约 40 mg/L,悬浮物浓度为 2 000 mg/L。

2. 处理目标

达到《污水综合排放标准》(GB 8979—1996)一级标准,石油类小于 10 mg/L。

3. 方案选择与设计

采用成套油水分离器的方法对该废水进行隔油处理。处理过后的出水回用于施工和道路洒水降尘。

4. 方案流程设计

根据废水的污染成分和处理要求,该废水采用成套油水分离器来处理。其特点是油水分离效果好,油分回收率和去除率高,但设备投资相对较高,修理保养要求高。结合设计参数综合考虑,建议采用含油污水成套处理设备,设备设计处理能力为 10 m³/h,能满足工程废水处理要求。工艺流程见图 11-8。废水经过油水分离器处理后,石油类浓度≤10 mg/L,排放到出水池贮存,可以直接排放或者用泵打到各回用水点。油水分离器分离出来的高含有油水委托外运处置。

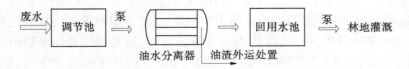

图 11-8　汽车冲洗废水处理流程

具体构筑物包括:

(1)调节池 1 座,规格为:10 m×5 m×3.5 mm。均衡水量水质,同时可以沉淀部分细砂等杂物。配置提升泵 2 台,1 用 1 备,定量抽水到油水分离器。

(2)油水分离器 1 套。处理能力都 10 m^3/h,废水在此实现油水分离,废油定期委托外运处置。

(3)回用水池 1 座,规格为:10 m×5 m×3.5 m。

(4)废水回用或排放提升泵 2 台,1 用 1 备。

11.6.1.5　基坑废水处理措施

1.设计目标

本工程基坑废水排放标准执行《污水综合排放标准》(GB 8978—1996)一级标准,SS 排放浓度为 70 mg/L 以下。

2.处理工艺

本工程基坑废水主要由降水、渗水汇集而成,主要污染物为悬浮物,其 SS 浓度一般在 2 000 mg/L 左右,pH 为 11~12。根据大量水电项目对基坑废水的处理经验,对基坑废水不采用另外的处理设施,仅向基坑内投加絮凝剂(可采用聚合氯化铝或者聚丙烯酰胺),排水静置 2 h 后抽出排放,剩余污泥定时人工清理即可。经处理后的出水 SS 排放浓度为 70 mg/L 以下,可达标排放。该处理方法技术合理,经济指标优越。

11.6.2　蓄水初期库底卫生清理

根据《水利水电工程建设征地移民安置规划设计规范》(SL 290—2009)的要求,库底清理主要内容如下所述。

11.6.2.1　建筑物的拆除与清理

(1)清理范围内的各种建(构)筑物应拆除,并推倒摊平,对易漂浮的废旧材料按有关要求进行处理。

(2)清理范围内的各种基础设施,凡妨碍水库运行安全和开发利用的应拆除,设备和旧料应运至库区以外。残留的较大障碍物要炸除,其残留高度不宜超过地面 0.5 m。对确难清除的较大障碍物,应设置蓄水后可见的明显标志,并在水库区地形图上注明其位置与标高。

(3)水库消落区的地下建(构)筑物,应结合水库区地质情况和水库水域利用要求,采取填塞、封堵、覆盖或其他措施进行处理。

11.6.2.2　卫生清理与消毒

(1)卫生清理工作应在建(构)筑物拆除之前进行。

(2)卫生清理应在地方卫生防疫部门的指导下进行。

(3)库区内的污染源及污染物应进行卫生清除、消毒。如厕所、粪坑(池)、畜厩、垃圾等均应进行卫生防疫清理,将其污物尽量运至库区以外,或薄铺于地面曝晒消毒,对其坑穴应进行消毒处理,污水坑以净土填塞;对无法运至库区以外的污物、垃圾等,则应在消毒后就地填埋,然后覆盖净土,净土厚度应在 1 m 以上且应夯实。

(4)对埋葬 15 年以内的坟墓,应迁出库区;对埋葬 15 年以上的坟墓,是否迁移,可按当地民政部门规定,并尊重当地习俗处理;对无主坟墓压实处理。凡埋葬结核、麻风、破伤风等传染病死亡者的坟墓和炭疽病、布鲁氏菌病等病死牲畜的掩埋场地,应按卫生防疫的要求,由专业人员或经过专门技术培训的人员进行处理。

(5)清理范围内有鼠害存在的区域,应按卫生防疫的要求,提出处理方案。

11.6.2.3　林木砍伐与迹地清理

(1)林地及零星树木应砍伐并清理,残留树桩不得高出地面 0.3 m。

(2)林地砍伐残余的枝丫、枯木、灌木林(丛)等易漂浮的物质,在水库蓄水前,应就地处理或采取防漂措施。

(3)农作物秸秆及泥炭等其他各种易漂浮物,在水库蓄水前,应就地处理或采取防漂措施。

11.6.3　库区水质保证措施

11.6.3.1　水土流失治理

在库周、水库上游地区及各支流加强水土保持工作,落实水土保持规划,加大植树种草、退耕还林、封山育林等水土流失防治措施。

11.6.3.2　加强地力培肥体系建设,大力发展生态农业

控制营养物质从农业中流失主要有两个方面:一是氮肥和磷肥所占的比例及它们的储存和施肥方式;二是土地的管理,包括土地的使用,还有所采纳的种植方式,如方法、及时性、种植的方向和深度,或者种植轮作制度中短期的肥田作物。在农业区,污染源的控制可以通过建设生态农业工程、大力推广农业新技术来实现。通过改进施肥方式,如限制肥料的施入以及施肥时间,可以避免氮肥的过量供应。灌溉制度以及合理种植农作物、推广新型复合肥和缓效肥料等措施可控制肥料的施用量,减少农业面源污染。保土耕种、作物轮植、节水灌溉等措施可减少农业径流的氮磷损失。同时鼓励农民科学地开发利用污泥资源,既可以利用泥肥,弥补农田水土流失,又可以疏浚河道,减少水体的营养物量。

11.6.3.3　严格控制发展网箱养鱼

根据已建水库的运行管理经验,网箱养鱼已成为各个水库呈现富营养化趋势影响因素之一,因此建议严格控制发展网箱养鱼等水上养殖业,避免水库发生富营养化概率增加。同时,制定科学的渔业发展规划,引进先进技术,因地制宜,引种驯化,强学管理。

11.6.3.4　库区、库周污染控制措施

为保护库周环境及水库水质,库周应禁止发展污染企业。禁止人畜粪便和垃圾直接入河,库区内黄藏寺村应建设小型污水处理站,使生活污水经处理达标后再排放,黄藏寺村人口为 2 364 人,按照日均用水量 90 L/d,则其生活污水产生量为 170.2 m³/d,研究要求其集中污水处理站采用 WSZ 型污水处理成套设备,其处理规模不小于 205 m³/d,该部分投资应列入工程占地移民中。

11.6.4　运行期废污水处理措施

业主营地项目管理共有员工 78 人,按照生活用水标准 150 L/(人·d),污水排放系数按 0.8 计算,生活污水排放量为 9.36 m³/d,主要污染物为 COD_{Cr}、BOD_5、氨氮、SS,浓度分别为 300 mg/L、200 mg/L、50 mg/L 和 250 mg/L。运行期业主营地的生活污水经化粪池预处理后拟纳入配套污水处理系统进行处理。

11.7　大气环境保护措施

11.7.1　开挖、爆破粉尘的削减与控制

11.7.1.1　施工工艺

工程爆破方式应优先选择凿裂爆破、预裂爆破、光面爆破和缓冲爆破技术等,以减少粉尘产生量。在施工过程中严格执行湿法作业,以降低粉尘产生量。

11.7.1.2　降尘措施

在开挖、爆破高度集中的坝址工区,配置 1 台洒水车,非雨日每日洒水降尘,加速粉尘沉降,缩小粉尘影响时间与范围。

工程各主要洞线均洒水除尘,可大幅度降低洞内爆破粉尘浓度;同时增设通风设施,加强通风,降低废气浓度。

11.7.2　水泥输送与拌和楼除尘

水泥的运输应采用密闭式自卸运输车辆,实行口对口密闭传递。混凝土拌和过程中,应在封闭的混凝土拌和楼内进行,减少粉尘排放。此外还需对每个混凝土拌和系统配置袋式收尘器,收尘器与拌和楼同时运行。对混凝土拌和楼系统及其周围进行洒水降尘。

11.7.3　砂石骨料加工系统除尘

砂石骨料加工优先采用湿法破碎的低尘工艺,如在破碎机上设置喷水设施,对受料口均匀喷洒水雾,降低粗破生产时产生的粉尘。对砂石料加工系统及其周围进行洒水降尘。

11.7.4　道路和运输过程除尘

施工期间,建设单位应定时派专人清扫运输道路,洒水降尘,以道路无明显扬尘为准,非雨日每天洒水不少于 5 次,使道路处于良好的运行状态。

运土卡车及建筑材料运输车应按规定配置防洒落装备,装载不宜过满,保证运输过程中不散落。运输车辆加篷盖,出装、卸场地前先冲洗干净,以减少车轮、底盘等携带泥土散落路面。

加强运输车辆的维修和保养,防止汽油、柴油、机油的泄露,保证进气、排气系统畅通。

11.7.5　施工人员个人防护

受工程大气污染影响的对象主要为施工人员,应采取加强个人防护的方式对施工人员加以保护,如佩戴防尘口罩、防尘眼镜和防尘帽等。

11.8　声环境保护措施

为减轻噪声对施工区域附近敏感点及施工人员的影响,拟采取以下保护措施:

(1)进场施工机械的噪声应选择符合国家环境保护标准的施工机械。如机动车辆、大型

挖土机、运载车等车辆噪声不应超过《汽车定置噪声限值》(GB 16170—1996)中有关规定。

(2)采取设备降噪措施:尽量缩短高噪声设备的使用时间,振动大的设备应配备使用减振坐垫和隔声装置,以降低噪声源的声级强度。施工中加强各种机械设备的维修和保养,如使用润滑油等;做好机械设备使用前的检修,使设备性能处于良好状态。

(3)机械噪声传播途径控制:对破碎机、筛分楼、拌和楼、空压机等高噪声设备尽量安装消声器或采用局部消声罩,或采用多孔性吸声材料建立隔声屏障,使受体和声源之间起到一定的隔离作用。如选用的拌和楼具有隔音降噪功能(全封闭运行)时,楼外比楼内噪声声级低约 25 dB(A);砂石筛分车间把传统的钢板筛改为聚氨酯筛,可降低噪声发生量。

(4)爆破噪声控制:严格控制爆破时间。爆破作用时间应避开夜间爆破,建议爆破时间选择在 17:00~17:30,爆破前 15 min 应鸣警笛提示警戒。采用先进的爆破技术,如采用微差松动爆破可降低噪声 3~10 dB(A)。

(5)交通运输系统降噪措施:为防止施工场内交通混乱,造成人为噪声污染,在车流量高的路段设置交通岗或交通员,疏导交通,加强交通管理。

(6)施工人员每天连续接触噪声的工作时间不宜过长,实行定时轮换岗制度。接触噪声的施工人员进场时,应佩戴耳塞、耳罩等劳保用品。

(7)设立警示牌。为保护黄藏寺村和下筏村,减轻交通噪声的干扰,拟在右岸设置 2 块警示牌,限制车速,禁止鸣笛,提醒来往车辆减速慢行。

(8)施工区边界设隔声墙降噪。根据施工期噪声预测的评价结果,混凝土拌和系统和砂石料加工系统噪声造成了施工生活区声环境质量超标。

11.9　固体废弃物污染防治及处置措施

11.9.1　固体废弃物成分及特点

施工期产生的固体废弃物包括建筑垃圾和生活垃圾两部分,运行期主要固体废弃物为生活垃圾。两种垃圾的主要成分如下:

(1)建筑垃圾:废弃的沙石、水泥木屑、碎木块、弃砖、水泥袋、废纤维、碎玻璃、废金属、爆破废渣等。

(2)生活垃圾:果皮、菜叶、剩饭剩菜、塑料袋、废纸等。具有含水量高、发热值低、产生分散的特点。

11.9.2　固体废弃物控制措施

11.9.2.1　一般建筑垃圾

(1)加强施工管理,做到文明施工,减少固废产生量。

(2)设置固废收集和清运系统,委派专人负责回收和再利用。

11.9.2.2　爆破废渣

工程施工会有爆破废渣产生,爆破废渣中会含有炸药残渣以及爆破时各种完全燃烧或不完全燃烧的产物。为防止爆破废渣临时堆放地的降雨淋溶渗滤液污染地表水,拟采用高密度聚乙烯膜对废渣堆放地进行防渗处理。同时在堆放地四周设置导流沟,将雨水渗滤液收集后运往较近的施工营地生活污水处理系统进行处理。

11.9.2.3　施工期生活垃圾

1.建设垃圾中转站

工程施工高峰期生活垃圾产生量 1 t/d。需在施工区分别建设垃圾中转站,另外还需在生活区内分散设置垃圾箱,由专人定期集中垃圾至中转站。

2.生活垃圾处置

黑河黄藏寺水利枢纽施工区与甘肃祁连县不远,可将中转站垃圾纳入运至祁连县生活垃圾处置系统处理。

11.10　地下水环境保护措施

11.10.1　施工期地下水环境保护措施

在工程建设期,建设单位在项目施工过程中严格管理,责任到位,以防污、废水泄漏造成不良影响。建议优化工程项目管理,适当优化隧道开挖、导流等工程工期,注意建筑使用固体废弃物的堆置和处理,尽可能堆置运走处理,同时避免使用污染性的化学用品,若使用,及时做好防渗和污染处理。

坝区施工期成套污水处理装置进行处理达标后回用于施工区及道路抑尘、绿化,料场施工期生活污水采用一体化污水处理装置进行处理达标后排放;混凝土拌和系统废水经过絮凝沉淀处理后循环利用;砂石料产生的废水采用混凝沉淀法处理后进行循环利用;汽车冲洗废水采用成套油水分离器的方法进行隔油处理,处理过后的出水回用;对基坑废水向基坑内投加絮凝剂(可采用聚合氯化铝或者聚丙烯酰胺)进行沉淀处理后清水排放。

11.10.2　运行期地下水环境保护措施

(1)严格地下水管理和保护。通过本工程建设,促使黑河流域进一步加强地下水动态监测,实行黑河流域中下游地区地下水取用水总量控制和水位控制。促使黑河流域中下游的甘肃、内蒙古两省(区)人民政府尽快核定并公布黑河流域中下游地区地下水禁采和限采范围。在地下水超采区,禁止农业、工业建设项目和服务业新增取用地下水,并逐步削减超采量,实现地下水采补平衡。依法规范机井建设审批管理,限期关闭未经审批建设的自备水井。抓紧编制并实施甘肃、内蒙古两省(区)黑河流域地下水利用与保护规划。

(2)建立黑河流域地表水、地下水监测管理体系。现有地表水与地下水监测点较少,如中游水文站只有莺落峡、高崖和正义峡,而黑河下渗最为显著的莺落峡—黑河大桥段则无水文站。地下水监测井也较少,且与地表水较难匹配。应在中游和下游关键段新建地表水、地下水一体化监测站点网络,获取地表水与地下水转化的时空分布实时数据。

(3)由于黑河地下水与地表水转化关系复杂,单独运用地表水或地下水模型均难以完成对水资源信息的预测。应结合新建地表水、地下水一体化监测站点网络,建立全耦合的分布式流域水文模型与地下水数值模型。

第 12 章　研究结论及建议

黑河黄藏寺水利枢纽工程是国务院批复的《黑河流域近期治理规划》（国函〔2001〕86号文）中确定的对黑河中游和下游进行水资源配置的水利枢纽工程,是国务院确定的172项重大水利工程之一,属于《黑河流域综合规划》确定的流域系统性工程中的核心工程。本工程通过工程调度优化和中游灌区的节水综合改造,提高中游灌区灌溉用水保证程度,并促进正义峡断面下泄水量达到国务院1997年批复的《黑河干流水量分配方案》中提出的9.5亿 m³,兼顾下游额济纳绿洲生态关键期用水需求。

黄藏寺水利枢纽工程以流域生态修复与保护为基本原则进行立项设计,在不新增社会用水量的同时,开展工程调度优化和中游灌区的节水综合改造,提高灌溉用水保证程度、控制无序农业用水和流域生态用水的配置水平。工程建设贯彻了国务院黑河分水方案及推进中游灌区节水要求,体现了流域生态与经济用水调度的统筹,工程建成运行后将促进流域和区域水资源开发利用的调控水平,促进在流域生态修复和保护前提下的流域和区域水资源与生态保护统筹,促进流域经济发展与生态保护目标的协调。

黑河流域水资源匮乏,流域中下游地区水资源供需矛盾尖锐、经济社会发展和生态保护用水问题尖锐。黄藏寺水利枢纽工程拟定的建设和运行任务,强化了流域水资源的优化调度和管理,预期对促进国务院黑河水量分配任务落实、促进黑河关键期生态水量配置调度、促进中游灌区节水措施深化调整和农业灌溉条件改善、促进流域生态的系统性保护与修复,将起到重要的作用。

工程在带来巨大环境效益的同时,不可避免会对甘肃省祁连山国家级自然保护区和青海省祁连山省级自然保护区、库区陆生生态以及黑河局部河段水生生态环境产生一定不利影响。工程通过优化调度运行方式、泄放生态基流、配套建设鱼类增殖站等生态保护和恢复措施,最大程度减缓不利影响。

黄藏寺水利枢纽建成后,应严格落实制订的生态调度方案,黑河中游地区必须严格落实《黑河流域近期治理规划》《黑河流域综合规划》中确定的中游灌溉面积和节水措施,并废弃张掖湿地国家级保护区外的10座平原水库,同时加强环境跟踪监测与评价,确保工程目标实现。

参 考 文 献

[1] 中华人民共和国国务院.全国主体功能区规划[R].2011.
[2] 水利部水资源司,水利部水利水电规划设计总院.全国重要江河湖泊水功能区划手册[M].北京:中国水利水电出版社,2013.
[3] 中华人民共和国水利部.黑河流域近期治理规划[M].2001.
[4] 黄河勘测规划设计研究院有限公司.黑河水资源开发利用保护规划[R].2015.
[5] 水利部黄河水利委员会.黑河流域综合规划[R].2012.
[6] 陈伟,朱党生.水工设计手册:第3卷,征地移民、环境保护与水土保持[M].北京:中国水利水电出版社,2013.
[7] 杨美临,朱艺,郝红升.流域水利水电开发环境影响回顾性评价案例分析[J].水利发电,2018,44(5).
[8] 巴亚东,潘德元,雷明军.地理信息系统在流域规划环境影响评价中的应用[J].人民长江,2013,44(15).
[9] 闫业庆,胡雅杰,孙继成,等.水电梯级开发对流域生态环境影响的评价——以白龙江干流(沙川坝—苗家坝河段)为例[J].兰州大学学报(自然科学版),2010,46(S1).
[10] 李鹏,安黎哲,冯虎元,等.黑河流域中游水生维管植物群落及其生态特征研究[J].西北植物学报,2000(3).
[11] 曹亚丽,贺心然,姜文婷.水电梯级开发水文情势累积影响研究[J].水资源与水工程学报,2016,27(6).
[12] 王沛芳,王超,侯俊,等.梯级水电开发中生态保护分析与生态水头理念及确定原则[J].水利水电科技进展,2016,36(5).
[13] 闫峰陵,樊皓,刘扬扬,等.基于纳污能力的梯级开发河段水环境保护措施研究[J].中国水利,2016(13).
[14] 李静,王昌佐,万华伟.基于遥感技术的水电梯级开发及对生态系统影响遥感监测[J].环境与可持续发展,2016,41(3).
[15] 青海省.青海省主体功能区规划[M].2014.
[16] 甘肃省.甘肃省主体功能区规划[M].2012.
[17] 内蒙古自治区.内蒙古自治区主体功能区规划[M].2012.
[18] 青海省.青海省水环境功能区划[M].2003.
[19] 青海省.青海省水功能区划成果报告[M].2003.
[20] 甘肃省.甘肃省地表水功能区划[M].2007.
[21] 甘肃省.甘肃省地表水环境功能区划报告(2012—2030)[M].2013.
[22] 内蒙古自治区.内蒙古自治区水功能区划[M].2010.
[23] 甘肃省.甘肃祁连山国家级自然保护区管理条例[M].2017.
[24] 青海省.青海祁连山省级自然保护区总体规划[M].2005.

附　图

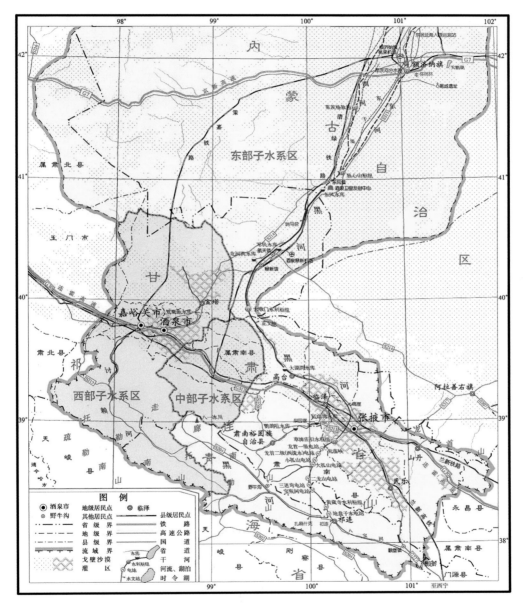

附图 1　黑河流域及黄藏寺水利枢纽地理位置示意图

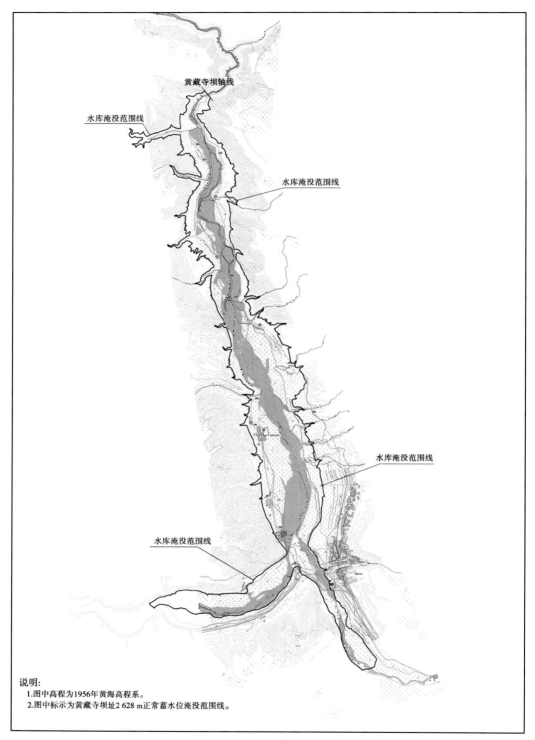

说明:
  1.图中高程为1956年黄海高程系。
  2.图中标示为黄藏寺坝址2 628 m正常蓄水位淹没范围线。

附图2　黄藏寺水利枢纽水库淹没范围示意图

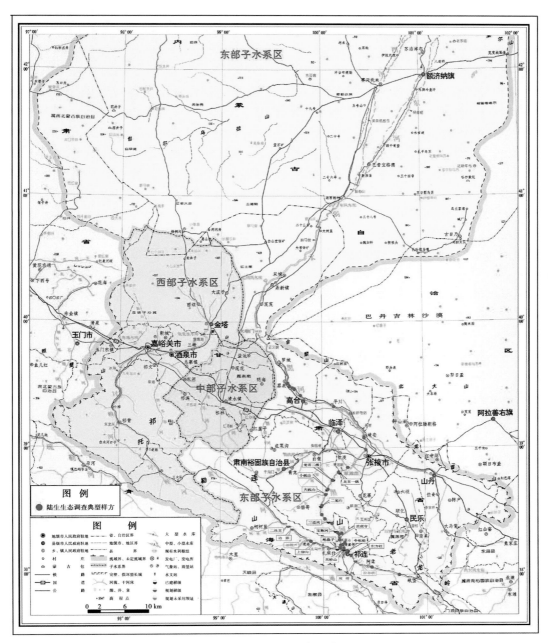

附图3 典型样方布点示意图

附图4　工程施工布置和淹没区与甘肃省祁连山国家级自然保护区的叠图

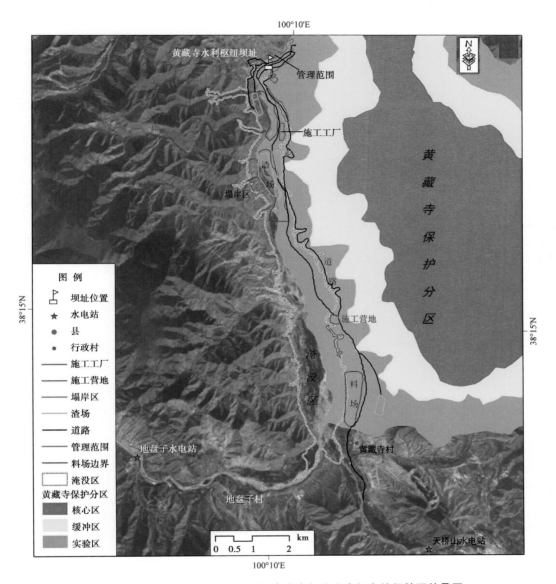

附图5 工程施工布置和淹没区与青海省祁连山省级自然保护区的叠图

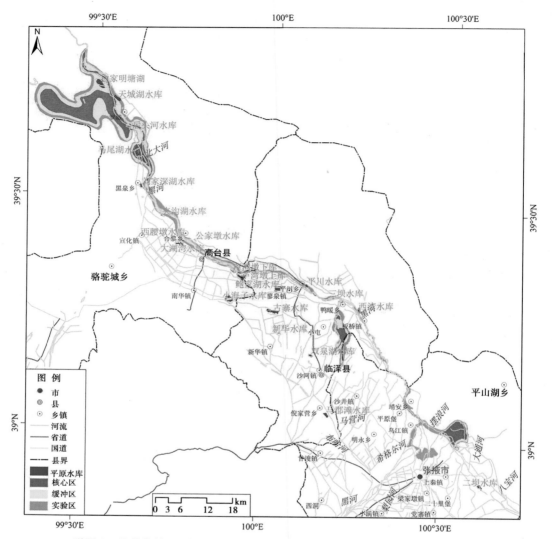

附图6　拟替代的19座平原水库与甘肃张掖黑河湿地自然保护区的位置关系